燃料电池和燃料电池车
发展历程及技术现状

衣宝廉 等 编著

科 学 出 版 社

北 京

内 容 简 介

　　本书选取作者近十几年在国内期刊和各种媒体发表的相关科技论文及报道。科技论文介绍了燃料电池和燃料电池车的关键材料、部件、电堆和电池系统的技术现状和主要发展方向,特别是燃料电池电堆衰减机理与抑制衰减的对策,燃料电池车用发动机现状、主要特点和发展方向。媒体报道回答了关于当前燃料电池和燃料电池车发展的各种问题,以推动燃料电池和燃料电池车的商业化。

　　本书适合从事燃料电池和燃料电池车研发、制备的科研人员和研究生阅读,也可供燃料电池汽车工程技术人员以及使用燃料电池和燃料电池车的城市主管人员参考阅读。

图书在版编目(CIP)数据

燃料电池和燃料电池车发展历程及技术现状/衣宝廉等编著. —北京:科学出版社,2018.5
　ISBN 978-7-03-057248-6

　Ⅰ.①燃… Ⅱ.①衣… Ⅲ.①燃料电池-研究②燃料电池-电传动汽车-研究　Ⅳ.①TM911.4②U469.72

中国版本图书馆 CIP 数据核字(2018)第 075100 号

责任编辑:牛宇锋 / 责任校对:何艳萍
责任印制:张　伟 / 封面设计:蓝正设计

科 学 出 版 社 出版
北京东黄城根北街 16 号
邮政编码:100717
http://www.sciencep.com

北京凌奇印刷有限责任公司 印刷
科学出版社发行　各地新华书店经销
*
2018 年 5 月第 一 版　开本:720×1000　B5
2021 年 4 月第五次印刷　印张:16 3/4
字数:326 000
定价:120.00 元
(如有印装质量问题,我社负责调换)

前　言

　　燃料电池等温、高效地将储存在燃料(如氢)中的化学能转化为电能,是一种环境友好的发电方式。它的发电原理是电化学,是将一个氧化还原反应分为燃料(如氢)的氧化和氧化剂(如氧)的还原两个半反应,中间用电解质膜分开,离子在电解质膜内迁移,电子通过外电路做功。但它的工作方式是内燃机式的,电池或电堆仅仅是能量转化的场所,它要连续发电,要构成一个发电系统,即要有燃料供给系统、氧化剂供给系统、产物(如水)和废热的排除系统、电管理系统等。因为电池或电堆内储存的燃料和氧化剂很少,即使电解质隔膜破碎,只要及时切断燃料供给,就不会产生爆炸和燃烧,所以它是安全的。

　　质子交换膜燃料电池是燃料电池的一种,近年来异军突起,发展十分迅速! 它具有室温快速启动,比功率、比能量均较高等特点;燃料不但可利用大量的工业(如氯碱工业、炼焦工业、合成氨工业等)副产氢,还可以利用高速发展的可再生能源——水电、风电、光伏发电产生的弃水、弃风、弃光制备的氢。

　　我国上海汽车工业(集团)总公司利用新源动力股份有限公司研发的燃料电池堆组装的燃料电池发动机,已装备荣威 950 轿车、V80 轻型客车。上海汽车工业(集团)总公司通过批量示范运营,不断改进产品,并通过技术进步降低成本,进而实现商业化!

　　燃料电池车续驶里程、乘坐的舒适性与锂电池车和燃油车相当,它的加氢时间与燃油车加油时间相近,无需锂电池车那样的充电等待时间,排放的产物是环境友好的水,是一种很有前途的电动车!

　　要想实现燃料电池车的商业化,必须进一步降低发动机的成本,特别是大幅度降低电催化的铂用量,最好达到贵金属用量与汽油车的尾气净化器用量相当。这需要全世界的科学家联合攻关,将发动机的铂用量降低至目前水平的 $1/2\sim1/3$。另一个难题是按需、有计划地建加氢站,并降低加氢站的建设成本。

　　本书选取作者近十几年在国内期刊发表的相关论文。这些论文介绍了燃料电池和燃料电池车的关键材料、部件、电堆和电池系统的技术现状和发展主要方向,特别是燃料电池电堆衰减机理与抑制衰减的对策,燃料电池车用发动机现状、主要特点和发展方向。我国氢能利用的特点是,具有大量的副产氢和可再生能源产生的弃风、弃水与弃光(可电解水制氢),因此我国是进行大规模燃料电池车示范运行的最佳国家。同时,作者将回答媒体采访关于当前发展燃料电池和燃料电池车的各种问题的文章编辑入书,寄希望于本书的出版能推动燃料电池和燃料电池车商业化。

衣宝廉

2018 年 1 月于中国科学院大连化学物理研究所

目　　录

第六部分　燃料电池示范及产业化的相关回答

第一部分 燃料电池发展历程与技术现状

第1篇　燃料电池技术发展现状与展望

侯　明　衣宝廉

1. 燃料电池工作原理与分类

燃料电池(fuel cell,FC)是把燃料中的化学能通过电化学反应直接转换为电能的发电装置。按电解质分类,燃料电池一般包括质子交换膜燃料电池(proton exchange membrane fuel cell,PEMFC)、磷酸燃料电池(phosphoric acid fuel cell, PAFC)、碱性燃料电池(alkaline fuel cell,AFC)、固体氧化物燃料电池(solid oxide fuel cell,SOFC)、熔融碳酸盐燃料电池(molten carbonate fuel cell,MCFC)等[1]。以质子交换膜燃料电池为例,其主要部件包括:膜电极组件(membrane electrode asseunbly,MEA)、双极板及密封元件等,其中,膜电极组件是电化学反应的核心部件,由阴阳极多孔气体扩散电极和电解质隔膜组成。电解质隔膜两侧分别发生氢氧化反应与氧还原反应,电子通过外电路做功,反应产物为水。额定工作条件下,一节单电池工作电压仅为0.7V左右。为了满足一定应用背景的功率需求,燃料电池通常由数百个单电池串联形成燃料电池堆或模块,因此,与其他化学电源一样,燃料电池均一性非常重要。如图1所示,燃料电池发电原理与原电池类似,但与原电池和二次电池比较,需要有一相对复杂的系统,通常包括燃料供应、氧化剂供应、水热管理及电控等子系统,其工作方式与内燃机类似,理论上只要外部不断供给燃料与氧化剂,燃料电池就可以持续发电。

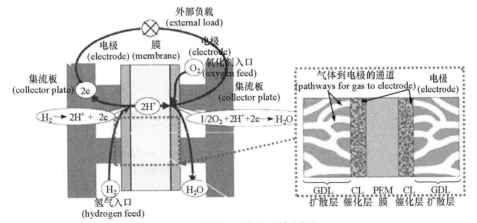

图1　燃料电池发电基本原理

  燃料电池从发明至今已经经历了 100 多年的历程。由于能源与环境已成为人类社会赖以生存的焦点问题,近 20 年以来,燃料电池这种高效、洁净的能量转化装置得到了各国政府、开发商、研究机构的普遍重视。燃料电池在交通运输、便携式电源、分散电站、航空/天、水下潜器等民用与军用领域展现了广阔的应用前景。目前,燃料电池汽车、电站及便携式电源等均处于示范阶段,在商业化道路上还有成本、寿命等一些瓶颈需要解决。成本、寿命是相互联系的,同时满足两者需求是实现民用燃料电池应用面临的主要挑战。航天飞机、潜艇动力用燃料电池目前国际上均已得到应用,在只侧重寿命、可靠性的特殊领域,现有燃料电池技术是可以满足应用需求的。因此,根据不同的应用背景采用不同的技术路线,是制订燃料电池技术发展战略的重要基础。

2. 燃料电池的应用

2.1 燃料电池在航天领域的应用

  早在 20 世纪 60 年代,燃料电池就成功地应用于航天技术中,这种轻质、高效的动力源一直是美国航天技术的首选。表 1 列出了燃料电池航天应用中的几个典型案例。以燃料电池为动力的双子星(Gemini)宇宙飞船 1965 年研制成功,采用的是聚苯乙烯磺酸膜,完成了 8 天的飞行。由于这种聚苯乙烯磺酸膜稳定性较差,后来在阿波罗(Apollo)宇宙飞船上采用了碱性电解质燃料电池(见图 2(a)),从此开启了燃料电池航天应用的新纪元。阿波罗宇宙飞船在 1966~1978 年的服役期间,总计完成了 18 次飞行任务,累计运行超过了 10000h[2],表现出良好的可靠性与安全性。除了宇宙飞船外,燃料电池在航天飞机上的应用是航天史上又一成功的范例。美国航天飞机上载有 3 个额定功率为 12kW 的碱性燃料电池(见图 2(b)),每个电堆包含 96 节单电池,输出电压为 28V,效率超过 70%,单个电堆可以独立工作,确保航天飞机安全返航,采用的是液氢、液氧系统,燃料电池产生的水可以供航天员饮用。从 1981 年首次飞行直至 2011 年航天飞机宣布退役,30 年期间,燃料电池累计运行了 101000h,可靠性达到 99% 以上[2]。

表 1   航天应用燃料电池案例

案例	年代	电池功率	电池类型	运行时间
双子星宇宙飞船	1965	1.0kW	PEMFC (聚苯乙烯磺酸膜)	8 天
阿波罗宇宙飞船	1966~1978	1.5kW(额定) 2.2kW(峰值)	AFC (KOH)	超过 10000h 执行 18 项任务
航天飞机	1981~2011	12kW(额定) 16kW(峰值)	AFC (熔融 KOH)	累计共 101000h

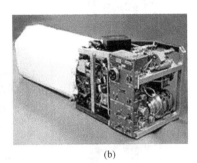

(a)　　　　　　　　　　　　　(b)

图 2　燃料电池航天领域的应用(美国)

(a) 阿波罗宇宙飞船用燃料电池；(b) 航天飞机用燃料电池

国内,中国科学院大连化学物理研究所(以下简称大连化物所)早在 20 世纪 70 年代就成功地研制出以航天为背景的碱性燃料电池系统[1],其性能与系统照片如表 2 和图 3 所示。A 型额定功率为 500W,B 型额定功率为 300W,燃料分别采用氢气和肼在线分解氢,整个系统均经过环境模拟实验,接近实际应用。这一航天用燃料电池研制成果为我国未来燃料电池航天领域应用奠定一定的技术基础。

表 2　国内研制的航天用燃料电池性能参数

参数	A 型	B 型
额定功率/kW	0.50	0.30
峰值功率/kW	1.0	0.6
电压/V	28±2	28±2
质量/kg	40	60
体积/cm³	22×22×90	39×29×57
温度/℃	92±2	91±1
压力/MPa	0.15±0.02	0.13~0.18
H_2纯度/%	＞99.5	≥65(基于 N_2H_4)

2.2　燃料电池在潜艇方面的应用

燃料电池作为潜艇不依赖空气推进装置(air-independent propulstion,AIP)动力源,从 2002 年第一艘燃料电池 AIP 潜艇下水至今已经有 6 艘在役[3],还有一些 FC-AIP 潜艇在建造中。2009 年 10 月意大利军方订购的 2 艘改进型 FC-AIP 潜艇又开始建造,潜艇水面排水量为 1450t,总长为 56m,最大直径为 7m,额定船员

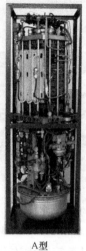

A型   B型

图3　航天用燃料电池动力模块图

24名,水下最大航速为20节,计划在2015～2016年开始服役。FC-AIP潜艇具有续航时间长、安静、隐蔽性好等优点,通常柴油机驱动的潜艇水下一次潜航时间仅为2天,而FC-AIP潜艇一次潜航时间可达3周。如表3与图4所示,这种潜艇用燃料电池是由西门子公司制造,采用镀金金属双极板,212型艇装载了额定功率为34kW的燃料电池模块,214型艇装载了120kW燃料电池模块,额定工况下效率接近60%。

表3　潜艇用燃料电池模块技术参数(西门子)

参数	212型	214型
额定功率/kW	34	120
活性面积/cm²	1163	1163
尺寸/cm³	48×48×145	50×53×176
电池节数	72	320
质量/kg	650	900
Pt担量/(mg/cm²)	4	4
额定功率的效率/%	59	58
20%额定功率效率/%	69	68
操作温度/℃	70～80	70～80
压力(H₂/O₂)/bar	2.3/2.6	2.3/2.6

图 4　潜艇用燃料电池模块(西门子)

3. 燃料电池的示范

除了上述实际应用外,燃料电池还在多个领域进行了不同规模的示范,包括电动汽车、电站、应急不间断电源、便携式电源、充电器等。在这些领域,燃料电池展示了一定的应用前景。示范的目的是发现问题并解决问题,不断完善技术,使之逐步接近商业化目标。

3.1　电动汽车

随着汽车保有量的增加,传统的燃油内燃机汽车带来的环境污染问题日益加剧,同时,也面临着对石油的依存度增加的日益严重问题。燃料电池作为汽车动力源是解决汽车带来的环境和能源问题的方案之一,近 20 年以来得到国内外政府、汽车企业、研究机构的普遍重视。燃料电池汽车示范在国内外不断兴起,较著名的是欧洲城市清洁交通示范项目(Clean Urban Transport for Europe,CUTE),第一期共有 27 辆车在 9 个欧洲城市运行 2 年[4];2006～2009 年进行二期(HyFleet:CUTE)示范[5],总共有 33 辆燃料电池客车,在包括北京在内的 10 个城市运行;整个项目累计运行 140000h,行驶超过 2100000km,承载乘客约 850 万;目前,正在着手进行第三期(Clean Hydrogen in European Cities Project,CHIC)示范。代表性的车型是由戴姆勒(Daimler)公司制造燃料电池客车 Citaro,分别采用纯燃料电池和燃料电池与蓄电池混合动力(主要性能参数见表 4),加拿大巴拉德(Ballard)公司提供燃料电池模块(见图 5),电堆采用模压石墨双极板,具有较好的操作弹性。

表 4　Citaro 燃料电池客车参数表[5]

参数	纯燃料电池车	混合动力车
整车型号	奔驰 Citaro	奔驰 Citaro
尺寸(长×高)/m	12×3.67	12×3.40
最大质量/t	19	18
净重/t	14.2	13.2
输运能力	70	76
里程/km	200	250
燃料电池/kW	250	120
锂电池		26.9kWh,最大 180kW
推动力/kW	205(15~20s)	220(15~20s)
氢罐	9 个,>40kg,350bar	7 个,>35kg,350bar

图 5　汽车用燃料电池模块(Ballard)

在示范的同时,车用燃料电池技术取得了长足的进展。近年来,燃料电池汽车在性能、寿命与成本方面均取得一定的突破。在性能方面,美国通用汽车公司的燃料电池发动机体积比功率已与传统的四缸内燃机相当[6],德国戴姆勒公司通过 3 辆 B 型梅赛德斯-奔驰(Mercedes-Benz)燃料电池轿车 F-Cell 的环球旅行向世人展示了燃料电池汽车的可使用性,其续驶里程、最高时速、加速性能等已与传统汽油车相当,计划 2014 年开始实施批量生产[7];在寿命方面,美国联合技术动力(UTC Power)公司的燃料电池客车至 2011 年 8 月已经累计运行了 10000h[8],寿命指标已达到了商业化的目标;在成本方面,各大汽车公司都在致力于燃料电池 Pt 用量的降低,经过不断技术改进,美国通用汽车公司一台 94kW 的发动机,Pt 用量从上一代的 80g 降低到 30g,并计划 2015 年 Pt 用量再降低 1/3,达到每辆车 Pt 用量 10g[9]。日本丰田(Toyota)公司燃料电池发动机催化剂 Pt 用量也宣布降低到原来的 1/3,2015 年预计单车成本降低至 50000 美元,并计划 2015 年实现燃料电池汽车商业化[10]。

如图6所示,我国燃料电池汽车,经过"九五"末期第一台燃料电池中巴车的问世,到"十一五"2008年北京奥运会和2010年上海世博会燃料电池汽车的示范运行十几年的发展,燃料电池电动汽车技术取得了可喜的进步。在北京奥运会上,燃料电池轿车成为"绿色车队"中的重要成员,20辆帕萨特"领驭"燃料电池轿车为大会提供了交通服务,单车无故障行驶里程达到了5200km;在上海世博会上,总计196辆燃料电池汽车完成了历时6个月的示范运行,包括100辆观光车、90辆轿车、6辆大巴车。其中,100辆观光车是由国内研制,装有5kW燃料电池系统。70辆轿车装载的是国内研发的燃料电池系统,分别采用55kW和33kW两种类型的燃料电池发动机,前者是常规电-电混合模式,后者是plug-in模式,平均单车运行里程4500~5000km,最长的单车运行累计里程达到10191km。3辆客车装载的是863计划"节能与新能源汽车"重大项目资助的80kW燃料电池发动机,累计运行了15674km,最长单车里程为6600km。此外,还参加了国际的一些示范或赛事,包括国际清洁能源比必登(Bibendum)大赛、美国加州示范、新加坡世青赛等,在国际上展示了中国燃料电池技术的进步。

图6　中国燃料电池电动汽车参加的国内外示范项目
(a) 参加比必登大赛;(b) 北京公交示范;(c) 北京奥运会示范;(d) 美国加州示范;
(e) 上海世博会示范;(f) 新加坡世青赛示范

目前,燃料电池发动机技术明显提升,在科技部支持下,国产PEMFC关键材料和部件的开发取得了重大进展,研制成功了高导电性及优化孔结构的碳纸、增强型复合质子交换膜、高稳定性/高活性 Pt-Pd 复合电催化剂[11]、薄型全金属双极板等。通过膜电极技术的优化,电催化剂利用率得到大幅提高,流场优化提高了高电流密度下水管理能力,使额定工作点由 0.66V@0.5A/cm² 提升至 0.66V@1.0A/cm²,比功率已经达到 1300W/L,在同样功率输出情况下,体积和重量分别减小了一半(见图 7,新源动力提供)。

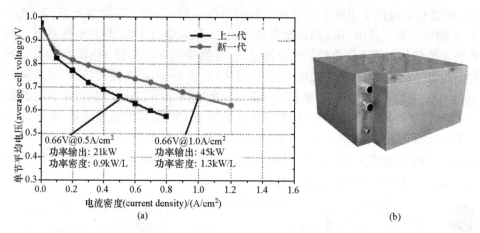

图 7 (a)国内燃料电池发动机性能和(b)国内研发的车用燃料电池模块

3.2 燃料电池固定式分散电站

污染重、能效低一直是困扰火力发电的核心问题,燃料电池作为低碳、减排的未来清洁发电技术,受到国内外的普遍重视。燃料电池电站不同于燃料电池汽车,没有频繁启动问题,因此可以采用四种燃料电池技术,分别是磷酸燃料电池(PAFC)、质子交换膜燃料电池(PEMFC)、固体氧化物燃料电池(SOFC)和熔融碳酸盐燃料电池(MCFC)。

PAFC 电站代表性的开发商是联合技术动力公司[2],其开发的 PureCell® Model 系列 200kW 和 400kW 磷酸燃料电池发电系统(见图 8(a)),20 多年里已经在 19 个国家安装运行近 300 台,部分电站已经超过 40000h 的设计寿命。发电系统采用天然气为原料,由燃料处理、燃料电池模块、电调节与控制三个部分组成,电效率接近 40%(LHV),若计入热回收,总效率可以接近 80%~90%(LHV)。磷酸燃料电池电站在技术上发展比较成熟,但由于采用贵金属催化剂,大规模商业化还面临成本高的瓶颈问题。

西门子-西屋(Siemens Westinghouse)公司开发了固体氧化物燃料电池电站,以阴极作支撑的管式 SOFC 机械强度高、热循环性能好、易于组装与管理。自 2000 年以来,西门子-西屋公司已建多台大型 100~250kW 分散电站进行试验运行(图 8(c)),其中以天然气为燃料的 100kW SOFC 系统总计运行 20000h,220kW SOFC 与燃气轮机联合发电系统效率可以达到 60%~70%。但现有的技术(如电化学气相沉积和多次高温烧结等)导致阴极支撑型 SOFC 电池成本过高,难以推广。采用廉价的湿化学法、等离子喷涂等技术替代电化学气相沉积制备电解质薄膜,并利用改进烧结工艺、减少烧结次数等手段,有希望达到大幅度降低阴极支撑管型 SOFC 成本的目的。

　　PEMFC 电站的代表性开发商是巴拉德公司,主要开发 250~1000kW 的示范电站[12](见图 8(b)),目前示范数量还不多。国内华南理工大学也进行了 300kW PEMFC 电站的示范。质子交换膜燃料电池用于固定电站与用于燃料电池汽车相比,由于工况相对缓和,不需要像燃料电池汽车那样频繁变载,避免了动态工况引起的燃料电池材料衰减,寿命会相对延长,但是,成本问题还是 PEMFC 电站商业化面临的主要问题;另外,因为 PEMFC 的操作温度在 80~90℃,所以热品质比较低,热量回收效率不高,影响整体燃料利用率;再有,为了防止 PEMFC 燃料电池中毒,燃料需要净化,会增加一部分成本。高温质子交换膜燃料电池(HT-PEMFC)操作温度可以达到 150~200℃,一定程度上可以缓解上述问题,目前 HT-PEMFC 技术还处于研发中。

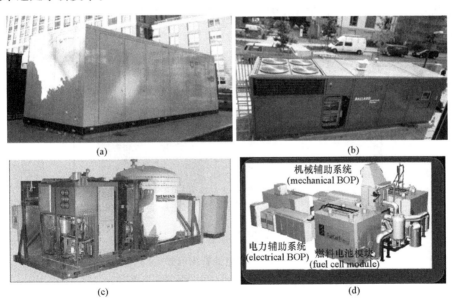

图 8　燃料电池分散电站示范

(a) PAFC 电站(FuelCell Energy);(b) PEMFC 电站(Ballard);

(c)SOFC 电站(Siemens Westinghouse);(d) MCFC 电站(FuelCell Energy)

　　在 MCFC 电站方面,美国 FuelCell Energy 公司处于国际领先地位,所开发的

MCFC 电站已在全球装机 60 余台(见图 8(d)),主要用于医院、宾馆、大学、废水处理厂等场所示范发电。MCFC 操作温度较高(650~700℃),可以实现热电联供及与汽轮机联合循环发电,以进一步提高燃料的能量转化效率。由于熔盐的强腐蚀性以及高温的作用,对材料是一个挑战,寿命是 MCFC 要解决的关键问题。

3.3 备用电源与家庭电源

与现有的柴油发电机比较,燃料电池作为不间断备用电源,具有高密度、高效率、长待时、环境友好等特点,可以为电信、银行等关键部位或偏远地区提供环保型电源。家庭与一些公共场所大多采用 1~5kW 小型热电联供装置,家庭电源通常以天然气为燃料,这样可以兼容现有的公共设施,提供电网以外的电,废热可以以热水的形式利用,备用电源也可采用甲醇液体燃料。在燃料电池电源产品研发方面,日本的 Ebara-Ballard 公司 1kW 家庭型燃料电池电源,其产品已经在 700 多个场所试验,并建立了年产 4000 台的生产基地;美国的 IDA 技术公司研制的 5kW UPS 于 2008 年已拿到印度 ACME 集团一份 30000 台的订单;美国普拉格力(Plug Power)公司已实现近千台的 5kW 电源的销售,主要用于通信、军事等方面(见图 9(a))。此外,Relion 公司与 Altergy 公司也开拓了燃料电池备用电源市场(见图 9(b))。我国研制了 10kW 的供电系统,以家庭用电为示范,已经运行了2500h。

(a)   (b)

图 9　燃料电池备用电源
(a) 5kW 备用电源(Plug Power);(b) 2kW 备用电源(Relion)

3.4 燃料电池可移动电源、充电器

燃料电池作为小型可移动电源或二次电池的充电器,也是目前研发的热点。主要技术基础是采用直接甲醇燃料电池,即以甲醇为燃料。这种液体燃料电池具有携带方便、比能量高等特点。直接甲醇燃料电池初期是瞄准手机、笔记本电脑电

源市场,旨在提供长待时电池,但由于在系统管理、小型化等技术方面还有待突破,近期人们把目光又集中到了充电器市场。东芝公司 2009 年发布了甲醇燃料电池充电器产品 Dynario(见图 10)[13],可为手机等电子器件充电,以满足手机日益增加的多功能化的需求,通过 USB 接口在 20s 内可为一部手机充电,燃料罐 14mL 储存高浓度甲醇,可以充 2 部常规手机。该产品已经通过了国际电工协会(International Electrotechnical Commission,IEC)的安全标准,首次试售 3000 部,收集用户反馈意见与市场反应以便进行改进。国内也研制成功了多功能直接甲醇燃料电池充电器,为野外移动通信设备等供电,可将其工作时间从原来的几个小时提高到 1~3 天,并经过环境模拟试验,表现出良好的环境适应性和可使用性。此外,直接甲醇燃料电池在军民微小型可移动电源领域也展示了广阔的应用前景[14],国内研发单位研制出额定输出功率为 25~50W 的 DMFC 移动电源系统(见图 11),经同行专家现场测试结果表明,DMFC 移动电源系统能量密度达 502Wh/kg,约为锂离子电池的 3 倍。随着现代化战争装备的日益强化,单兵作战需要更多电子装备,直接甲醇燃料电池可以在单兵作战电源发挥优势。美国陆军开发了型号为 M-25 燃料电池单兵电源,用于数字通信、GPS 等电子装备,经过实际测试表明,这种电池可以在平均 20W 功率下使用 72h,而重量比传统电池降低了 80%。该项目得到美国陆军采办挑战项目总计约 3 亿美元的资助[15]。此外,供陆军指挥系统的无线电卫星通信、远程监控装置等微小型移动电源也引起各国的普遍关注。

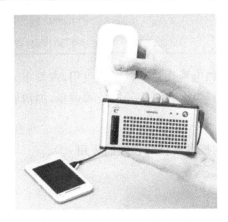
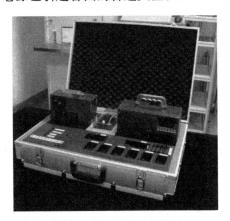

图 10 DMFC 电子器件充电器　　　　图 11 DMFC 移动电源系统

　　目前,直接甲醇燃料电池在技术方面还需要进一步解决寿命、稳定性等关键问题,性能还需进一步提升,我们重点通过研制新型阻醇膜、多元合金催化剂、调变膜电极组件结构等,解决材料在运行过程中的稳定性与耐久性、系统水热管理等问题,并且解决工程化实际问题,使 DMFC 在充电器与可移动电源等领域尽早实现商业化。

4. 燃料电池技术发展思路

如上所述,燃料电池应用主要集中在潜艇、航天等特殊领域,且技术已相对成熟;而民用领域(如燃料电池电动汽车、电站等)尚处于示范阶段,燃料电池技术距离实际商业化还有一定的差距,存在着成本、寿命等瓶颈问题。其原因可以归结为民用产品与特殊应用产品对成本承受力的差异。特殊领域由于面对的是特殊应用,对成本目标没有苛刻的要求,而民用产品面对的是广大消费群体,因此低成本是民用产品应用的前提条件。民用产品在追求低成本的同时,寿命也面临着挑战,如燃料电池通过 Pt 用量降低可以使成本降低,但是,低 Pt 催化剂的耐久性要更严峻得多。因此,低成本、长寿命兼顾是实现燃料电池民用产品商业化要解决的关键问题。表 5 中列出了几种代表性的民用与特殊应用领域的燃料电池技术参数比较,以催化剂为例,特殊领域贵金属催化剂担载量是民用产品的 1～2 个数量级,它的抗衰减能力比民用产品大大提高,燃料电池所面临的寿命问题也会迎刃而解。

表 5　民用与特殊用途燃料电池技术参数比较

参数	水下(212 型)	航天器(阿波罗)	典型 FCV
催化剂担量	$4mgPt/cm^2$	$20mgAu\text{-}Pt/cm^2$	$0.1\sim0.4mgPt/cm^2$
双极板	镀金	镀金/镁	镀有非贵金属的不锈钢
功率密度	53W/kg	100W/kg	1000W/kg
寿命	～6500h	～10000h	2000～3000h(中国目前水平)

因此,现阶段我国一方面要大力推进燃料电池在特殊领域的应用,占领未来特殊领域动力源的制高点;另一方面要促进燃料电池在民用领域技术进步,加快燃料电池民用产品商业化步伐。

4.1　提升性能与可靠性,加快我国燃料电池技术在特殊领域的应用

4.1.1　燃料电池航空航天应用技术

燃料电池在航天领域的应用,除了前面我们已经详细叙述的燃料电池在阿波罗宇宙飞船、航天飞机等的成功应用外,以燃料电池为动力的平流层飞艇、无人机等也成为国际研发热点,燃料电池在航天领域也展示出广阔的应用前景。

在航天技术中,高比能量是追求的重要指标之一。目前,有两条技术路线,一是采用氢氧或氢空燃料电池技术,即通过携带氢气与氧气或空压机,提供一定航程所需的燃料与氧化剂;另一种是基于可再生燃料电池技术(regenerative fuel cell,RFC),即飞行器向日时由太阳能电池提供动力,同时电解水生成氢气与氧气,背日

时电解产物氢气和氧气使燃料电池发电作为飞行器动力源。氢氧燃料电池重点解决的是燃料和氧化剂的携带与燃料电池耦合技术；氢空燃料电池的瓶颈技术是高效空压机，目前国内这方面技术还处于开发过程中。相比之下，可再生燃料电池在航天技术方面引起人们更多的重视，尤其是一体化 RFC 技术，使系统集成更加紧凑，有利于提高系统比能量。

再生燃料电池由于电解过程需要较高的电位（1.5～1.8V），对燃料电池材料是一个挑战。采用导电耐腐蚀兼容的双极板与扩散层材料是研发的重点，如轻质的 Ti 双极板与多孔 Ti 扩散层材料在高电位下具有较高的耐腐蚀性。但是原材料表面接触电阻较大，需要进行表面处理，采用贵金属 Pt、Au 等可以增加导电、耐腐蚀性，但成本较高，目前其他的替代方案正在研究中。为了提高系统比能量，需要燃料与氧化剂 5～10MPa 高压储存，RFC 中高压水电解技术需要重点关注，除了高压带来的电解池硬件强度及密封问题外，高压下的气液两相流的传递过程对电化学反应的影响也需进行研究。为了提高系统比能量，RFC 系统水管理和热管理需要进一步改进，如采用无泵水循环技术可减少系统部件、减轻重量，采用热解石墨或热泵技术可以实现更加高效排热。

目前 RFC 可分为燃料电池和电解池分体式和一体式两种。分体式技术比较成熟，一体式技术还处于研究过程中，关键是双效氧电极技术，一体式 RFC 研制成功可极大地提高系统比功率与比能量。此外，为了适应空间环境，动力系统的环境适应性需要进行特殊考虑，根据环境实验项目，进行 RFC 电池与系统的结构设计，适应空间应用的需求。

4.1.2　燃料电池在水下潜器应用技术

水下应用燃料电池除了能给潜艇提供安静、长航时的动力源系统外，还可以用于水下机器人、水下蛙人等动力源。

水下燃料电池均以氢氧燃料电池为技术基础，其中排水与零排放技术是目前研究的热点。燃料电池生成水在阴极侧，在氢空燃料电池中可以通过气体吹扫与夹带把生成水排出燃料电池，以保证燃料电池安全可靠运行。但在以氧气为氧化剂的前提下，在一定反应计量比情况下，氧气的体积仅为空气的 1/5，这样对同量的生成水排出能力减弱，会导致燃料电池发生"水淹"，不能正常运行。采用氢氧尾气循环和内部排水技术等可实现氢氧燃料电池的有效排水。

水下操作更苛刻的条件是要求零排放。目前，零排放技术有两种，一种是氢氧吸收技术，另一种是氢氧复合技术。氢氧吸收是利用储氢、氧材料，把尾排的氢氧储存起来，但是储存量受其储罐的容积限制；氢氧复合是利用催化作用把排出的少量氢氧复合生成水，达到零排放目的。在氢氧复合技术中，控制好氢氧化学反应计量比是关键。另外，氢氧复合催化剂在有水生成情况下的稳定性也是要关注的问题。

在水下用燃料电池系统中,氢气供给可采用多种方式,如金属固态储氢、高压气态储氢、低温液态储氢以及甲醇重整制氢等。可根据不同的应用背景采用不同的储氢技术,如水下机器人通常优先选择高压气态高纯氢以满足一定的续航里程;而潜艇比较成熟的技术还局限于金属固态储氢,需要储放氢过程的能量与燃料电池耦合;甲醇重整制氢过程,也要考虑制氢过程与燃料电池发电过程的热平衡,以提高整个系统的工作效率。

水下燃料电池系统部件模块化是提高可靠性的重要措施,一个动力系统可以由多个模块并串联而成,当一组模块出现故障,可以瞬间切断,在线更换,提供系统长航时运行能力。

4.2 解决寿命与成本问题,促进民用燃料电池产品的商业化

燃料电池汽车、电站等民用产品面临着的低成本与长寿命兼顾问题,是制约商业化的瓶颈问题,需要从燃料电池材料、部件与系统三方面进行改进与创新,以促进燃料电池尽早走向应用。车用燃料电池的问题尤为突出,下面以车用质子交换膜燃料电池为例,探讨成本与耐久性兼容的解决方案。

4.2.1 燃料电池核心材料的创新

4.2.1.1 发展贵金属部分替代或完全替代的催化剂

改进目前采用的 Pt/C 催化剂是降低成本与提高寿命的关键。研究显示,由于燃料电池动态工况或高电位会引起催化剂的团聚、流失,从而引起催化剂活性比表面积下降,造成燃料电池性能严重衰减;此外由于 Pt 成本较高且资源有限,使得降低 Pt 催化剂用量势在必行。因此,在催化剂方面需要在低 Pt 的同时,稳定性也同时得到解决,探索实现低成本、长寿命的最优解决方案。

通过对制备方法的改进,进行形貌控制,可有效地提高其活性与稳定性[16]。孙世刚等[17]利用高指数晶面 Pt 具有的开放的表面结构和高密度的台阶原子以及处于短程有序环境等特点,使催化剂的活性和稳定性方面均得到显著提高。

Pt 合金催化剂目前显示出较好的发展前景,通过加入第二种非 Pt 金属,利用电子或几何效应,达到低 Pt、高活性的同时稳定性也相应提高。其中核壳型催化剂是研究热点之一,利用非贵金属为支撑核,表面贵金属为壳的结构,可降低 Pt 用量,提高质量比活性。如采用欠电位沉积方法制备的 Pt-Pd-Co/C 单层核壳催化剂[18],总质量比活性是商业催化剂 Pt/C 的 3 倍,利用脱合金(de-alloyed)方法制备的 Pt-Cu-Co/C 核壳电催化剂[19],质量比活性可达 Pt/C 的 4 倍。此外,Pt 催化剂表面的修饰,也可以起到提高稳定性作用,如以金簇(Au cluster)修饰 Pt 纳米粒

子[20]，提高了 Pt 的氧化电势，起到了抗 Pt 溶解的作用，经过 30000 次循环后金修饰的铂催化剂的活性表面积与初始状态相比并没有明显的降低。Pt_3Pd/C 比 Pt/C 抗衰减能力得到较大提高，这是由于加入 Pd 提高了 Pt 的氧还原活性，改善其抗氧化能力[11]。大连化物所包信和研究小组借助贵金属 Pt 表面与单层氧化亚铁薄膜中铁原子的强相互作用所产生的界面限域效应，成功构建了表面配位不饱和亚铁结构(CUF)催化剂，在一氧化碳低温活化过程中显示出非常独特的催化活性，可高效去除 CO 毒物，该催化剂在 PEMFC 实际工况条件下稳定运行超过 1500h[21]；最近，他们又将界面限域的概念扩展到 PtNi、PtSn、PtCo 等催化体系，发现了界面限域的配位不饱和 Ni 物种及其在低温氧化反应中的重要作用。

催化剂载体的改进，也是提高催化剂稳定性的有效途径之一。由于目前 Pt 催化剂载体大多采用 XC-72 炭黑，在高电位及电位循环下会发生载体腐蚀，是造成催化剂团聚与流失的主要原因。改进催化剂载体可以从两个方面进行，一是基于目前碳载体材料的改进，如高温石墨化处理、添加官能团等方法，可以提高高电位下载体的耐腐蚀性；二是采用新的载体材料，碳纳米管(carbon nanotube，CNT)或氮掺杂的碳纳米管[22,23]、纳米碳须、W_xC_y[24]、氧化铟锡(indium tin oxide，ITO)[25]等碳与非碳载体。这些新型载体材料在一定程度上提高了耐腐蚀性，但是比表面积均远低于现有的载体材料。目前具有高导电、高比表面积与高耐蚀性兼顾的载体材料还是研究的难点。

在探求低 Pt 催化剂的同时，非 Pt 催化剂的研究也一直在进行中，如金属硫族化合物、金属大环配合物等展示了较好的初活性，但稳定性还远满足不了要求。近期，Lefèvre 等[26]在非 Pt 催化剂的研究方面取得了进展，电催化剂 Fe/N/C 载量为 $5.3mg/cm^2$ 的非贵金属 Fe/N/C 电催化剂制备的电极，低电流密度下与 Pt 载量为 $0.4mg/cm^2$ 的 Gore 电极性能相当，但因其担载量比 Pt 催化剂高出几倍甚至十几倍，电极厚度随之增加，从而导致电极反应的传质阻力大幅度增加，而且，其稳定性还需进一步改善[27]。此外，近期研究的氮掺杂碳基非 Pt 催化剂也表现出较高的氧还原反应催化活性与稳定性[28]。

目前，在酸性体系下可实用的非 Pt 催化剂还没有突破性进展，人们把目光聚焦到碱性体系的聚合物燃料电池。由于碱性环境中的氧还原动力学快于酸性条件，催化剂可实现贵金属替代，使燃料电池成本得到根本性的降低。武汉大学庄林研究小组结合实验与计算提出了利用非化学计量比金属氧化物修饰调控 Ni 表面电子结构，使 Ni 基 HOR 催化剂表面反应选择性、抗氧化性大幅度提高，藉此组装的碱性聚合物电解质燃料电池可以完全摆脱对贵金属催化剂的依赖[29]。目前技术难点是研究高离子传导性、高稳定性的碱性离子交换膜。一些学者进行了季胺或季膦型聚合物膜的研究[30]，通过对电解质可溶性溶剂的选择，制备出了带有立体化三相界面的非贵金属催化剂膜电极，但聚合物膜的离子传导性与稳定性还有待于进一步提高。

4.2.1.2 进一步促进高性能、廉价国产材料的批量供应

除了催化剂外,其他材料如质子交换膜、碳纸等也是制约成本与寿命的重要因素。其中 Nafion 系列的均质全氟磺酸膜在燃料电池环境中由于反应过程中氢氧自由基的攻击,会发生衰减,影响燃料电池寿命。此外,该种膜大部分依赖于进口,成本较高,因此,需要研制新型高稳定的国产化的质子交换膜替代 Nafion 膜,主要从提高机械性能与化学稳定性出发进行改进。例如,采用多孔材料、碳纳米管、TiO$_2$ 纳米管等与全氟磺酸树脂复合的增强膜[31~33],可以有效地增强膜的机械性能,使之在动态工况下,稳定性有显著的提高;在膜中加入自由基淬灭剂,可以抵抗由于发电过程中氢氧自由基的攻击,提高化学稳定性[34]。再者,短侧链膜由于具有较好的质子传导率及高的稳定性也引起了关注,制备具有带自由基淬灭剂的短侧链复合膜是一个比较有前景的发展方向。

碳纸目前也是采用进口材料,在 863 课题支持下,国产化的替代产品已经基本研制成功,其性能已基本将接近国际先进水平,但还需要更进一步优化及研制批量化生产工艺与设备,满足燃料电池商业化的需求。高稳定性、低成本的国产化材料,是发展国内燃料电池技术的必由之路。

4.2.2 燃料电池关键部件的改进

4.2.2.1 高催化剂利用率、性能稳定的膜电极技术

除了催化剂本身以外,通过燃料电池膜电极组件(MEA)制备方法的改进,是有效地提高 Pt 利用率、降低成本的重要技术。国际上已经发展了三代 MEA 技术路线:一是把催化层制备到扩散层上,通常采用丝网印刷方法,这种技术已经成熟;二是把催化层制备到膜上(catalyst coated membrane,CCM),与第一种方法比较,在一定程度上提高了催化剂的利用率与耐久性;三是有序化的 MEA,把催化剂(如 Pt)制备到有序化的纳米结构上,使电极呈有序化结构,有利于降低大电流密度下的传质阻力,进一步提高燃料电池性能,降低催化剂用量。利用有序化 MEA制备技术,3M 公司研制的纳米结构薄膜(nanostructured thin film,NSTF)MEA,其 Pt 担载量可降至 0.15~0.25mg/cm^2,并显示了较好的性能[35]。

4.2.2.2 高均一性电堆技术

提高电堆的一致性,提升额定工作点电流密度,也是降低燃料电池 Pt 用量以及其他硬件成本的重要环节。车用燃料电池为了满足一定功率需求,电堆通常都是由数百节单电池组成,电堆内单电池间的一致性是保证燃料电池能够高功率运

行的关键。一致性除了与燃料电池材料、部件加工的均一性有关外,还与电堆的水、气、热分配密切相关,从设计、制备、操作三方面出发进行调控,通过模拟仿真手段研究流场结构、阻力分配对流体分布的影响,找出关键影响因素,重点研究水的传递、分配与水生成速度、水传递系数、电极/流场界面能之间的关系,研究稳态与动态载荷条件对电堆阻力的影响,保证电堆在运行过程中保持均一性,从而可以大幅提升额定点工作电流密度,提升电堆的功率密度,降低成本。

4.2.3 燃料电池系统技术的完善

4.2.3.1 缓解燃料电池衰减的控制策略

研究发现,动态循环工况、启动/停车过程、连续低载或急速运行等过程是引起燃料电池衰减的主要原因[36~39]。针对这些工况,提出车用燃料电池的合理控制策略[40],规避可能引起衰减条件的出现,可以起到保护材料避免受到侵害的作用。燃料电池关键材料的研究需要相对长的时间,近期,可以在现有材料的基础上通过控制策略改变,提高耐久性。

采用二次电池、超级电容器等储能装置与燃料电池构建的电-电混合动力,既可减缓燃料电池输出功率变化速率,又可以避免燃料电池载荷的大幅度波动。这样使燃料电池在相对稳定工况下工作,避免了加载瞬间由于空气饥饿引起的电压波动,减缓由于运行过程中的频繁变载引起的电位扫描而导致催化剂的加速衰减。还可采用"前馈"控制策略,即在加载前预置一定量的反应气[41],可以减轻反应气饥饿现象。利用辅助负载限电位法,可有效地抑制启动/停车过程瞬间阳极侧易形成氢空界面产生的高电位[36]。此外,碳腐蚀速率与进气速率密切相关[42],在启动过程中快速进气可以降低高电位停留时间,达到减少碳载体损失的目的。利用混合动力控制策略,在低载时通过给二次电池充电,提高电池的总功率输出,也可起到降低电位的目的。此外,美国联合技术公司在一专利中阐述了急速限电位的方法[43],提出了通过调小空气量同时循环尾排空气、降低氧浓度的办法,达到抑制电位过高目的。合理的控制策略可实现燃料电池内部有效水管理,保持燃料电池内水在一定的合适范围,尤其在动态工况下,使水能够跟踪动态操作变化,保证燃料电池正常稳定工作,避免由于干湿度频繁变化导致的失效或性能衰减。

4.2.3.2 高比功率、高可靠性的系统集成技术

目前,国内车用燃料电池系统质量比功率仅略高于 300W/kg,而国际先进水平的系统质量比功率已经达到 650W/kg;造成差距的主要原因是国际上大多是汽车制造商在从事燃料电池发动机的制造,他们利用传统汽车工业技术基础,研制出高集成度的产品;因此,国内燃料电池开发单位,需要与汽车厂商进行合作,移植传

统汽车工业的成熟技术,推进燃料电池系统技术的进步,并进一步提高部件可靠性,延长无故障间隔时间,促进燃料电池商业化。

5. 结 束 语

燃料电池经过近半个多世纪的发展,已经实现了在航天飞机、宇宙飞船及潜艇等特殊领域的应用,而在民用领域由于受寿命与成本的制约,至今在燃料电池电动汽车、电站、便携式电源或充电器等领域还处于示范阶段。未来我国应大力推进燃料电池在特殊领域的应用,增强我国在国防等军事领域的实力;同时,在民用领域要集中解决寿命与成本兼顾问题,从材料、部件、系统等三个层次进行技术改进与创新,尽快推进燃料电池商业化步伐,提供高能效、环境友好的燃料电池发电技术,为建立低碳、减排、不依赖于化石能源的能量转化技术新体系做贡献。

本文第一次发表于《电化学》2012 年 01 期

参 考 文 献

[1] 衣宝廉. 燃料电池——原理·技术·应用[M]. 北京:化学工业出版社,2003

[2] http://www. utcpower. com. 2009-01-10

[3] Wikipedia. Type 212 submarine. http://en. wikipedia. org/wiki/Type_212_submarine,30 Nov. 2009

[4] CUTE(Clean Urban Transportation for Europe) Detailed Summary of Achievements, http://ec. europa. eu/energy/res/fp6_projects/doc/hydrogen/deliverables/summary. pdf

[5] Hyfleet:CUTE Hydrogen transportation-Bus technology &fuelfortodayandfor a sustainable-future. http://hyfleetcute. com/data/HyFLEETCUTE_Brochure_Web. pdf

[6] General Motors Announces New Fuel Cell System. http://www. fuelcelltoday. com/online/news/articles/2009-09/General-Motors-Announces-New-Fue

[7] Mercedes-Benz F-CELL World Drive-the finale. Successful finish:F-CELL World Drive reaches Stuttgart after circling the globe. http://fuelcellsworks. com/news. 2011-06-02

[8] UTC Fuel Cell Transit Bus Sets Record. http://evworld. com/news. cfm? newsid=26282

[9] http://www. fuelcelltoday. com/online/news/articles/2010-03/GM-Uncovers-Production-Intent-Fu

[10] http://www. fuelcelltoday. com/online/news/articles/2010-05/Toyota-Outlines-Cost-Down

[11] Zhou Z M,Shao Z G,Qin X P,et al. Durability study of Pt-Pd/C as PEMFC cathode catalyst[J]. International Journal of Hydrogen Energy,2010,35(4):1719-1726

[12] http://www. ballard. com. 2009-01-12

[13] Toshiba News Releases, Toshiba launches direct methanol fuel cell in Japan as external power source for mobile electronic devices. http://www. toshiba. co. jp/about/press/2009_10/pr2201. htm,22 Oct,2009

[14] Kamarudin S K, Achmad F, Daud W R W. Overview on the application of direct methanol fuel cell(DMFC) for portable electronic devices[J]. International Journal of Hydrogen Energy, 2009, 34(16): 6902-6916

[15] Crawley G. 2007 Military Survey. http://www. fuelcelltoday. com/media/pdf/surveys/2007-Military. pdf, May 2007

[16] Wang Z L. Transmission electron microscopy of shape-controlled nanocrystals and their assemblies[J]. Journal of Chemical Physics B, 2000, 104(6): 1153-1175

[17] Tian N, Zhou Z Y, Sun S G, et al. Synthesis of tetrahexahedral platinum nanocrystals with high-index facets and high electro-oxidation activity[J]. Science, 2007, 316(5825): 732-735

[18] Shao M, Sasaki K, Marinkovic N S, et al. Synthesis and characterization of platinum monolayer oxygen-reduction electrocatalystswith Co-Pd core-shell nanoparticle supports [J]. Electrochemistry Communications, 2007, 9(12): 2848-2853

[19] Srivastava R, Mani P, Hahn N, et al. Efficient oxygen reduction fuel cell electrocatalysis on voltammetrically dealloyed Pt-Cu-Co nanoparticles[J]. Angewandte Chemie International Edition, 2007, 46(47), 8988-8991

[20] Zhang J, Sasaki K, Sutter E, et al. Stabilization of platinum oxygen-reduction electrocatalysts using gold clusters[J]. Science, 2007, 315(5809): 220-222

[21] Fu Q, Li W X, Bao X H, et al. Interface-confined ferrous centers for catalytic oxidation[J]. Science, 2010, 328(5982): 1141-1144

[22] 秦晓平, 邵志刚, 周志敏, 等. Pt/短 MWNTs 催化剂的制备及电化学稳定性[J]. 电源技术, 2009, 33: 847-852

[23] Chen Y, Wang J, Liu H, et al. Enhanced stability of Pt electrocatalysts by nitrogen doping in CNTs for PEM fuel cells[J]. Electrochemistry Communications, 2009, 11(10): 2071-2076

[24] 张生生, 朱红, 俞红梅, 等. 碳化钨用作质子交换膜燃料电池催化剂载体的抗氧化性能[J]. 催化学报, 2007, 28(2): 109-110

[25] Chhina H, Campbell S, Kesler O. An oxidation-resistant indium tin oxide catalyst support for proton exchange membrane fuelcells[J]. Journal of Power Sources, 2006, 161(2): 893-900

[26] Lefèvre M, Proietti E, Jaouen F, et al. Iron-based catalysts with improved oxygen reduction activity in polymer electrolyte fuel cells[J]. Science, 2009, 324(5923): 71-74

[27] Gasteiger H A, Markovic N M. Just a dream-or future reality[J]. Science, 2009, 324(5923): 48-49

[28] Jin H, Zhang H M, Zhong H X, et al. Nitrogen-doped carbon xerogel: A novel carbon-based electrocatalyst for oxygen reduction reaction in proton exchange membrane(PEM) fuel cells [J]. Energy & Environmental Science, 2011, 4: 3389-3394

[29] Lu S, Pan J, Huang A, et al. Alkaline polymer electrolyte fuel cells completely free from noble metal catalysts[J]. Proceedings of the National Academy of Sciences, 2008, 105(52): 20611-20614

［30］Gu S,Cai R,Luo T,et al. A soluble and highly conductive ionomer for high-performance hydroxide exchange membrane fuel cells［J］. Angewandte Chemie International Edition,2009, 48(35):6499-6502

［31］Liu F Q,Yi B L,Xing D M,et al. Nafion/PTFE composite membranes for fuel cell applications［J］. Journal of Membrane Science,2003,212(1-2):213-223

［32］Liu Y H,Yi B L,Shao Z G,et al. Carbon nanotubes reinforced nafion composite membrane for fuel cell applications［J］. Electrochemical and Solid-State Letters,2006,9(7):A356-359

［33］Matos B R,Santiago E I,Ray J F Q,et al. Nafion-based composite electrolytes for proton exchange membrane fuel cells operating above 120℃ with titania nanoparticles and nanotubes as fillers［J］. Journal of Sources,2011,196(3):1061-1068

［34］Zhao D,Yi B L,Zhang H M,et al. Cesium substituted 12-tungstophosphoric(Cs$_x$H$_{3-x}$PW$_{12}$ O$_{40}$)loaded on ceria-degradation mitigation in polymer electrolyte membranes［J］. Journal of Power Sources,2009,190(2):301-306

［35］Debe K M,Schmoeckel K A,Vernstrom G D,et al. High voltage stability of nanostructured thin film catalysts for PEM fuel cells［J］. Journal of Power Sources, 2006, 161 (2): 1002-1011

［36］Tang H,Qi Z G,Ramani M,et al. PEM fuel cell cathode carbon corrosion due to the formation of air/fuel boundary at the anode［J］. Journal of Power Sources, 2006, 158 (2): 1306-1312

［37］Borup R,Meyers J,Pivovar B,et al. Scientific aspects of polymer electrolyte fuel cell durability and degradation［J］. Chemical Reviews,2007,107(10):3904-3951

［38］Wu J,Yuan X,Martina J J,et al. A review of PEM fuel cell durability:Degradation mechanisms and mitigation strategies［J］. Journal of Power Sources,2008,184(1):104-119

［39］Liang D,Shen Q,Hou M,et al. Study of the cell reversal process of large area proton exchange membrane fuel cells under fuel starvation［J］. Journal of Power Sources,2009, 194(2):847-853

［40］Perry M L,Patterson T W,Reiser C. System strategies to mitigate carbon corrosion in fuel cells［J］. ECS Transactions,2006,3(1):783-795

［41］Shen Q,Hou M,Yan X Q,et al. The voltage characteristics of proton exchange membrane fuel cell(PEMFC) under steady and transient states［J］. Journal of Power Sources,2008, 179(1):292-296

［42］Shen Q,Hou M,Liang D,et al. Study on the processes of start-up and shutdown in proton exchange membrane fuel cells［J］. Journal of Power Sources,2009,189(2):1114-1119

［43］Reiser C A. Homogenous gas in shut down fuel cells［P］:US,WO2010056224. 2010-05-20

第2篇 燃料电池技术发展现状

侯 明 衣宝廉

燃料电池是一种把燃料中的化学能通过电化学反应等温地转化为电能的发电装置[1],它具有高能效、低排放等特点,近年来得到了各国政府、各大公司以及各研究机构的普遍重视,并在很多领域展示了广阔的应用前景。20世纪60～70年代,美国双子星(Gemini)与阿波罗(Apollo)宇宙飞船均采用了燃料电池作为动力源,证明了其高效与可行性;以氢为燃料、环境空气为氧化剂的质子交换膜燃料电池(PEMFC)系统近十年来在车上成功地进行了示范,被认为是后石油时代人类解决交通运输用动力源的可选途径之一;再生质子交换膜燃料电池(RFC)具有高的比能量,近年来也得到航空航天领域的广泛关注;直接甲醇燃料电池(DMFC)在电子器件电源如笔记本电脑、手机方面等得到了演示,已经进入到了商业化的前夜;以固体氧化物燃料电池(SOFC)为代表的高温燃料电池技术也取得了很大的进展,热电联供与联合循环发电技术使发电效率得到进一步提高,多元化发电原料为能源经济的可持续发展提供了可能。但是,燃料电池技术还处于不断发展进程中,燃料电池的可靠性与寿命、成本与氢源是未来燃料电池商业化面临的主要技术挑战,这些也是燃料电池领域研究的焦点问题。本文以燃料电池应用为背景,综述燃料电池技术发展现状与研究热点,重点论述国内燃料电池技术状态。

1. 车用质子交换膜燃料电池

质子交换膜燃料电池是燃料电池电动汽车的首选技术,它具有比功率高、启动快等特点,自20世纪90年代以来,燃料电池电动汽车研发在国际范围内蓬勃兴起。目前,国际上车用燃料电池技术具有领先水平的加拿大巴拉德(Ballard)公司(2007年10月该公司车用燃料电池部分已经归并到戴姆勒股份公司,成立了Automotive Fuel Cell Cooperation)开发的燃料电池与德国戴姆勒-克莱斯勒(Daimler-Chrysler)公司的先进汽车技术集成,成功地进行了F-Cell轿车与Citaro客车的示范运行,在CUTE(Clean Urban Transportation for Europe)项目的支持下,完成了27辆燃料电池电动汽车在欧洲9个城市2年多的示范[1],累计运行62000h,行驶850000km,承载了约400万乘客。同期,在北京也完成了3辆车为期一年的运行。此外,日本的本田(Honda)公司、丰田(Toyota)公司,美国的通用(GM)公司、福特(Ford)公司也都纷纷地推出了自己的品牌如 FCX、FCHV、Hydrogen 等系列的燃料电池汽车,并进行了不同程度的示范。我国在科技部、中国科学院以及各级地方政府的支持下,燃料电池技术发展经历了"九五"的基础、"十五"的成长、"十一五"的提高过程,基本与国际处于同步发展阶段。尤其"十五"期间,在 863 计划"电动汽车"重大科技专项和中国科学院知识创新工程重大项目"大功率质子交换膜燃料电池技术与氢源"的支持下,车用燃料电池技术有了长足的进展,在电催化剂、复合膜等关键材料方面,双极板、MEA(CCM)、燃料电池模块(其性能见表1)、增湿器等关键部件方面以及系统集成方面,拥有了自主知识产权的技术体系,核心部件性能已接近国际先进水平,成功地开发出了车用燃料电池系统,研发出了燃料电池轿车以及燃料电池客车(见图1),并表现出了良好的燃料经济性,涌现出了如中国科学院大连化学物理研究所(简称大连化物所)、上海神力科技公司、新源动力股份有限公司、清华大学、同济大学、武汉理工大学等从事车用燃料电池研发的科研院所和高科技企业,培育了一批专业人才。"十一五"期间,科技部又启动了863 计划"节能与新能源汽车"重大项目,并在先进能源领域、新材料领域也对车用燃料电池关键材料、系统与部件的关键技术给予了资助,重点瞄准车用燃料电池的寿命与成本等关键问题,结合 2008 年奥运会与 2010 年上海世博会燃料电池电动汽车示范运行的契机,进一步使车用燃料电池技术全面提升,加快燃料电池实现商业化的步伐。

表 1　车用燃料电池模块及参数

参数	低压	加压
额定功率/kW	50	80
电压(额定功率下)/V	340	360
燃料/氧化剂	H_2/空气	
操作温度/℃	65	80
操作压力/Pa	$<0.5\times10^5$	2×10^5
燃料/空气利用率	$>96\%/>40\%$	
长×宽×高/mm³	$830\times430\times230$	

图 1　国内研制的燃料电池轿车与客车

目前,影响燃料电池汽车商业化的主要技术难点来自于燃料电池的寿命与成本,各个国家都设定了预期寿命与成本目标(见表2)[2~5]。车用燃料电池耐久性欠佳的主要原因是车载工况对燃料电池的影响,如频繁起停、快速变载等非稳态操作以及低温、杂质环境影响等,都会导致燃料电池加速衰减,引起寿命缩短。其中以单一燃料电池为动力的纯燃料电池电动汽车对车载工况表现得更为敏感,目前,福特、克莱斯勒公司先后推出了燃料电池 plug-in 混合动力电动汽车(plug-in hybrid electric vehicle,PHEV),这种操作模式可以使燃料电池在相对稳定的工况下运行,避免了动态载荷的冲击,预计寿命可以有一定的增加。但是,燃料电池在起停过程中引起的衰减仍然是不可避免的,燃料电池在低温与杂质环境下的适用性还存在问题。

表2　车用燃料电池寿命目标

国家或地区	寿命指标
美国	2005 年:~1000h 2010~2015 年:5000h
日本	2005 年:1000h 2010 年:3000h 2015 年:5000h
欧洲	2015 年:5000h 轿车; 10000h 客车
中国	2008 年:3000h 2010~2015 年:5000h

在降低成本方面,目前正在研制廉价的替代材料、低贵金属担量与非 Pt 催化剂、增强自增湿膜、烃类膜、可冲压成型的金属薄双极板等,以期进一步实现燃料电池的成本控制。此外,未来批量化生产技术将会有效地降低成本。

1.1　车用燃料电池动态工况的影响与对策

研究发现,车用燃料电池工况运行条件会显著影响燃料电池寿命,目前已经认识到部分衰减原因,如起停及循环工况下 Pt 纳米颗粒的溶解与聚集[6,7]、温湿度波动导致的多孔材料层憎水性、孔结构、界面特性的变化[8,9],高电位及燃料饥饿状态下导致的碳载体氧化[10,11],反应中间产物及局部应力引起的膜加速损伤等[12,13]。通过加速试验,人们还在对衰减行为与机理进一步研究;同时,针对目前认知的衰减机理,提出了从材料、部件、控制策略等方面的解决对策。材料方面,研究耐腐蚀抗氧化的载体[14,15]、高强度的复合质子交换膜[16,17]、合金催化剂[18,19]等提高车辆运行下燃料电池的抗衰减性;部件方面,优化 MEA 制备方法提高界面的稳定性、改进 MEA 结构避免局部应力、合理设计电堆结构与制造精度提高电堆的一致性、改进系统部件提高运行可靠性;控制策略方面,制定有效的启动/停车策略,避免氢氧界面形成的高电位,在研究动态加载对燃料电池温度[20]、氧浓度[21]、水分布[22]、电压分布[23]动态响应的影响基础上,调变加载策略、减少动态加载过程中引起反应剂饥饿以及温湿度响应滞后问题,减轻动态载荷的影响。

1.2 反应气杂质影响与对策

燃料电池反应气中杂质对车用燃料电池的影响,目前也得到了极大的关注。由于车用燃料电池直接采用空气中的氧做氧化剂,伴随着空气,空气中的杂质如 NO_x、SO_x、粉尘、烟气等也会同时进入燃料电池中。通过示范运行发现,在空气污染严重的城市,燃料电池性能衰减与排放物浓度存在着一定的关联。此外,由于采用不同的制氢技术和制氢原料,氢气中也往往含有一定量的杂质气体,其中 CO、NH_3、H_2S 对质子交换膜燃料电池影响比较显著。在制氢过程中,杂质的控制程度与制氢成本是相关联的,高纯度的氢源需要较复杂的净化技术;因此,提高燃料电池杂质的耐受性可以在一定程度上降低制氢成本,以提高整个发电系统的经济性。

关于反应气中杂质问题的研究,目前主要从以下几个方面进行:①杂质对燃料电池性能影响行为的研究。针对氢中的 CO 杂质,已经进行了大量的工作,并通过抗 CO 催化剂[24,25]、阴极注氧[26]、复合电极[27,28]等手段提高 CO 杂质的耐受性,使对 CO 的研究趋于成熟。其他杂质对燃料电池的影响近些年来得到了极大关注,通过研究发现,硫化物 H_2S[29,30]、NH_3[31]对燃料电池有较强的中毒行为,且表现为一定的不可恢复性;对空气中的 SO_x、NO_x 以及杂质混合气的影响也进行了研究[32,33],其中空气中痕量的 SO_2 也会对燃料电池性能产生显著的影响。②杂质影响机理的研究。杂质影响可能表现为三种方式:第一,杂质引起催化剂中毒导致界面过电位增加,如 CO、H_2S、SO_2 等在 Pt 表面吸附占据 Pt 催化剂的活性位,造成电池性能严重下降;第二,阳离子引起的质子传导率下降,如 NH_3 与 H^+ 的中和反应造成催化层中 Nafion 聚合物的铵化而导致催化层离子电导的降低;第三,传递过程变化,如颗粒物引起的扩散层孔隙率变化、NH_3 引起的表面特性变化等。通过 CV、EIS、电压阶跃法等各种表征手段,可以有效诊断中毒机理[34]。③中毒恢复方法的研究。由于杂质的中毒行为与机理的不同,决定了有些杂质的影响不能通过正常操作条件进行恢复,需要建立中毒后燃料电池性能的恢复方法,这一点在实际运行中是很重要的,这方面是值得探索的课题。④耐受性解决方案。通过燃料电池材料、结构与系统的改变,研究能够抵抗杂质影响的方法是最终的解决方案。可以通过在燃料电池外部与内部采取措施进行解决。外部措施主要是强化外净化功能,如研究具有强化功能的空气过滤器,同时要考虑流体的阻力,避免由此产生的如寄生功耗等负面影响。内部措施主要从耐杂质的催化剂研究、电极结构改进等方面入手,这方面研究工作还有待于深入进行。

1.3　零度以下储存与启动

燃料电池发电是水伴生的电化学反应过程,质子传导需要水,电化学反应会生成水。在零度以下,反复的水、冰相变引起的体积变化会对电池材料与结构产生影响,导致气体传递性质变化、动力学性能下降、燃料电池系统的启动延迟等。另外,冰造成的反应气传递阻力增大、电池组件机械应力的增加和形态改变、热和电的界面性能变差等,都导致燃料电池工作性能降低。因此,冬季零度以下低温储存与启动问题是车用燃料电池应用时面临的技术难题之一。

目前,研究工作主要从以下几个方面进行:①低温储存。研究低温对燃料电池材料与部件的影响,如冷冻/解冻循环过程中多孔层孔结构与孔分布的变化、MEA界面的变化、催化层衍变行为以及与水含量、自身结构的依赖关系等[35~37]。研究吹扫除电池内的残存水的方法,减小冰冻对燃料电池性能的影响[38,39]。②低温启动特性的研究。当燃料电池在零度以下启动时,生成的热量不足以使电池的温度上升达到零度以上,氧还原生成的水就会结冰,最终会导致启动失败,并且对电池材料和性能造成影响。美国宾夕法尼亚大学 Mao 等[40,41]研究了零度以下启动时膜电极中的水热传递和水结冰导致启动失败的过程以及与催化层和膜的容水能力的关系,指出当反应的三相界面被水结冰完全覆盖时电化学反应终止,启动失败。③低温启动方法的研究。目前工程上提出了三种典型的低温启动方法,即保温法、加热法与自启动法。保温法是通过被动保温(绝缘层)与主动保温(蓄电池加热)等措施防止结冰。加热法是通过车载蓄电池、催化燃烧氢等方法在启动时提供热量[42,43]。自启动法是在停车后通过真空、气体吹扫等手段,减小水结冰的损害以及启动时冰的影响,采用一定的策略不依赖于外加能量启动过程[44],这方面研究还在进行中。在启动过程中以低的能量损耗获得快速启动效果是追求的最终目标。目前,大连化物所已经掌握了−10℃自启动技术。本田、通用等公司发布了可以在−20℃保存与启动燃料电池汽车的消息。巴拉德公司已经在其网站上公布−35℃环境下 195s 内成功启动燃料电池堆的消息,但是具体的技术细节并未公开。

燃料电池耐久性是国际上关注的热点问题,Borup 等[45]也用大量的篇幅对耐久性问题作了比较详尽的分析,感兴趣的读者可以参阅。

2. 航天飞行器用再生燃料电池

再生燃料电池(RFC)用作临近空间飞艇和空间站的主电源,引起了国际上的关注,目前正处于大力研发推进阶段。再生燃料电池由电解池和燃料电池组成,向日时太阳能发电并电解水,生成氢气与氧气储存起来;背日时燃料电池发电,生成水,水可以循环使用,并保持储能基本恒定。RFC 具有高的比能量和比功率,使用中无自放电且无放电深度及电池容量的限制,产生的高压 H_2、O_2 不仅可用于空间站及卫星的姿态控制,还可以用于宇航员的生命保障,而且,储能物质又是极为安全廉价的纯水。因此,美国等发达国家非常重视 RFC 技术的研究开发,已经把 RFC 技术应用于航空航天领域,并将 RFC 技术视为今后"空间可再生能源技术"的重要发展方向之一。美国 Hamiton 公司研制的 25kW 和 35kW 质子交换膜燃料电池型 RFC 系统已经在空间站和空间飞行器中得到应用。德国、日本等国家在 RFC 领域也有一定规模的研究。"八五"与"九五"期间,我国大连化物所在空间站预研计划的资助下,已开展了 RFC 动力系统的研究工作,并成功研制了百瓦级试验样机,目前,在 RFC 水电解技术方面取得了重要突破。

目前,再生燃料电池存在的主要技术问题包括:①高活性氧电极催化剂的研究。金属催化剂表面和含氧物种的相互作用是电极反应活性大小的决定因素。目前,水电解氧电极一般采用 Ir、Ru 或 IrO_2、RuO_2 等贵金属氧化物(当作为双效电极时需要与 Pt 组成的混合催化剂)[46,47],由于 Ru 和 Ir 的表面氧化物 RuO_2 和 IrO_2 与表面氧原子有适中的成键强度,对于催化氧析出反应有最低的超电势,可以降低电解电压,提高电解效率。②提高 MEA 界面结构稳定性。水电解析氢析氧过程容易导致 MEA 分层,研究者采用两种方法来解决这一问题,一种是采用 Nafion 膜上喷涂过渡树脂,然后再制备催化层,提高催化层与膜的黏结性,防止由于催化层与膜的剥离导致的性能衰减[48];另一种方法是采用再铸膜与催化层共同结晶,解决膜与电极之间的分层问题[49]。③耐腐蚀扩散层材料的研究。在 SPE 水电解中使用碳材料为扩散层,在析氧电位下,析氧反应产生的活性氧物种对碳材料的腐蚀非常严重,导致电极扩散层破坏,无法满足电池长时间充放电循环工作的需要。Song 等[50]开发了新型耐腐蚀扩散层,采用 IrO_2/Ti 制备微孔层代替传统的 XC-72 炭粉,使稳定性得到了大幅度提升。Liu 等[51]采用复合电极提高了电解池寿命。Ioroi 等[52]采用化学性质稳定的钛纤维板来制备气体扩散层,可以提高耐腐蚀性,但由于钛金属在析氧状态下会形成表面氧化膜,随着水电解的进行钛扩散层表面的氧化膜会逐渐增厚,导致电导逐渐降低,如果长时间工作,电解池的内阻会逐渐增大。另外,Ti 材料成本较高。耐腐蚀的扩散层还有待于深入研究。

与电解池相配套的 H_2-O_2 燃料电池技术相对比较成熟,但是在可靠性方面还需要进一步提高:需要改善燃料电池纯氧介质下的阴极水管理,提高运行稳定性;此外还需要简化系统,提高集成度。一体化再生燃料电池(URFC)也是目前研发的热点,双效氧电极是研究的关键[53],它的研发成功可以进一步提高比功率密度,但是目前还存在多次循环性能衰减等问题,需要更深入的研究工作。

3. 小型便携式产品用直接甲醇燃料电池

直接甲醇燃料电池(DMFC)与二次电池比较起来,理论比能量高,用于小型便携式产品可以明显地提高待机时间,近年来受到了国内外的广泛关注。目前,日本、韩国、德国等研制成功了用于笔记本电脑、手机等用 DMFC 的演示样机。此外,DMFC 在军事领域也应用比较广泛,如单兵作战电源等。我国 DMFC 研究近年来取得了很大进展,电池的性能指标已经进入国际先进行列,开发了笔记本电脑电源、便携式电源等样机(见图 2、图 3)。通过研究人员的努力,目前通过关键材料、关键部件的研究[54]改善了阳极反应动力学过程、降低了甲醇渗透、提高了电池功率密度、完善了系统集成技术。DMFC 已经进入到商业化的前夜,但目前还存在着一些技术难题需要解决:①阴极水管理问题。有效水管理是保证 DMFC 便携式电源稳定工作的重要因素。DMFC 采用甲醇水溶液作燃料,由阳极至阴极水的电迁移与浓差扩散导致阴极侧的水量远大于电化学反应生成水,DMFC 运行时易产生"水淹"(flooding),从而引起 DMFC 不能长时间稳定运行。一般便携式电源常常是以自呼吸方式操作,阴极水管理更是焦点问题。采用 MEA 具有梯度的孔分布[55],可以在一定程度上改善水管理。此外,操作中采用变载策略,可以缓解由于恒定载荷操作时由于水的累积引起的传质阻力。②纯甲醇进料问题。为了提高 DMFC 的能量密度,采用高浓度甲醇燃料进料是有效手段之一[56]。通过阴极生成水回馈到阳极是目前解决纯甲醇进料的主要思路,通常利用微型泵采用外强制水循环是一个解决方案,但是其缺点是系统比较复杂;另外一种解决方案是通过 MEA 内部结构设计,使阴极水返到阳极侧[57~59]。③污染物的消除。DMFC 可能的污染物来源于反应物、产物(包括部分中间产物),随着阳极产物 CO_2 的排放可能挟带部分甲醇,这是污染的主要来源。此外,由于渗透到阴极的甲醇,不能完全氧化为 CO_2 和水,随阴极未反应的空气可能排出超过环保标准的微量甲醇与甲醛。

图 2　大连化物所 DMFC 笔记本电源

如何消除这些污染物并使排出气达到环保要求也是值得关注的课题。目前这方面的研究报道较少,解决这些问题再结合系统集成技术,DMFC 有可能较早实现商业化。

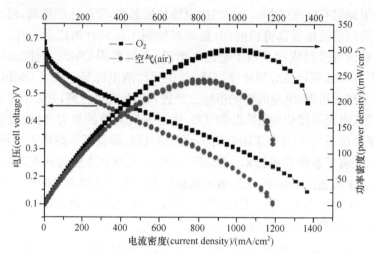

图 3　大连化物所 DMFC 电池性能曲线

4. 中小型电站用固体氧化物燃料电池

固体氧化物燃料电池(SOFC)主要用于中小型分散电站,适用除了氢以外的多种燃料,如天然气、煤气、生物质燃料气等,并可以与燃汽轮机联合循环发电,能进一步提高能量转化效率,在未来商业化方面具有广阔的发展前景[60]。常用的 SOFC 结构类型有管型和平板型两种[61,62]。

平板型 SOFC 的优点是膜电极制备工艺简单、成本低,由于电流收集均匀,流经路径短,所以它的输出功率密度较高[63];其主要缺点是密封困难、抗热循环性能差以及组装成大功率电池组较难等[64]。但是,当 SOFC 的操作温度降低到 600～800℃后,可以在很大程度上扩展电池材料的选择范围,提高电池运行的稳定性和可靠性,降低电池系统的制造和运行成本。所以,近年来研究与开发的中温 SOFC 大都采用平板型结构。

管型 SOFC 可以分为阳极支撑型和阴极支撑型[1]。以阳极作支撑的管型 SOFC 一般适用于小功率电源。阳极支撑管型 SOFC 通过使用廉价的湿化学法替代昂贵的电化学或化学气相沉积(EVD、CVD)制备阳极支撑的薄膜电解质,不仅降低了制作成本,缩短了制备周期,提高了制备效率,更可以实现电池在 600～800℃中温下工作。目前最具有实力的是美国的 Acumentrics 公司,已开发出民用

5kW、10kW 发电系统及 2kW 不间断电源等产品。大连化物所在解决了膜电极等关键材料的基础上[65]，2005 年底成功组装了 500W 管型中温 SOFC（见图 4）。阳极支撑的 SOFC 可作为移动动力源，但存在频繁启动响应慢的问题，且寿命还需要进一步提升。

阴极支撑结构具有高机械强度、高抗热冲击性能、简化的密封技术、高模块化集成性能等，适合于建设大容量电站，其最有实力的开发商是美国西门子西屋动力公司，它的制备和组装技术非常成熟，已经成功地推出了几个 100～200kW 演示样机[66]（见图 5）。阴极支撑的 SOFC 不足之处：一是电极内电流流经路径长，导致电池工作电流密度低；二是单管电解质膜制备采用 EVD 方法，原料利用率低，生产费用高。虽然目前的技术已从制备电解质膜、连接体、阳极所用的三步 EVD 技术减少至制备电解质膜一步，但由于仍然存在制备成本高、制作周期长、生产效率低等不足，所以正在研究采用等离子喷涂取代 EVD 技术制备电解质膜的技术。

图 4 国内 500W 阳极
支撑的 SOFC

图 5 西门子西屋 220kW 阴极支撑
的 SOFC 系统

5. 结 束 语

经过全球的努力，燃料电池技术取得了很大的进展，尤其是近十几年，在能源环境、能源效率、能源安全等世界关注的焦点问题引导下，燃料电池技术作为氢能的理想转化装置在各个领域已经展示了广阔的应用前景。通过产品的示范，使燃料电池技术研究成果得到了进一步的印证与体现，同时也发现了很多需要改进与完善之处，尤其在燃料电池寿命、成本以及作为成熟产品要求的可靠性方面还有很多的研究工作要做。在通向商业化的进程中还将面临着许多挑战，各国政府都制定了应对这些挑战的近、中、远期发展路线图，各大企业集团也都斥资进行技术储备，研究人员也在不断地做出努力，共同推进燃料电池商业化进程。

本文第一次发表于《电源技术》2008 年 10 期

参 考 文 献

［1］ CUTE（Clean Urban Transportation for Europe）Detailed Summary of Archievements，http：//ec. europa. eu/energy/res/fp6_projects/doc/hydrogen/deliverables/summary. pdf

［2］ U. S. DOE，http：//www1. eere. energy. gov/hydrogenandfuelcells/mypp/，2007

［3］ NEDO homepage：http：//www. nedo. go. jp/nenryo/gijutsu/index. html，2007

［4］ European Technology Platform for Hydrogen and Fuel Cells（HFP），www. HFPeurope. org，2007

［5］ 国家高技术研究发展计划（863 计划）现代交通技术领域"节能与新能源汽车"重大项目 2006 年度课题申请指南，www. most. gov. cn/tztg/200610/P020061025542035269270. doc

［6］ Borup R L，Davey J R，Garzon F H，et al. PEM fuel cell electrocatalyst durability measurements［J］. Journal of Power Sources，2006，163（1）：76-81

［7］ Akita T，Taniguchi A，Maekawa J，et al. Analytical TEM study of Pt particle deposition in the proton-exchange membrane of a membrane-electrode-assembly［J］. Journal of Power Sources，2006，159（1）：461-467

［8］ Borup R L，Wood D L，Davey J R，et al. Durability and degradation mechanisms of PEM fuel cell component. The Knowledge Foundation's 2nd Annual International Symposium-Fuel Cells Durability & Performance［C］. Miami Beach，FL USA，December 7-8，2006

［9］ Schulze M，Wagner N，Kaz T，et al. Combined electrochemical and surface analysis investigation of degradation processes in polymer electrolyte membrane fuel cells［J］. Electrochimica Acta，2007，52（6）：2328-2336

［10］ Tang H，Qi Z G，Ramani M，et al. PEM fuel cell cathode carbon corrosion due to the formation of air/fuel boundary at the anode［J］. Journal of Power Sources，2006，158（2）：1306-1312

［11］ Yu X W，Ye S Y. Recent advances in activity and durability enhancement of Pt/C catalytic cathode in PEMFC，Part II：Degradation mechanism and durability enhancement of carbon supported platinum catalyst［J］. Journal of Power Sources，2007，172（1）：145-154

［12］ Liu D，Case S. Durability study of proton exchange membrane fuel cells under dynamic testing conditions with cyclic current profile［J］. Journal of Power Sources，2006，162（1）：521-531

［13］ Yu J R，Matsuura T，Yoshikawa Y，et al. In situ analysis of performance degradation of a PEMFC under nonsaturated humidification［J］. Electrochemical and Solid-State Letters，2005，8（3）：A156-A158

［14］ Debe M K，Schmoeckel A K，Vernstrom G D，et al. High voltage stability of nanostructured thin film catalysts for PEM fuel cells［J］. Journal of Power Sources，2006，161（2）：1002-1011

［15］ Wang X，Li W Z，Chen Z W，et al. Durability investigation of carbon nanotube as catalyst support for proton exchange membrane fuel cell［J］. Journal of Power Sources，2006，

158(1):154-159

[16] Liu Y H,Yi B L,Shao Z G,et al. Pt/CNTs-Nafion reinforced and self-humidifying composite membrane for PEMFC applications[J]. Journal of Power Sources,2007,163(2):807-813

[17] Liu F,Yi B L,Xing D,et al. Nafion/PTFE composite membranes for fuel cell applications [J]. Journal of Membrane Science,2003,212(1-2):213-223

[18] Col'on-Mercado H R,Popov B N. Stability of platinum based alloy cathode catalysts in PEM fuel cells[J]. Journal of Power Sources,2006,155(2):253-263

[19] Antolini E,Salgado J R C,Gonzalez E R. The stability of Pt-M(M = first row transition metal)alloy catalysts and its effect on the activity in low temperature fuel cells-A literature review and tests on a Pt-Co catalyst[J]. Journal of Power Sources,2006,160(2):957-968

[20] Yan X Q,Hou M,Yi B L,et al. The study on transient characteristic of proton exchange membrane fuel cell stack during dynamic loading[J]. Journal of Power Source,2007, 163(2):966-970

[21] Partridge W P,Toops T J,Green J B,et al. Intra-fuel cell stack measurements of transient concentration distributions[J]. Journal of Power Sources,2006,160(1):454-461

[22] Stumper J,Stone C. Recent advances in fuel cell technology at Ballard[J]. Journal of Power Sources,2008,176(2):468-476

[23] Shen Q,Hou M,Yan X Q,et al. The voltage characteristics of proton exchange membrane fuel cell(PEMFC)along the air flow direction under steady and transient states[J]. Journal of Power Sources,2008,179(1):292-296

[24] Gasteiger H A,Markovic N M,Ross P N,et al. CO electrooxidation on well-characterized Pt-Ru alloys[J]. Journal of Chemical Physics,1994,98:617-625

[25] Liang Y M,Zhang H M,Zhong H X,et al. Preparation and characterization of carbon-supported PtRuIr catalyst with excellent CO-tolerant performance for proton-exchange membrane fuel cells[J]. Journal of Catalysis,2006,238(2):468-476

[26] Gottesfeld S,Pafford J. A new approach to the problem of carbon monoxide poisoning in fuel cells operating at low temperatures[J]. Journal of The Electrochemical Society,1988, 135:2651-2652

[27] Uribe F A,Valerio J A,Garzon F H,et al. PEMFC Reconfigured Anodes for Enhancing CO Tolerance with Air Bleed[J]. Electrochemical and Solid-State Letters,2004,7(10): A376-A379

[28] Yu H M,Hou Z J,Yi B L,et al. Composite anode for CO tolerance proton exchange membrane fuel cells[J]. Journal of Power Sources,2002,105(1):52-57

[29] Mohtadi R,Lee WK,van Zee J W. The effect of temperature on the adsorption rate of hydrogen sulfide on Pt anodes in a PEMFC[J]. Applied Catalysis B:Environmental,2005, 56(1-2):37-42

[30] Shi W Y,Yi B L,Hou M J,et al. The effect of H2S and CO mixtures on PEMFC performance[J]. International Journal of Hydrogen Energy,2007,32(17):4412-4417

［31］Uribe F A,Gottesfeld S,and Zawodzinski T A. Effect of ammonia as potential fuel impurity on proton exchange membrane fuel cell performance［J］. Journal of the Electrochemical Society,2002,149(3):A293-A296

［32］Yang D J,Ma J X,Xu L,et al. The effect of nitrogen oxides in air on the performance of proton exchange membrane fuel cell［J］. Electrochimica Acta,2006,51(19):4039-4044

［33］Jing F N,Hou M,Shi W Y,et al. The effect of ambient contaminations on PEMFC performance［J］. Journal of Power Sources,2007,166(1):172-176

［34］Shi W Y,Yi B L,Hou M,et al. Hydrogen sulfide poisoning and recovery of PEMFC Pt-anodes［J］. Journal of Power Sources,2007,165(1):814-818

［35］Cho E A,Ko J J,Ha H Y,et al. Characteristics of the PEMFC repetitively brought to temperatures below 0℃［J］. Journal of The Electrochemical Society, 2003, 150 (12):A1667-A1670

［36］Guo Q H,Qi Z G. Effect of freeze-thaw cycles on the properties and performance of membrane-electrode assemblies［J］. Journal of Power Sources,2006,160(2):1269-1275

［37］Hou J B,Yi B L,Yu H M,et al. Investigation of resided water effects on PEM fuel cell after cold start［J］. International Journal of Hydrogen Energy,2007,32(17):4503-4509

［38］Hou J B,Yu H M,Yi B L,et al. Comparative study of PEM fuel cell storage at −20℃ after gas purging［J］. Electrochemical and Solid-State Letters,2007,10(1):B11-B17

［39］Knights S D,Colbow K M,St-Pierre J,et al. Aging mechanisms and lifetime of PEFC and DMFC［J］. Journal of Power Sources,2004,127(1-2):127-134

［40］Mao L,Wang C Y. Analysis of cold start in polymer electrolyte fuel cells［J］. Journal of The Electrochemical Society,2007,154(2):B139-B146

［41］Ge S H,Wang C Y. Characteristics of subzero startup and water/ice formation on the catalyst layer in a polymer electrolyte fuel cell［J］. Electrochimica Acta, 2007, 52 (14):4825-4835

［42］Wang H W,Hou J B,Yu H M,et al. Effects of reverse voltage and subzero startup on the membrane electrode assembly of a PEMFC［J］. Journal of Power Sources,2007,165(1):287-292

［43］Sun S,Yu H M,Hou J B,et al. Catalytic hydrogen/oxygen reaction assisted the proton exchange membrane fuel cell(PEMFC)start up at subzero temperature［J］. Journal of Power Sources,2008,177(1):137-141

［44］Yan Q G,Toghiani H,Lee Y W,et al. Effect of sub-freezing temperatures on a PEM fuel cell performance, startup and fuel cell components［J］. Journal of Power Sources, 2006, 160(2):1242-1250

［45］Borup R,Meyers J,Pivovar B,et al. Scientific aspects of polymer electrolyte fuel cell durability and degradation［J］. Chemical Reviews 2007,107(10):3904-3951

［46］宋世栋,张华民,马宵平,等. 可再生燃料电池的研究进展［J］. 电源技术,2006,3:175-178

［47］Pettersson J,Ramsey B,Harrison D. A review of the latest developments in electrodes for unitized regenerative polymer electrolyte fuel cells[J]. Journal of Power Sources,2006, 157(1):28-34

[48] 马霄平. 固体聚合物水电解池电极优化研究[D]. 大连:辽宁师范大学,2006

[49] 杨辉文. SPE 水电解 Nafion/PTFE 复合膜和 CCM 的制备及工艺优化[D]. 大连:辽宁师范 大学,2006

[50] Song S D,Zhang H M,Ma X P,et al. Bifunctional oxygen electrode with corrosion-resistive gas diffusion layer for unitized regenerative fuel cell[J]. Electrochemistry Communications, 2006,8(3):399-405

[51] Liu H,Yi B L,Hou M,et al. Composite electrode for unitized regenerative proton exchange membrane fuel cell with improved cycle life[J]. Electrochemical and Solid-State Letters, 2004,7(3):A56-A59

[52] Ioroi T,Okub T,Yasuda K. Influence of PTFE coating on gas diffusion backing for unitized regenerative polymer electrolyte fuel cells[J]. Journal of Power Sources,2003,124(2): 385-389

[53] 宋世栋,张华民,马宵平,等. 一体式可再生燃料电池[J]. 化学进展,2006,18(10): 1375-1380

[54] Dilion R,Srinivasan S,Arico A S,et al. International activities in DMFC R&D:status of techenologies and potential application[J]. Journal of Power Source,2004,127(1-2): 112-126

[55] Wei Z B,Wang S L,Yi B L,et al. Influence of electrode structure on the performance of a direct methanol fuel cell[J]. Journal of Power Sources,2002,106(1-2):364-369

[56] Liu J G,Zhao T S,Chen R,et al. The effect of methanol concentration on the performance of a passive DMFC[J]. Electrochemistry Communication,2005,7(3):288-294

[57] 赵锋良,孙公权,高妍,等,纯甲醇进料被动式直接甲醇燃料电池[J]. 电源技术,2007, 31(3):301-305

[58] Lu G,Liu F,Wang C Y. Water transport through Nafion 112 membrane in DMFCs[J]. Electrochemical and Solid-State Letters,2005,8(1):A1-A4

[59] Ren X M,Menand N Y,Kovacs F W. Passive water managment techniques in direct metha-nol fuel cells[P]:US,2004/0209154 A1

[60] Kuchonthara P,Bhattacharya S,Tsutsumi A. Combinations of solid oxide fuel cell and sev-eral enhanced gas turbine cycles[J]. Journal of Power Sources,2003,124(1):65-75

[61] Singhal S C. Solid oxide fuel cells for stationary,mobile,and military applications[J]. Solid State Ionics,2002,152-153:405-410

[62] Singhal S C. Advances in solid oxide fuel cell technology[J]. Solid State Ionics,2002,135(1-4): 305-313

[63] Godfrey B,Foger K,Gillespie R,et al. Planar solid oxide fuel cells:the Australian experience and outlook[J]. Journal of Power Sources,2000,86(1-2):68-73

[64] Steele B C H,Heinzel A. Materials for fuel-cell technologies[J]. Nature,2001,414:345-352

[65] Bi Z H, Dong Y L, Cheng M J, et al. Behavior of lanthanum-doped ceria and Sr-, Mg-doped LaGaO₃ electrolytes in an anode-supported solid oxide fuel cell with a La₀.₆Sr₀.₄CoO₃ cathode[J]. Journal of Power Sources, 2006, 161(1):34-39

[66] Willams M C, Strakey J P, Singhal S C. U. S. distributed generation fuel cell program[J]. Journal of Power Sources, 2004, 131(1-2):79-85

第3篇　燃料电池的原理、技术状态与展望

衣宝廉

1. 原　　理

燃料电池(FC)是一种等温进行、直接将储存在燃料和氧化剂中的化学能高效(50%～70%)、无污染地转化为电能的发电装置。它的发电原理与化学电源一样,电极提供电子转移的场所,阳极催化燃料(如氢)的氧化过程,阴极催化氧化剂(如氧)等的还原过程;导电离子在将阴阳极分开的电解质内迁移,电子通过外电路做功并构成电的回路。但是 FC 的工作方式又与常规的化学电源不同,而更类似于汽油、柴油发动机。它的燃料和氧化剂不是储存在电池内,而是储存在电池外的储罐中。当电池发电时,要连续不断地向电池内送入燃料和氧化剂,排出反应产物,同时也要排出一定的废热,以维护电池工作温度的恒定。FC 本身只决定输出功率的大小,其储存能量则由储存在储罐内的燃料与氧化剂的量决定。

图 1 为石棉膜型氢氧燃料电池单池(single cell)的结构和工作原理图。在阳极,氢气与碱中的 OH^- 在电催化剂的作用下,发生氧化反应生成水和电子:

$$H_2 + 2OH^- \longrightarrow H_2O + 2e \qquad \varphi^0 = -0.828V$$

电子通过外电路到达阴极,在阴极电催化剂的作用下,参与氧的还原反应:

$$\frac{1}{2}O_2 + H_2O + 2e \longrightarrow 2OH^- \qquad \varphi^0 = -0.401V$$

生成的 OH^- 通过多孔石棉膜迁移到氢电极。

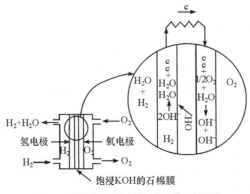

图 1　碱性氢氧燃料电池工作原理图

为保持电池连续工作,除需与电池消耗氢气、氧气等速地供应氢气和氧气外,还需连续、等速地从阳极(氢电极)排出电池反应生成的水,以维持电解液浓度的恒定;排出电池反应的废热以维持电池工作温度的恒定。

图 2 为燃料电池单电池伏安特性曲线。

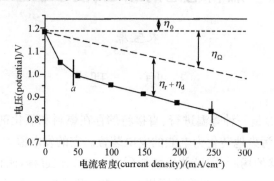

图 2　氢氧燃料电池伏安曲线

图 2 中 η_0 称为开路极化,即当电池无电流输出时的电池电压与可逆电势的差值,其产生原因是氧的电化学还原交换电流密度太低,从而产生混合电位。η_r 为活化极化,它为电极上电化学反应的推动力。η_d 为浓差极化,它为电极内传质过程的推动力。η_Ω 为电池内阻引起的欧姆极化,它包括隔膜电阻、电极电阻与各种接触电阻,伏安曲线的直线部分的斜率由它决定,电池电流密度的工作区间就选在此段,通称这一段斜率为电池的动态内阻。

燃料电池的效率按下式计算:

$$f = f_T \cdot f_V \cdot f_i \cdot f_g$$

式中,f_T 为热力学效率,即 $\Delta G / \Delta H$,等于 0.83;f_V 为电压效率,为电池工作电压与可逆电势之比(1.229);f_i 为电流效率,对于石棉膜型电池,由前所述,接近100%;f_g 为反应气利用效率,一般而言,对采用纯氢、纯氧为燃料的电池,$f_g \geqslant$ 98%。由图 2 可知,当电流密度为 $100mA/cm^2$ 时,电池工作电压 $V = 0.95V$,取 $f_g = 0.98$。代入上式计算得 $f = 62.8\%$。

一个单池,工作电压仅 0.6～1.0V,为满足用户的需要,需将多节单池组合起来,构成一个电池组(stack)。首先依据用户对电池工作电压的需求,确定电池组单电池的节数;再依据用户对电池组功率的要求和对电池组效率及电池组重量与体积比功率的综合考虑,确定电池的工作面积。

以燃料电池组为核心,构建燃料(如氢)供给的分系统,氧化剂(如氧)供应的分系统,水热管理分系统和输出直流电升压、稳压分系统。如果用户需要交流电,还需加入直流交流逆变部分构成总的燃料电池系统。因此一台燃料电池系统相当于一个小型自动运行的发电厂,它高效、无污染地将储存在燃料与氧化剂中的化学能转化为电能。

图 3 阐明了各分系统间的关系。

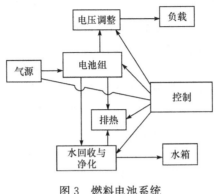

图 3　燃料电池系统

2. 燃料电池发展的历史

燃料电池是一个自动运行的发电厂,它的诞生、发展是以电化学、电催化、电极过程动力学、材料科学、化工过程和自动化等学科为基础的。

回顾燃料电池发展的历史,从 1839 年格罗夫发表世界上第一篇关于燃料电池的报告至今已有 160 余年的历程。从技术上我们体会到新概念的产生、发展与完善是燃料电池发展的关键。如燃料电池以气体为氧化剂和燃料,但是气体在液体电解质中的溶解度很小,导致电池的工作电流密度极低。为此科学家提出了多孔气体扩散电极和电化学反应三相界面的概念。正是多孔气体扩散电极的出现,才使燃料电池具备了走向实用化的必备条件。为稳定三相界面,开始采用双孔结构电极,进而出现向电极中加入具有憎水性能的材料,如聚四氟乙烯等,以制备黏合型憎水电极。对以固体电解质作隔膜的燃料电池,如质子交换膜燃料电池和固体氧化物燃料电池,为在电极内建立三相界面,则向电催化剂中混入离子交换树脂或固体氧化物电解质材料,以期实现电极的立体化。

回顾历史我们发现,材料科学是燃料电池发展的基础。一种新的性能优良的材料的发现及其在燃料电池中的应用,会促进一种燃料电池的飞速发展。如石棉膜的研制及其在碱性电池中的成功应用,确保了石棉膜碱性氢氧燃料电池成功地用于航天飞机。在熔融碳酸盐中稳定的偏铝酸锂隔膜的研制成功,加速了熔融碳酸盐燃料电池兆瓦级实验电站的建设。氧化钇稳定的氧化锆固体电解质隔膜的发展,使固体氧化物燃料电池成为未来燃料电池分散电站的研究热点。而全氟磺酸型质子交换膜的出现,又促使质子交换膜燃料电池的研究得到复兴,进而迅猛发展。至今,质子交换膜燃料电池已被看作电动车和不依赖空气推进的潜艇的最佳候选电源,成为世界各国竞争的焦点。

纵观任何一台燃料电池,与化学电池不同,它更类似于一个自动运行的化工厂。只有依靠化工过程的原理,正确解决电池电极工作面积的放大和电池组内的气液传递与分配等诸项技术,才能使燃料电池走向实用化。时至今日,对于进一步提高燃料电池的重量比功率和体积比功率、提高电池的可靠性等,化学工程学科仍起着举足轻重的作用。如目前电极面积仅为几平方厘米的小电池,输出功率密度可达 $1\sim2W/cm^2$。而当电极面积放大到数百至数千平方厘米时,由于电流密度分布不均,输出功率密度仅 $0.3\sim0.5W/cm^2$。确保电极各处均能得到充足的反应气供应和工作温度均匀是解决这一问题的关键。引导反应气体走向分布和排热冷却剂分布的流场板的设计与加工等已成为专利技术或高度保密的专有技术。同时,由于每个实用的燃料电池组均由多节单电池按压滤机方式组装而成,在电池组各节单电池间反应剂与产物的均匀分配和排出,以及电池工作温度的均匀分布等已成为改善电池组内各节单电池工作电压的均匀性、提高电池组可靠性的核心技术。为此,世界各国研制燃料电池的公司均高度保密。依靠化工过程的原理对上述问题进行模型和实验研究,进行各种参数的敏感度分析,直至辅助设计软件的研究已成为燃料电池研究的热点。

各种微型化的温度、压力、湿度等传感元件和可靠的电磁阀、减压稳压阀等执行元件的改善发展,与先进的控制程序及其软件的开发等已成为提高燃料电池系统可靠性的关键。

回顾燃料电池的发展历史我们可以发现,在 20 世纪 60 年代以前,由于水力发电、火力发电和化学电池的高速发展与进步,燃料电池一直处于理论与应用的基础研究阶段,主要是关于概念、材料与原理方面的研究。燃料电池的突破主要靠科学家的努力。典型的代表为培根在中温碱性燃料电池研究方面的成就。进入 60 年代,由于载人航天器对于大功率、高比功率与高比能量电池的迫切需求,燃料电池才引起一些国家与军工部门的高度重视。正是在这样的背景下,美国引进了培根的技术,成功研制阿波罗登月飞船上的主电源——培根型中温氢氧燃料电池。

20 世纪 70～80 年代,由于出现世界性的能源危机和燃料电池在航天上成功应用及其高的能量转化效率,促使以美国为首的发达国家大力支持民用燃料电池的开发,进而使磷酸型及熔融碳酸盐型燃料电池发展到兆瓦级试验电站的阶段。至今还有数百台 PC25(200kW)磷酸燃料电池电站在世界各地运行。90 年代以来,出于可持续发展、保护地球、造福子孙后代等目的,人类日益关注环境保护。基于质子交换膜燃料电池的高速进步,各种以其为动力的电动车已问世,除了造价高以外,其性能已可与内燃机车相媲美。因此,燃料电池电动车已成为美国政府和大汽车公司关注与竞争的焦点。从投资上看,在此以前发展燃料电池的投资主要靠政府,而至今公司已成为发展燃料电池,尤其是燃料电池电动车的投资主体。世界上所有的大汽车公司与石油公司均已介入燃料电池汽车的开发,短短几年的时间,投入约 80 亿美元,研制成功的燃料电动汽车达到 41 种。其中,轿车、旅行车 24 种,城市间巴士 9 种,轻载卡车 3 种。2003 年美国又宣布了一个投资 25 亿美元的发展燃料电池电汽车的计划,其中国家拨款 15 亿美元,三大汽车公司投资 10 亿美元。

现今各国政府均高度重视和资助燃料电池的研究与开发,如美国总统办公厅科技政策办公室于 1995 年公布了第 3 个双年度美国国家关键技术报告。此报告列举了对美国经济发展和国家安全至为关键的七大类技术,即能源、环境质量、信息与通信、生命系统、制造、材料与运输,它们共包括 27 个关键技术领域,90 个子领域,290 个专项技术。其中燃料电池是 27 个关键技术领域之一。又如加拿大政府已决定将燃料电池产业作为国家知识经济的支柱产业之一加以发展,巴拉德公司生产电动车用质子交换膜燃料电池组(Mark900)的工厂已动工兴建。

企业界尤其是各大汽车公司看到燃料电池巨大的市场潜力,纷纷投巨资组成联盟进行燃料电池的研究、试验与生产。例如,德国的戴姆勒-克莱斯勒公司、美国的福特公司和加拿大的巴拉德公司组成联盟,投资 10 亿加元成立分别控股的巴拉德动力公司、第碧华公司和伊考斯达公司,分别负责开发电动车用燃料电池组、电池系统与电推进分系统,并宣布 2004 年以燃料电池为动力的电动车将商品化,进入市场。戴姆勒-克莱斯勒公司宣称,预计届时小汽车的售价将降至约 18100 美元。日本丰田公司与美国通用电气公司联合开发燃料电池电动车。丰田公司在 1999 年 12 月"第 3 届丰田环境研讨会"上宣布,该公司开发的 70kW 质子交换膜燃料电池重量为 70kg,其重量比功率已接近美国能源部制定的 1kW/kg 的指标。他们开发出的车载甲醇重整制氢装置,重 20kg,体积 40L。每台装置每分钟可提供 750L 氢。所制得的粗氢中一氧化碳的含量低于 5×10^{-6}。日本本田公司与德国大众公司联手参加美国加利福尼亚州开展的燃料电池电动车(FCEV)商业化合作团体(California Fuel Cell Partnership),并制订出 2003 年将使燃料电池电动车商业化的计划。

世界各大石油公司,如美国大西洋里奇菲尔德公司、壳牌公司、TECA 公司均已投资开发汽油甚至柴油的车载制氢装置,参与燃料电池电动车的开发。

各国的大电力公司也纷纷投资开发家用电源和分散电站的燃料电池系统。

美国《时代周刊》1995 年 10 月刊登的社会调查结果中,将"零"排放的燃料电池电动车列为 21 世纪 10 大高新技术之首。美国能源部长佩耶 1998 年接受《纽约时报》的采访时预测,燃料电池进入家庭、汽车和其他领域的步伐将比人们想象的要快得多。

3. 分类与技术状态

至今已开发了多种类型的燃料电池,按电解质分类及其技术发展状态见表1。

表1 燃料电池的类型与特征

类型	电解质	导电离子	工作温度/℃	燃料	氧化剂	技术状态	可能的应用领域
碱性	KOH	OH^-	50~200	纯氢	纯氧	高度发展,高效	航天,特殊地面应用
质子交换膜	全氟磺酸膜	H^+	室温~100	氢气,重整气	空气	高度发展,降低成本	电动汽车,潜艇推动,移动动力源
磷酸	H_3PO_4	H^+	100~200	重整氢	空气	高度发展,成本高,余热利用价值低	特殊需求,区域供电
熔融碳酸盐	$(Li,K)CO_3$	CO_3^{2-}	650~700	净化煤气;天然气;重整氢	空气	正在进行现场实验,需延长寿命	区域供电
固体氧化物	氧化钇稳定的氧化锆	O_2^-	900~1000	净化煤气;天然气	空气	电池结构选择,开发廉价制备技术	区域供电,联合循环发电

4. 燃料电池在大连化物所的进展

4.1 概述

20世纪70年代,在朱葆琳先生和袁权院士的领导下,历经10年的奋斗,中国科学院大连化学物理研究所(简称大连化物所)研制成功了两种型号(A型和B型)航天用静态排水石棉膜型 H_2-O_2 碱性燃料电池。A型用液氢、液氧做燃料和氧化剂,带有水的回收和净化分系统。B型以 N_2H_4 在线分解产生的 N_2-H_2 混合气做燃料,液氧做氧化剂。这两种型号的碱性燃料电池均通过航天环境模拟实验,外观见图4和图5。与此同时,还组装了10kW和20kW以氨分解气为燃料的自由介质型电池组,进行了电池组性能的研究。

20世纪80年代承接"七五"攻关任务,研制碱性、水下用千瓦级氢氧燃料电池系统,并通过专家组的验收。

20世纪90年代,由于燃料电池发电具有高效、无污染的特点,适应人类持续发展的需要,所以燃料电池的研究、开发、试用进入一个新的高潮,大连化物所在中国科学院和科技部的资助下,在70~80年代技术积累的基础上,对各种类型燃料电池进行了全面的研究、开发和试用。

图 4　A 型碱性燃料电池系统　　　　图 5　B 型碱性燃料电池系统

（1）承担的 863 项目"百瓦级再生氢氧燃料电池"通过专家组验收，研制成功我国首台再生氢氧燃料电池系统。

（2）承担的熔融碳酸盐燃料电池（MCFC）关键材料、部件与电池组"九五"攻关研制任务，在 $LiAlO_2$（偏铝酸锂）粉料、制膜方面已取得了突破性进展，已具备小批量生产能力；组装了 90W、150W、300W 和千瓦级 MCFC 电池组；申请 7 项专利。

（3）与安徽天成公司共建了直接醇类燃料电池实验室，在适于直接醇类电池应用的膜电极三合一（MEA）制备技术方面，尤其是电极结构方面已取得了重大进展，单电池性能已达国际公开报道的水平；所研制的甲醇直接氧化催化剂已达到国际先进水平，成功地组装出由 5 节单电池（面积为 5cm×5cm）构成的 DMFC 电池堆，工作温度为 75℃时，其输出功率高于 20W；申请专利 2 项。

（4）固体氧化物燃料电池（SOFC）研究重点是中温 SOFC，在薄膜（5～10μm）氧化钇稳定氧锆（YSZ）制备技术方面取得突破，单电池输出比功率达 $0.4mW/cm^2$；正在开展钙钛矿型电解质新材料研究；申请 3 项专利。

4.2　质子交换膜燃料电池进展

4.2.1　原理

质子交换膜型燃料电池（PEMFC）以全氟磺酸型固体聚合物为电解质，铂/碳或铂-钌/碳为电催化剂，氢或净化重整气为燃料，空气或纯氧为氧化剂，带有气体流动通道的石墨或表面改性的金属板为双极板。图 6 为质子交换膜燃料电池的工作原理示意图。

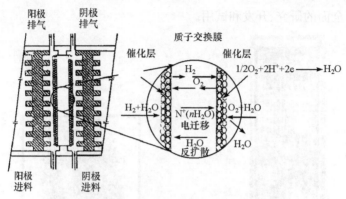

图6 质子交换膜燃料电池的工作原理示意图

由图6可知,构成质子交换膜燃料电池的关键材料与部件为:①电催化剂,②电极(阴极与阳极),③质子交换膜,④双极板。

质子交换膜型燃料电池中的电极反应类同于其他酸性电解质燃料电池。阳极催化层中的氢气在催化剂作用下发生电极反应:

$$H_2 \longrightarrow 2H^+ + 2e$$

该电极反应产生的电子经外电路到达阴极,氢离子则经电解质膜到达阴极。氧气与氢离子及电子在阴极发生反应生成水:

$$\frac{1}{2}O_2 + H_2O + 2e \longrightarrow 2OH^-$$

生成的水不稀释电解质,而是通过电极随反应尾气排出。

4.2.2 关键部件制备技术

以下是大连化物所开发上述关键部件的主要制备技术。

电催化剂 Pt/C电催化剂以Vulcan XC-72炭粉为担体,铂氯酸为原料,甲醛为还原剂。为提高铂的分散度,以高比例的异丙醇为溶剂。制备过程在惰性气氛下进行,防止受氧气的影响产生铂的大晶粒。采用二氧化碳调节pH,加速催化剂的沉淀。制备的20%(质量分数)的Pt/C电催化剂铂的晶粒粒度为2nm。

电极 采用0.2~0.3mm石墨化的碳纸或碳布为扩散层,为增加其憎水性和强度,多次浸入质量比为30%~50%(质量分数)的PTFE作为憎水剂,并用各占50%(质量分数)碳与PTFE的混合物对其表面进行整平。在整平层上用喷涂或涂布法制备厚度为30~50μm,PTFE含量为20%~50%(质量分数),铂担量为0.1~0.4cm²的催化层。

膜电极三合一的制备 采用喷涂和浸渍法,向电极催化层浸入0.6~1.2mg/cm²的Nafion树脂实现电极的立体化。将含3%~5%H₂O₂的水溶液和0.5mol/L的稀硫酸并处理好的Nafion膜置于两片电极之间,电极催化剂面向

Nafion 膜,在热压机上压合,以减小膜与电极间的接触电阻,热压温度为 130～135℃,压力 60～90atm,热压时间为 60～90s。

双极板 采用表面改性的 0.2～0.4mm 的薄金属板(如不锈钢板)制备带排热腔和密封结构的双极板。双极板的厚度为 2.5mm 左右。

4.2.3 电池性能与技术进展

图 7 为采用杜邦公司生产的不同厚度的 Nafion 膜制备的膜电极三合一,在相同的单电池组装与运行条件下的性能。

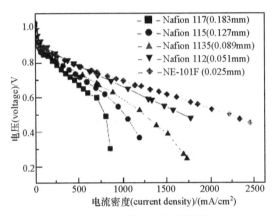

图 7 Nafion 膜对电池性能影响

电池温度 80℃,氢氧气操作压力 0.3～0.5MPa,增湿温度 80℃,电极铂担量 0.4mg/cm²

由图 7 可知,Nafion 膜厚度不仅影响电池动态内阻,而且影响极限电流,最厚的 Nafion 117 膜已呈现极限电流,而薄的 Nafion112、NE-101F 还有无极限电流出现的迹象。

表 2 和图 8 为 1995～2000 年大连化物所质子交换膜燃料电池的膜电极三合一制备技术和电池组技术的进展。

表 2 PEMFC 电极制备技术进展

年份	Pt 担量/(mg/cm²)	膜	性能
1995	4～8	Nafion 117	$i=400mA/cm^2$,$V=0.7V$
1996	1～4	Nafion 117	$i=400mA/cm^2$,$V=0.7V$
1997	0.5～1	Nafion 117	$i=400mA/cm^2$,$V=0.7V$
		Nafion 115	$i=500mA/cm^2$,$V=0.7V$
1998	0.1～0.4	Nafion 115	$i=500mA/cm^2$,$V=0.7V$
1999	0.02～0.4	Nafion 1135	$i=600mA/cm^2$,$V=0.7V$
		Nafion 112	$i=1A/cm^2$,$V=0.7V$
2000	0.2	Nafion 101	$i=1.3A/cm^2$,$V=0.7V$

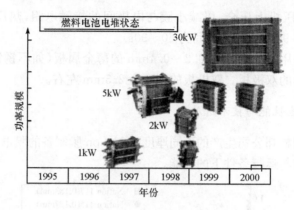

图 8　PEMFC 电池组技术进展

5kW 电池组的重量比功率已达 150W/kg,体积比功率为 300W/L。

图 9 为 1kW 电池系统的外貌。整个电池系统置于 ϕ300×500cm 的圆筒内。

图 9　千瓦电池组

电池系统的特点是利用尾气循环实现反应气的增湿并改进电池组内各单电池间的反应气分配。以反应气压力为动力采用导水阻气膜实现气水分离,可在失重中反重力的条件下实现电池排水与水回收。

图 10 为由 6 台 5kW PEMFC 电池组构成的中巴电动汽车的动力系统。用该动力系统与中国科学院电工研究所研制的电推进系统一起由东风汽车集团安装在 19 座中巴车上,已成功进行了行车试验,最高车速为 60.3km/h,最大爬坡度大于 16%,0~40km/h 的加速时间为 22.1s。PEMFC 电池系统工作良好。

图 11 为行车记录的电池系统伏安曲线。由图可知,电池系统的输出功率已达 38kW。

图 10　6×5kW PEMFC 电池组

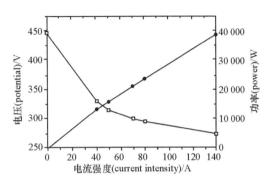

图 11　中巴车电源系统的工作曲线

　　至今大连化物所已申报 31 件 PEMFC 发明专利（授权 5 项），形成了自主知识产权的 PEMFC 技术，在 1999 年 10 月北京举办的第 16 届国际电动车会议暨展览会上，加拿大巴拉德汽车总裁 Neil Otto 参观了该所的质子交换膜燃料电池并与研究人员进行学术交流后评价说："你们的燃料电池研究水平是世界第一流的。"

　　在全国企业家的关注与支持下，在院所领导的指导下，大连化物所已联合 5 家企业注资 5000 万元，成立了由大连化物所控股的新源动力股份有限公司，旨在开发 PEMFC 批量生产技术和开拓市场。

　　在"十五"期间大连化物所承担了中国科学院知识创新工作重大项目"大功率燃料电池发动机与氢源技术"和 863 电动汽车专项中"燃料电池发动机"的课题，进行公交客车与轿车用燃料电池发动机的研究与开发。

　　　　　　　　　　本文第一次发表于《电池工业》2003 年 01 期

第4篇 一体式可再生燃料电池

宋世栋 张华民 马霄平 张益宁 衣宝廉

可再生燃料电池(regenerative fuel cell system,RFC)是目前比能量最高的储能系统,其比能量可高达 400～1000Wh/kg,是目前最轻的高能二次电池比能量的几倍。RFC 非常适合低重量、长耗时的用电需要,尤其在对于重量要求极为严格的空间电源领域,应用前景极为广阔[1]。目前可再生燃料电池主要被开发和应用于高空长航时太阳能飞行器、太空船的混合能量存储推进系统、偏远地区不依赖电网的储能系统、电网调峰的电源系统以及便携式能量系统等。

由水电解(WE)组件和燃料电池(FC)组件构成的储能系统称为可再生燃料电池(RFC)系统。根据系统中燃料电池和水解两个功能部件的不同组合,RFC 可以分为以下三种形式。①分开式:RFC 的能源可逆转换系统由分开的两个单元组成,分别承担 FC 功能和 WE 功能,RFC 运行时,两个单元轮流工作以分别起到对外供电和储能的作用。②综合式:RFC 的能量可逆转换系统由一个单元组成,其中分割成两个分别实现 FC 功能和 WE 功能的组件,两个组件轮流工作以起到对外供电和储能的作用。③一体式:一体式再生燃料电池(unitized regenerative fuel cell,URFC)的燃料电池功能和水解功能由同一组件来完成,即执行燃料电池功能时,URFC 实现氢氧复合并对外输出电能;执行水解功能时,URFC 在外加电能的条件下将水电解成氢气和氧气达到储能的目的[1]。URFC 使用双功能组件不仅降低了 RFC 的成本,而且最大限度地降低了 RFC 的体积和重量,提高了比功率和比能量。

目前分开式和综合式的 RFC 已实现实用化,但通常体系比较复杂,而且价格昂贵,主要原因是它们采用了两个独立的装置,即燃料电池和水电解池,不仅增加了 RFC 的成本和系统的复杂程度,而且降低了 RFC 的体积和重量比功率和比能量。从长远来看,随着储能系统向大功率、小型化发展,尤其是空间飞行器对空间电源的运行时间以及体积和重量的要求越来越高,开发 URFC,将燃料电池和水解两个功能由同一个双功能组件来完成,实现更高比能量和比功率是 RFC 系统发展的必然趋势。URFC 技术是 RFC 中最先进的技术,是目前国外的研究重点。

URFC 具有燃料电池的所有优点,充电方便,无自放电,无放电深度及电池容量的限制,配合太阳能或风能可以实现自给工作,在这些方面是传统二次电池所无法比拟的。美国的劳伦斯·利弗摩尔(Lawrence Livermore)国家实验室目前正在研发利用太阳能与 URFC 组合系统为空间飞行器提供能源。URFC 应用于空间电源的工作示意图如图 1 所示。

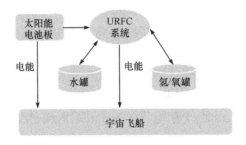

图 1　URFC 应用于空间电源的工作示意图

1. 国内外 URFC 的研究进展

目前 RFC 系统已经实现了一定规模的实际应用,但是仍存在系统复杂、体积和重量大的缺点。美国的劳伦斯·利弗摩尔国家实验室认为,将 RFC 的 FC 和 WE 功能合一的 URFC 系统将为以太阳能工作的空间飞行器提供了更加优越的能量存储系统。URFC 系统的开发难度很大,近年来,固体聚合物水电解技术(SPE-WE)的快速发展为 URFC 的发展提供了发展动力[2~6]。目前 URFC 的制造商并不多。质子能系统公司(Proton Energy System)是目前唯一的可以提供商品化 URFC 系统的供应商。

20 世纪 90 年代,在美国能源部、国家航空航天局等机构的资助下,劳伦斯·利弗摩尔国家实验室进行了 URFC 的研究。劳伦斯·利弗摩尔国家实验室的 Mitlitsky 等[7]在 1996 年成功开发了 50W 的 URFC。该示范电池单池面积 46cm^2 循环次数超过 2000 次,而能量衰减小于 10%。在美国国家航空航天局和电力科学研究院的支持下,质子能系统公司从 1998 年开始研发 URFC。通过努力,他们将一个已商业化的活性面积为 0.1ft^2(约 0.09m^2)的质子交换膜水电解装置改造成一个 URFC 系统[8]。该电池的性能无论是燃料电池模式还是水电解模式都超出了劳伦斯·利弗摩尔国家实验室所使用的 URFC 的性能。

德国[9~11]、日本等国家在 RFC 领域也有一定规模的研究。欧洲在 2000 年之后的空间飞行器使用了 RFC 系统[12]。

我国在 RFC 领域的研究相对滞后。目前国内只有中国科学院大连化学物理研究所(简称大连化物所)于 1997 年承担了一个有关可再生燃料电池系统研究的 863 项目,开发成功百瓦级可再生燃料电池原型系统。除此之外,还未见国内其他科研单位从事相关研究的报道。随后,大连化物所进行了 URFC 的应用基础研究。Shao 等[13]成功地将薄层亲水电极结构引入到 URFC 中,电极催化层使用的贵金属催化剂担量仅为 $0.4mg/cm^2$,在电池的初步充放电循环中取得了令人满意的双功能性能,在充放电电流密度为 $400mA/cm^2$ 时,URFC 的燃料电池电压和水电解电压分别为 $0.7V$ 和 $1.71V$。随后 Liu 等[14]使用具有薄层亲水双效催化层和过渡双效催化层的复合电极结构,大大提高了 URFC 的充放电循环寿命。Song 等[15]开发了新型耐腐蚀扩散层,URFC 在 20 次充放电循环中性能稳定。电池在燃料电池模式下电流密度为 $500mA/cm^2$ 时,电池电压为 $0.7V$;在水电解模式下,电流密度为 $1000mA/cm^2$ 时,电解电压仅为 $1.6V$,电流密度为 $2000mA/cm^2$ 时,电解电压仅为 $1.8V$。

2. URFC 膜电极技术的研究进展

在同一组件上实现水电解反应及其逆反应(将氢气和氧气反应生成水)要比使用不同组件实现单方向反应困难得多。由于燃料电池和水电解池的极化主要在于氧电极,所以 URFC 的研究重点是开发高效、高稳定性的同时具有催化氧还原和氧析出反应功能的双效氧电极。双效氧电极的性能和寿命直接决定 URFC 的能量利用率和循环寿命。URFC 的电化学反应原理见图 2。URFC 以燃料电池方式工作时,氢电极为阳极,H_2 反应生成 H^+,放出电子,H^+ 通过 Nafion 膜以水合氢离子的方式迁移到阴极(氧电极),与 O_2 反应生成水。URFC 以水电解方式工作时氧电极为阳极,氢电极为阴极,发生相反的电化学反应。

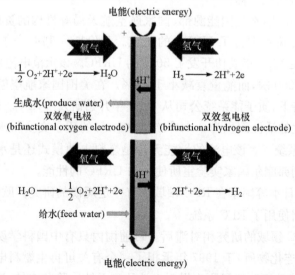

图 2　URFC 的电化学反应原理图

2.1 膜电极催化层的研究进展

2.1.1 双效催化层的制备方法

由于水电解时发生析氢和析氧,如果沿用传统燃料电池的厚层憎水电极制备技术会造成电极催化层与扩散层的剥离和分层,所以 URFC 的电极普遍采用 Wilson 等[16]开发的薄层亲水电极制备技术,将催化层直接制备于质子交换膜上。Holze 和 Ahn[17]研究了不同的双效催化层制备方法,包括化学沉积、PTFE 黏结、电化学沉积、真空溅射以及气相沉积等方法,结果表明 PTFE 黏结方法制备的双效催化层拥有最高的性能,是最适合 URFC 的双效催化层制备方法。Ioroi 等[18]采用转压法将催化层制备于质子交换膜上,研究了催化层内 PTFE 和 Nafion 的含量优化,结果表明 PTFE 含量 5%~7%,Nafion 含量 7%~9%时电池性能最好。韩国学者 Lee 等[19]采用将 Nafion 膜浸渍聚吡咯的方法使 Pt 催化剂直接沉积在聚吡咯-Nafion 组合膜上,制备了非常薄的 URFC 膜电极组件,大大降低了 Pt 催化剂的载量。

Larry 等[20]使用复合催化层结构制备双效膜电极:将对于氢析出和氧析出反应均具有高催化活性的电催化剂与 Nafion 混合在质子交换膜上制备亲水催化层,主要承担水电解功能;使用对于氢氧化和氧还原反应具有高催化活性的电催化剂在支撑体上制备憎水催化层,承担燃料电池功能。双效氢电极的支撑体使用碳纸,双效氧电极的支撑体使用钛网。作者研究了双效氧电极的亲水催化层中不同双效催化剂的活性,结果表明 Pt/IrO_2 和 $Pt/Na_xPt_3O_4$ 双效电催化剂的效果最好。但是由 Pt/Na_xPt_3O 催化剂组装的 URFC 没有得到稳定的循环性能。使用 $PtIrO_2$ 催化剂和复合催化层工艺组装的 URFC 循环了 15 次,水电解和燃料电池性在 15 次充放电循环内性能非常稳定,但是 15 次后电池失效。文中没有讨论电池失效的原因,可能的原因是强度较低的憎水催化层与钛网的结合不好,在析氧和水流的冲击下电极结构遭到破坏。

2.1.2 双效电催化剂

Pt 催化剂对于氢气氧化和氢气析出反应都具有很高的催化活性,所以双效氢电极的结构相对简单,目前普遍使用 Pt 黑或 Pt/C 作为双效电催化剂。

双效氧电极催化剂的研制目前已取得一定的进展[21,22]。Pt 是目前最好的氧还原催化剂,但催化氧析出反应的活性却较差。Ru 或 Ir 等过渡金属及其氧化物对于氧析出反应催化活性很高,但对氧还原反应的催化活性却很低。这是因为氧电极反应的不可逆程度很高,氧气析出反应需要在很正的电势下进行,可选择的催化剂材料以贵金属为主。在氧气的析出电势区,即使是贵金属表面上也存在吸附氧层或氧化物层。因此,表面氧化物的电化学稳定性、厚度、形态、导电性等是影响氧气析出反应电催化活性的主要因素。氧气析出反应的总反应虽然是氧还原反应的逆过程,但其动力学步骤与氧还原反应的逆过程不同。氧气析出反应发生时,金属催化剂表面形成了氧化物层,而氧化物层的氧原子直接参与了电化学反应。金属催化剂表面和含氧物种(如 OH^-)的相互作用是电极反应活性大小的决定因素。在催化剂表面氧化物 MO_x 上吸附的氧原子不是与金属 M 成键,而是对应于 $MO_x \longrightarrow MO_x+1$ 反应的能量变化,Ru 和 Ir 的表面氧化物 RuO_2 和 IrO_2 与表面氧原子有适中的成键强度,所以两者对于催化氧析出反应有最低的超电势。Pt 的表面氧化物 PtO_2 与表面氧原子的成键程度较弱,所以 Pt 催化剂对于氧析出反应的电催化活性较低[23]。

使用 Pt 黑和其他贵金属(如 Ru、Ir、Rh 等)的合金催化剂或 Pt 黑与这些贵金属的氧化物的混合催化剂可以达到较高的双效氧电极的催化活性[24,25]。Yim 等[26]研究了一系列双效氧电极催化剂,研究表明,URFC 的燃料电池性能按照 Pt 黑>PtRuIr>$PtRuO_x$>PtRu~PtRuIr>$PtIrO_x$ 的顺序降低,而水电解性能随着 PtIr~$PtIrO_x$>PtRu>PtRuIr>$PtRuO_x$~Pt 黑的顺序降低。在 Pt 黑中添加 Ir 或 IrO_x 是目前性能最好的也是普遍采用的双效氧电极催化剂。实际上在水电解过程中,Ir 催化剂表面也会逐渐被电化学氧化为 IrO_2。双效氧电极的催化剂可以是 PtIr 合金催化剂,也可以是 Pt 和 IrO_2 的混合催化剂。混合催化剂可以为两者的机械混合,也可以是将 IrO_2 沉积到 Pt 黑上。据文献报道[27],后者由于 Pt 形成导电网络,弥补了 IrO_2 电导较低的缺点,可以实现更高的双功能催化活性。Chen 等[28]使用组合方法考察和筛选 Pt、Ru、Os、Ir、Rh 的合金催化剂对于 URFC 的双效氧电极反应的电催化活性,通过筛选发现 $Pt_{4.5}Ru_4Ir_{0.5}$ 催化剂的性能优于传统的 PtIr(1:1)催化剂。随后[29]他们研究了 Pt-Ru-Ir 三元电催化剂在不同耐腐蚀载体上的催化活性,所选用的载体为 Ebonex(Ti_4O_7 和其他相的混合物)、纯相 Ti_4O_7 和 $Ti_{0.9}Nb_{0.1}O_2$。实验发现负载在耐腐蚀载体上后催化剂的活性得到了很大程度的提高,原因是一方面载体提高了催化剂的反应活性表面积,另一方面催化剂和载体界面间的相互作用调变了催化剂的电子结构,得到更高的活性。其中以 $Ti_{0.9}Nb_{0.1}O_2$ 为载体的双效氧电极催化剂 Pt_4RuIr_1 拥有最高的催化活性和稳定性。

2.2 膜电极扩散层的制备

双效氧电极的开发仍存在着很大的难度,其中一个主要问题是双效氧电极在以水电解模式工作时存在活性氧物种对电极的腐蚀。目前燃料电池的扩散层普遍使用碳材料(碳纸或碳布)为基底,但是在析氧电位下,由析氧反应产生的活性氧物种对碳材料的腐蚀非常严重[30],导致电极扩散层被破坏,无法满足电池长时间充放电循环工作的需要。使用碳纸作为扩散层的 URFC,文献[28]只提供了循环 3

次的电池性能。目前文献公开报道的 URFC 的循环寿命只是在 10 次左右[20,31]。如何解决活性氧物种的腐蚀问题,提高双效电极的循环寿命是开发 URFC 的难点。另外,当 URFC 以燃料电池方式工作时,要求扩散层具有憎水性以防止水淹;当 URFC 以水电解方式工作时又要求扩散层具有亲水性以提供反应物水到达催化活性位,所以双效氧电极的扩散层还要具有适宜的孔结构和孔分布。目前有关 URFC 扩散层方面的报道较少。URFC 的扩散层基本上沿用固体聚合物水电解中的扩散层技术。将烧结钛板、钛网等钛材料基底,通过浸渍 PTFE 实现憎水化作为 URFC 的扩散层[32]。Ioroi 等[31]采用化学性质稳定的钛纤维板来制备气体扩散层。将钛纤维板浸渍 PTFE,烧结后作为 URFC 的扩散层。他们研究了扩散层中不同 PTFE 含量对 URFC 燃料电池和水电解性能的影响。结果表明,对于双效氧电极来说,燃料电池性能随扩散层 PTFE 的含量变化很大。当 PTFE 含量为 $16\mathrm{mg/cm^2}$ 时 URFC 的性能最高。但文献只提供了 URFC 充放电循环 4 次的数据。由于钛金属在析氧状态下会形成表面氧化膜,随着水电解的进行,钛扩散层表面的氧化膜会逐渐增厚,导致电导逐渐降低,如果长时间工作,电解池的内阻会逐渐增大,作者在这方面没有进行讨论。另外,普通的烧结钛板和钛网不仅孔隙率低,体积和重量都较大,不仅增加了 URFC 的成本,而且降低了质量和体积比功率和比能量,而制备高孔隙率的超薄烧结钛板或钛网的成本又是比较高的。另外,由于扩散层使用了钛材料,URFC 的极板和流场也要使用钛材料,其材料和制作成本很高。

3. URFC 循环供水方案

以水电解方式工作时氧电极为阳极,在阳极反应物为水,反应产物为 O_2 和 H^+,放出电子,H^+ 在电场的作用下通过 Nafion 膜以水合氢离子的方式从阳极穿过质子交换膜迁移到阴极(氢电极),得到电子生成 H_2。URFC 大多采用阳极供水方式[8]。从阳极供应循环水是最直接的方式,但对于氧电极的要求非常高[7,8,33]。为了降低双效氧电极的研制难度和简化电极材料的选择,Holze 和 Ahn[17,34]提出了一种新型的 URFC 电极结构。它不同于传统的氧电极和氢电极的工作方式,代之以氧化电极和还原电极的概念。该方案是将氢氧化与氧气析出反应放在一个电极上交替进行,氢析出和氧还原反应在另一个电极上交替进行。这样对于还原电极的氢析出和氧还原反应,由于电位低,可以使用传统的憎水性较高的碳材料扩散层,有利于将还原反应产物气和水排出,还原电极的电极结构可以基本沿用燃料电池的电极结构。氧化电极可适当提高亲水性以利于氢氧化和氧析出反应的传质平衡。Ledjeff 等[24]研究了采用氧化电极和还原电极模式的 URFC 膜电极催化剂。实验表明,Pt 对于氢还原和氧还原反应都具有很高的催化活性,可作为还原电极催化剂;而 Pt 和 Ir 的混合催化剂对于氢氧化和氧析出反应具有较高活性,可作为氧化电极的催化剂。由于 Ir 比 IrO₂ 对于氢气氧化反应具有更高的催化活性,所以氧化电极以 Pt 和 Ir 的混合催化剂效果更好,但是随着充放电循环的进行在 Ir 表面会逐渐生成 IrO₂,氢氧化的活性会逐渐降低,目前尚未找到很好的解决办法。

也有在 URFC 以水电解方式工作时,试图绕过气体扩散层直接将纯水通到与质子交换膜接触的水腔中的设计[35]。目的是降低活性氧物种对于扩散层的腐蚀,但是这样的电池结构比较复杂,无法做到紧凑的电池结构,当组装成电池组时更会大大降低 URFC 的体积比功率和比能量。

4. URFC 的评价参数

URFC 的重要参数主要为燃料电池和水电解池的电压效率、电流效率和 URFC 的充放电循环效率。因为氢气和氧气通过电化学反应生成水的标准平衡电位为 1.23V,所以 URFC 的电压效率为

$$\varepsilon_{FC} = U_{FC}(i)/1.23V$$
$$\varepsilon_{WE} = 1.23V/U_{WE}(i)$$
$$\varepsilon_{URFC} = \varepsilon_{FC} \cdot \varepsilon_{WE} = U_{FC}(i)/U_{WE}(i)$$

式中,ε_{FC} 为燃料电池的电压效率;ε_{WE} 为水电解池的电压效率;ε_{URFC} 为 URFC 的充放电循环电压效率;$U_{FC}(i)$ 为燃料电池的工作电压;$U_{WE}(i)$ 为水电解池的工作电压。燃料电池和水电解池的电流效率 I_{eff} 为

$$I_{eff} = (I_{cell} - I_{diff})/I_{cell}$$

式中,I_{cell} 为燃料电池或水电解池的电流密度;I_{diff} 为燃料电池或水电解池气体渗透损失的电流密度。如使用 Nafion 117 膜,气体渗透损失的电流密度可根据如下经验公式得到[8]:

$$I_{O_2} = [1467(348-T)-3.7] \times P/132.26$$
$$I_{H_2} = [2561(421-T)] \times P/132.26$$

式中,T 为电池温度;P 为气体压力。

5. URFC 亟待解决的问题

我们认为目前 URFC 待解决的问题主要有:

(1) 需要解决在 URFC 以水电解模式工作时产生的活性氧化物所造成的腐蚀问题,进一步提高 URFC 的循环寿命。

(2) 气体扩散层需要具有适宜的憎水性和亲水性,以及随电池充放电循环地

进行保持稳定的孔结构和孔分布,以满足燃料电池和水电解工作模式的不同需要。

（3）由于 URFC 以水电解模式工作时发生析氢和析氧,要求电极催化层不仅具有高活性,还要具有高强度和高稳定性。

（4）开发适合 URFC 的轻质耐腐蚀双极板。

（5）由于反应物的存储装置,即氢气、氧气和水的存储装置直接影响电池的容量和能量密度,开发轻重量、高强度的储气罐也是非常重要的。

6. 一体式可再生燃料电池的发展远景

总的来看,URFC 与二次电池相比,虽然具有能量密度高,使用中无自放电及无放电深度等优点,但是 URFC 的能量利用率仅为 30%～50%,而二次电池的能量利用率可达 80% 以上,所以 URFC 只有配合可再生一次能源（太阳能、风能、水力能源等）工作成本上才有意义。

由于 URFC 比能量高,在提供相同能量的条件下,URFC 储能系统的重量可以比二次电池系统轻一半以上,所以我们认为 URFC 在航天领域中的应用前景更为广阔。URFC 以水电解模式工作产生的 H_2、O_2 可以用于空间飞行器的姿态控制,所产生 O_2 还可以用于宇航员的生命保障系统,所产生的 H_2 不仅可供给燃料电池发电,还可以作为火箭推进器的燃料,使得空间飞行器可以通过携带水来补充燃料和电能。美国国防部正在资助的以 URFC 为主的水火箭（water rocket）项目,就是以这一概念为研究目标的。

目前 URFC 的开发主要面向太阳能飞行器、平流层飞艇及探测气球等。随着 URFC 的性能和稳定性的提高,其在更大功率要求和更高寿命要求的卫星和空间站等方面实现应用也是非常有希望的。

本文第一次发表于《化学进展》2006 年 10 期

参 考 文 献

[1] Barbir F, Molter T, Dalton L. Efficiency and weight trade-off analysis of regenerative fuel cells as energy storage for aerospace applications[J]. International Journal of Hydrogen Energy, 2005, 30(4): 351-357

[2] Choi P, Bessarabov D G, Datta R. A simple model for solid polymer electrolyte(SPE)water electrolysis[J]. Solid State Ionics, 2004, 175(1-4): 535-539

[3] Tanaka Y, Kikuchi K, Saihara Y, et al. Investigation of current feeders for SPE cell[J]. Electrochimica Acta, 2005, 50(22): 4344-4349

[4] Da Silva L M, Franco D V, Faria L A, et al. Surface, kinetics and electrocatalytic properties of Ti/(IrO$_2$＋Ta$_2$O$_5$) electrodes, prepared using controlled cooling rate, for ozone production[J].

Electrochimica Acta,2004,49(22-23):3977-3988

[5] Makgae M E,Theron C C,Przybylowicz W J,et al. Preparation and surface characterization of Ti/SnO₂-RuO₂-IrO₂ thin films aselectrode material for the oxidation of phenol[J]. Materials Chemistry and Physics,2009,2(2-3):559-564

[6] Hu J M,Zhang J Q,Cao C N. Oxygen evolution reaction on IrO₂-based DSA® type electrodes:kinetics analysis of Tafel lines and EIS[J]. International Journal of Hydrogen Energy,2004,29(8):791-797

[7] Mitlitsky F,Myers B,Weisberg A H. Regenerative fuel cell systems[J]. Energy &Fuels, 1998,12(1):56-71

[8] Smith W. The role of fuel cells in energy storage[J]. Journal of Power Sources,2000,86(1-2): 74-83

[9] Bolwin K. Application of regenerative fuel cells for space energy storage:a comparison to battery systems[J]. Journal of Power Sources,1992,40(3):307-321

[10] Bolwin K. Performance goals in RFC development for low earth orbit space missions[J]. Journal of Power Sources,1993,45(2):187-194

[11] Hauff S,Bolwin K. System mass optimization of hydrogen/oxygen based regenerative fuel cells for geosynchronous space missions[J]. Journal of Power Sources,1992,38(3):303-315

[12] Gehrke H,Heyn J,Dietrich G. Fuel cell systems for space applications in Europe[J]. Acta Astronautica,1988,17(5):531-538

[13] Shao Z G,Yi B L,Han M. Bifunctional electrodes with a thin catalyst layer for 'unitized' proton exchange membrane regenerative fuel cell[J]. Journal of Power Sources,1999,79(1): 82-85

[14] Liu H,Yi B L,Hou M,et al. Composite electrode for unitized regenerative proton exchange membrane fuel cell with improved cycle life[J]. Electrochemica &Solid State Letter,2004, 7(3):A56-A59

[15] Song S D,Zhang H M,Ma X P,et al. Bifunctional oxygen electrode with corrosion-resistive gas diffusion layer for unitizedregenerative fuel cell[J]. Electrochemistry Communications, 2006,8(3):399-405

[16] Wilson M S,Gottesfeld S. Thin-film catalyst layers for polymer electrolyte fuel cell electrodes[J]. Journal of Applied Electrochemistry,1992,22(1):1-7

[17] Holze R,Ahn J. Advances in the use of perfluorinated cation exchange membranes in integrated water electrolysis and hydrogen/oxygen fuel cell systems[J]. Journal of Membrane Science,1992,73(1):87-97

[18] Ioroi T,Yasuda K,Siroma Z. Thin film electrocatalyst layer for unitized regenerative polymer electrolyte fuel cells[J]. Journal of Power Sources,2002,112(2):583-587

[19] Lee H,Kim J,Park J. Performance of polypyrrole-impregnated composite electrode for unitized regenerative fuel cell[J]. Journal of Power Sources,2004,131(1-2):188-193

[20] Swette L L,La Conti A B,Mc Catty S A. Proton-exchange membrane regenerative fuel cells[J].

Journal of PowerSources,1994,47(3):343-351

[21] Yim S D,Park G G,Sohn Y J,et al. Optimization of PtIr electrocatalyst for PEM URFC[J]. International Journal of Hydrogen Energy,2005,30(12):1345-1350

[22] Chen G,Bare S R,Mallouk T E. Development of supported bifunctional electrocatalysts for unitized regenerative fuel cells[J]. Journal of Electrochemical Society, 2002, 149 (8): A 1092-A1099

[23] 杨辉,卢文庆. 应用电化学[M]. 北京:科学出版社,2001:69-70

[24] Ledjeff K,Mahlendorf F,Peinecke V,et al. Development of electrode/membrane units for the reversible solid polymer fuel cell (RSPFC)[J]. Electrochimica Acta, 1995, 40 (3): 315-319

[25] Ioroi T,Kitazawa N,Yasuda K,et al. Iridium Oxide/Platinum electrocatalysts for unitized regenerative polymer electrolyte fuel cells[J]. Journal of Electrochemical Society, 2000, 147(6):2018-2022

[26] Yim S D,Lee W Y,Yoon Y G,et al. Optimization of bifunctional electrocatalyst for PEM unitized regenerative fuel cell[J]. Electrochimica Acta,2004,50(2-3):713-718

[27] Ioroi T,Kitazawa N,Yasuda K,et al. IrO₂-deposited Pt electrocatalysts for unitized regenerative polymer electrolyte fuel cells[J]. Journal of Applied Electrochemistry,2001,31(11): 1179-1183

[28] Chen G,Delafuente D A,Sarangapani S,et al. Combinatorial discovery of bifunctional oxygen reduction—water oxidation electrocatalysts for regenerative fuel cells[J]. Catalysis Today,2001,67(4):341-355

[29] Chen G,Bare S R,Mallouk T E. Development of supported bifunctional electrocatalysts for unitized regenerative fuel cells[J]. Journal of Electrochemical Society, 2002, 149 (8): A1092-A1099

[30] 刘佩芳,邓海腾,查全性. 碳材料电化学腐蚀的质谱-电化学循环伏安(MSCV)法的研究 I. 溶液 pH 值对不同碳材料的影响[J]. 化学学报,1991,49:344-350

[31] Ioroi T,Okub T,Yasuda K,et al. Influence of PTFE coating on gas diffusion backing for unitized regenerative polymer electrolyte fuel cells[J]. Journal of Power Sources, 2003, 124(2):385-389

[32] Wittstadt U,Wagner E,Jungmann T. Membrane electrode assemblies for unitised regenerative polymer electrolyte fuel cells[J]. Journal of Power Sources,2005,145(2):555-562

[33] Appleby A J. Regenerative fuel cells for space applications[J]. Journal of Power Sources, 1988,22(34):377-385

[34] Ahn J,Holze R. Bifunctional electrodes for an integrated water-electrolysis and hydrogen-oxygen fuel cell with a solid polymer electrolyte[J]. Journal of Applied Electrochem,1992, 22:1167-1174

[35] Dhar H P. A unitized approach to regenerative solid polymer electrolyte fuel cells[J]. Journal of Applied Electrochemistry,1993,23:32-37

第 5 篇　再生氢氧燃料电池

邵志刚　衣宝廉　俞红梅

卫星、空间站等太空飞行器在轨道上运行时存在向日和背日工作状态,仅依靠太阳能电池不能满足连续供电的需要,必须装备储能电池,即向日时利用太阳能对储能电池充电,背日时依靠储能电池供电。

再生氢氧燃料电池(RFC)与目前所用二次电池相比具有明显的优点,能够为空间站提供更大功率的电源,并且研制成功的 RFC 电源系统还可与地面太阳能或风能配套,作为高效的蓄能电池,因此 RFC 具有很好的应用前景,国外十分重视该技术的研制[1]。

1. RFC 工作原理[2]

再生氢氧燃料电池是将氢氧燃料电池技术与水电解技术相结合,使($2H_2 + O_2 \longrightarrow 2H_2O +$ 电能)与(电能$+ 2H_2O \longrightarrow 2H_2 + O_2$)过程得以循环进行,使氢氧燃料电池的燃料 H_2 和氧化剂 O_2 可通过水电解过程得以"再生",起到蓄能作用。

2. RFC 的结构

从工作原理可知,RFC 主要由四个部分组成:①燃料电池(FC)子系统,将 H_2、O_2 的化学能直接转化为电能;②电解水(WE)子系统,将燃料电池生成的水利用外部电能重新电解成 H_2、O_2;③反应物储罐,用于储存高压 H_2、O_2 和水;④电源调节及控制子系统。

3. RFC 的分类

从燃料电池与电解池结合方式来划分,RFC 可分为三种形式:分开式、综合式和可逆式[3]。

3.1　分开式[4]

分开式(dedicated)的各个子系统独立,除反应物互相贯通,每个子系统完全与其他子系统分开,装入各自的轨道更换单元。较先进的分开式 RFC 系统,各子系统都装在一个轨道更换单元内,共用一个冷却系统。分开式 RFC 系统优点是容易放大,各自系统单独定型,易引入新技术,并且容易维修;缺点是系统复杂,体积能量密度低。

美国航空航天局的 Lewis 中心于 20 世纪 80 年代中后期研发的分开式 RFC 系统[5,6],在模拟近地轨道运行条件下,最长寿命可达 7.8 年。

3.2　综合式[7]

综合式(integrated)RFC 的电池与电解池同在一个机箱中,FC 电池放电与 WE 电解充电在各自的电极和电池区域进行。这种结构所需的连接设备要求高,而且在两种电池运行时要选择相匹配的运行参数。其优点是体积能量密度比分开式高;缺点是循环周期短,受储水板容量限制,电路气路连接复杂,电池组装麻烦。

美国 20 世纪 80 年代申请了这种结构的专利[7]。

3.3　可逆式[8,9]

可逆式(reversible)RFC 的电池可以以燃料电池模式或电解模式工作,将原先的燃料电池与水电解池以一个双效电池替代,减轻了系统重量,提高了系统的可靠性和系统比能量。可逆式 RFC 主要特点是电极双效性,FC/WE 功能合一,从而可省去 WE 构件。

可逆式 RFC 从电解质可分为两种:①石棉膜-碱性 KOH 水溶液(ARFC);②离子膜型-纯水固体电解质(PEMRFC)。近年来,由于质子交换膜燃料电池发展很快,各国都把研究重点转向 PEMRFC[10]。

4. RFC 与 Ni-H$_2$、Ni-Cd 电池对比

作为储能系统,RFC 较现有的二次电池更有竞争力,尤其在功率大于 2kW 时,其主要指标为储能系统重量,表 1 为近地轨道(LEO)飞行时,20kW 的 RFC 与 Ni-H$_2$ 电池对比[11]。

从表 1 中可知,RFC 的可用废热比 Ni-H$_2$ 多,如在阴影区加热飞行器,可减轻加热器重量。化学电池的衰减速度与放电深度(depth of discharge,DOD)有关,放电深度越高,衰减越快,而 RFC 的放电深度大于 80%,对电池性能无影响。化学电源充放电电压不稳,需要附加一个充/放电控制器,而 RFC 的功率只需微调,但目前水平的 RFC 运动部件多,是一个不利因素。

1991 年德国有文献报道,比能量为 45Wh/kg、放电深度为 60% 的 Ni-H$_2$ 电池系统整体重为 6978kg,其储能效率为 75%,用于 GEO 轨道飞行,功耗 90kW(背

日、向日温度分别为 6K、225K)。同样条件下选用 H_2-O_2RFC 系统,则系统重量为 4767kg,比能量约 65.9Wh/kg。

表 1　RFC 与 Ni-H_2 电池对比

参数	不流动碱性 RFC	Ni-H_2
功率/kW	20	20
(背日/向日)/h	0.6/0.95	0.6/0.95
操作温度/℃	80	0~15
最大压力/Pa	30×10^5	60×10^5
放电深度(DOD)/%	80	40
电压/V	120	72
单池充电电压/V	1.55	1.5~1.55
单池放电电压/V	1.01	1.19
整体效率/%	65	70
所需太阳能电池功率/kW	20.3	20
散热器功率/kW	10.8	8.5
自放电	0	2%/d
活动部件	—	+
与其他系统组合	+	—
电池重/kg	380	1200
系统总重量/kg	1200	1950

RFC 与 Ni-Cd、Ni-H_2 等二次电池相比,优越之处如下:

(1) 比能量高,见表 2。目前,碱性石棉膜燃料电池(AFC)的比功率已达到 500W/kg(近 1.0V 时),水电解池可达 1000W/kg;如果采用高强度轻质材料制作储罐(安全系数为 3),储罐系统重量可降至 1.6kg/kW(0.6h 放电),整个 RFC 系统比功率为 4.6W/kg,即比能量为 130Wh/kg,效率可达 60%。其性能指标远远高于 Ni-H_2 电池和 Na-S 电池。

表 2　RFC 和 Ni-H_2 等电池目前的技术水平和将来可能达到的水平[12]

储能技术	比能量/(Wh/kg)	功率范围/kW	寿命		轨道类型
			年寿命	循环次数	
Ni-Cd	1.1~1.4	1~5	10~20	2000	GEO
Ni-H_2(目前)	4.4~22	1~5	5	3000	LEO
			10	1000	GEO

储能技术	比能量/(Wh/kg)	功率范围/kW	寿命		轨道类型
			年寿命	循环次数	
Ni-H$_2$（将来）	22~55	1~10	>5	42000	LEO
RFC（目前）	44~66	10~100	5	44000	LEO
RFC（将来）	110~220	10~1000	>10	88000	各种
Na-S	110~132	10~100	>5	7500	各种

目前，巴拉德动力公司的 PEMFC 单电池功率密度已高达 3W/cm³，电池组的功率密度已达 1W/cm³，比功率达 700W/kg[13]，所以包括储罐在内的比功率在 500W/kg 以上，比能量在 400Wh/kg 以上。

（2）RFC 系统寿命会更长。我们知道，Ni-H$_2$ 电池、Ni-Cd 电池等寿命随着放电深度增加而迅速衰减。这是因为在充放电过程中，活性物质（NiOOH、储氢材料等）会发生相和晶格以及体积变化，并且有一定的不可逆性，从而导致电极结构的变劣，影响了电池寿命。RFC 寿命与放电深度无关，也可以说，在 100% 放电深度时放电次数可达成千上万次。

（3）在载人飞行器中使用 RFC 较之 Ni-H$_2$ 电池更为有利，供能系统可与生命维持系统（如水净化系统）相组合，电解出的 H$_2$ 可用于还原 CO$_2$，生成的 O$_2$ 可供宇航员呼吸；也可与推进系统组合，80~100℃ 工作所排放的废热可供宇航员保暖用。

（4）适应大功率长时间储能要求。例如月球基地，功率需 500~1000kW，300 多小时，即使高比能量的 Na-S 电池也满足不了这么多电能。可适用的只有 RFC[5]，因为 RFC 功率与储能容量独立，可以只增加反应物储量，而不增加电池大小，就能增加储能量；因此大功率大储能量时，RFC 重量增加很少。另外，在大功率情况下 Ni-H$_2$ 电池所存在的排热问题也使其放电深度受到限制，需要增加冷却机构，从而增加了电池重量和复杂性，而 RFC 中这些都已是现成的。

（5）RFC 工作电压与充放电状态关系不大，运行性能稳定，无自放电，充放电控制简单。

（6）采用 RFC 储能可降低燃料更换费用，由于 WE/FC 循环物质仅是水，即使有所损失，地面供应也比低温液态燃料运送经济安全方便。

RFC 与 Ni-Cd、Ni-H$_2$ 二次电池相比，不足之处如下：

（1）RFC 的总能量效率一般在 50%~60%，与 Ni-H$_2$ 电池相比（75%~80%），RFC 所需 PV 板面积要大，所排放的废热要多。如果能用于载人飞船的加热，则这一不足可抵消。

（2）就目前水平，RFC 系统比 Ni-H$_2$ 电池要复杂，可靠度、技术成熟性都不如

$Ni-H_2$ 电池。简化系统、提高可靠性将是 RFC 迈入实用的条件。

5. 国外发展 RFC 的主要技术问题

5.1 排水

FC 工作时,电池每输出 1F 电量,将生成 9g 水。AFC 工作时水在 H_2 电极生成,PEMFC 工作时水在 O_2 电极生成。电池中生成的水必须及时排除,以免电解质冲稀或淹没多孔气体扩散电极,使电池性能下降。FC 水的排除,常用动态排水和静态排水两种方法:

(1) 动态排水是用泵循环氢气(AFC 中)、氧气(PEMFC 中),将水以水蒸气形式带出电池,然后在冷凝器中冷凝,经气/液分离器分离回收。另外,也有采用电解质(大功率地面用 AFC 中)循环排水,稀释的溶液经蒸发器(风扇吹)使水蒸发并排热。

(2) 静态排水靠的是电解质石棉膜与除水石棉膜两者碱浓度差造成的水蒸气压来实现水的转移,并在低压腔蒸发排走。由于水在氢电极生成,所以除水膜置于氢侧。

RFC 技术可采用的另一种静态排水方法是储水板技术,其原理是利用毛吸力来就近吸收并储存 FC 生成的水作为 WE 电解用水。

5.2 水的回收

FC 生成的水必须回收,供 WE 再生 H_2、O_2 用。靠气体带出的水是以水蒸气形式存在的,经冷凝器冷凝后成液态水。在太空微重力情况下,水的回收需要特殊的气/液分离器。根据其工作原理分为两种:一种是动态式,包括离心分离、螺旋旋风分离、旋流分离器;另一种是静态式,包括静态吸附分离器、静态膜分离。膜分离技术近年来发展较快,不仅能实现气/液分离,而且还能实现不同气体的分离。在PEMFC 体系中,还可利用电渗析原理将氧腔水渗透到氢腔实现水分离。

5.3 排热

RFC 中电池的能量效率在 50%~60%,大功率时废热排放技术十分重要。排热的方法有多种,如电池组本体外部冷却,冷却剂通过电池组内部循环冷却,反应气体通过外部冷却器循环冷却,电解液循环通过冷却器进行冷却。最终由太空散热器将废热排放走。

5.4 FC/WE 优化结合

RFC 与二次电源不同,其容量与功率相互独立,电池面积和性能决定系统功率,储罐储量决定系统容量。这样,可以通过选择合适的 FC、WE 工作电流密度,优化设计各子系统的重量。

为了减轻 FC、WE 子系统重量,自然要提高运行电流密度,但是电流密度越大,系统的能量效率就越低;而能量效率的下降必然带来废热的增多和储罐储量的增多,导致热交换器、散热器负荷增大,重量增大和储罐增重,从而导致系统总重量增大。所以工作电流密度可以优化设计。

5.5 碱或水的循环

对分开式及综合式的结构,碱(水)的循环是一个弱点,若采用泵循环,存在运动部件多、可靠性相对差的问题。若采用不流动碱体系,则碱(或水)的输送就成为系统性能好坏的制约因素,目前尚未很好解决。

5.6 双效氧电极的研制

可逆式 PEMRFC 的电极需要具有双效性,这就要求电极催化剂具有双效性,既能催化燃料电池反应,又能催化电解反应。对氢电极而言,铂催化剂是目前应用最好的双效氢催化剂,它既对氢气还原具有良好的催化活性,又对氢气氧化有良好的催化性能。对于氧电极催化剂,要实现溶氧和析氧功能统一,则电极催化剂、担体必须是化学稳定的。因为析氧时,新生态氧的氧化性很强,所以要求催化剂必须是能耐氧化的、具有双效活性的、高比表面的电子导体。双效氧电极担负着析氧和溶氧的功能,电极中需要有电子的传递通道、气体的进出通道、水的进出通道,比较复杂,是目前国际上研究的重点和难点。

如果双效电极的性能没有大幅度提高,那么可逆式 RFC 比能量大的优越性就会被抵消。在双效电极方面工作做的较多的是美国 Giner 公司的 Swette 等[9,14],在第 25 届 IECEC 上发表的有关文献中[8]报道其用于 PEMRFC 的双效氧电极,以 $Na_x Pt_3 O_4$ 作电催化剂,$100mA/cm^2$ 时,放电电压为 $0.884V$,电解电压为 $1.42V$;以 Pt/RhO_2 为电催化剂,$100mA/cm^2$ 时,放电电压为 $0.895V$,电解电压为 $1.414V$。其双效电极已初步进行了 PEMRFC 实验循环,但其寿命指标仍未达到实用要求。

6. 展　望

RFC 作为大功率长寿命的储能设备,比二次化学电池具有明显的优势,在空间和陆地的实用已为期不远。

目前,国外发展方向主要在 PEMFC 技术上:首先是 PEMFC 性能稳定、寿命长,电解质(纯水)易管理、无腐蚀性,废热易管理;而更为重要的是其有望作为无污染高效动力源在民用运输车辆上应用。可逆式 RFC 具有最先进的结构形式,是最有前途的空间用电池。双效氧电极的制作是可逆式 RFC 的关键技术,一直是各国研究的重点、难点。国际上在这方面已取得很大进展[9,15],一旦其寿命指标达到实用要求,可逆式 PEMRFC 就会以其显著的优点被广泛应用于空间及其他场合。

本文第一次发表于《化学通报》2000 年 03 期

参 考 文 献

[1] Mcelroy J F. SPE regenerative hydrogen/oxygen fuel cells for extraterrestrial surface applications[C]. Proceedings of the 24th Intersociety Energy Conversion Engineering Conference, New York, August 6-11, 1989

[2] Baron F. European space agency fuel cell activities[J]. Journal of Power Sources, 1990, 29(1):207-221

[3] Heinzel A, Ledjeff K. Regenerative fuel cell for energy storage in PV systems[C]. Proceedings of the 26th Intersociety Energy Conversion Engineering Conference, 1991, 3:538-541

[4] Hoberecht M A, Rieker L L. Design of a RFCS for space station[C]. Proceedings of the 20th Intersociety Energy Conversion Engineering Conference, 1985, 2(2):202-207

[5] Schubert F H, Hoberecht M A, Le M. Alkaline water electrolysis technology for space station regenerative fuel cell energy storage[C]. Proceedings of the 21th Intersociety Energy Conversion Engineering Conference, 1986

[6] Hackler I M. Alkaline RFC space station prototype-'next step space station'[C]. Proceedings of the 21st Intersociety Energy Conversion Engineering Conference, 1986:1903-1908

[7] Levy A H, Vandine L L, Trocciola J C. Static regenerative fuel cell system for use in space [P]:US,4839247. 1989-06-13

[8] Swette L L, Kackley N D, Laconti A B. Regenerative fuel cells[C]. IECEC 92:Intersociety Energy Conversion Engineering Conference, 1992

[9] Swette L L, Laconti A B, Mccatty S A. Proton-exchange membrane regenerative fuel cells[J]. Journal of Power Sources, 1994, 47(3):343-351

[10] Baldwin R, Pham M, Leonida A, et al. Hydrogen oxygen proton-exchange membrane fuel cells and electrolyzers[J]. Journal of Power Sources, 1990, 29(3):399-412

[11] Tillmetz W, Dietrich G, Benz U. Regenerative fuel cells for space and terrestrial use[C]. Proceedings of the 25th Intersociety Energy Conversion Engineering Conference, 1990, 3: 154-215

[12] Halpert G, Attia A. Advanced electrochemical concepts for NASA applications[C]. Proceed-

ings of the Proceedings of the 24th Intersociety Energy Conversion Engineering Conference, New York, February 6-11, 1989

[13] Prater K B. Solid polymer fuel cells for transport and stationary applications[J]. Journal of Power Sources, 1996, 61(1): 105-109

[14] Swette L, Kackley N, Mccatty S A. Oxygen electrodes for rechargeable alkaline fuel cells. III[J]. Journal of Power Sources, 1991, 36(3): 323-339

[15] Dhar H P. A unitized approach to regenerative solid polymer electrolyte fuel cells[J]. Journal of Applied Electrochemistry, 1993, 23(1): 32-37

第二部分　质子交换膜燃料电池关键技术

第1篇　燃料电池的关键技术

侯　明　衣宝廉

1. 车用燃料电池技术链概述

燃料电池是把燃料中的化学能通过电化学反应直接转化为电能的发电装置。按其电解质不同,常用的燃料电池包括质子交换膜燃料电池(PEMFC)、固体氧化物燃料电池(SOFC)、熔融碳酸盐燃料电池(MCFC)、磷酸燃料电池(PAFC)、碱性燃料电池(AFC)等。其中质子交换膜燃料电池操作温度低、启动速度快,是车用燃料电池的首选,目前国内外燃料电池车大都是以质子交换膜燃料电池技术为主(本文以下所述除特殊说明外均围绕着质子交换膜燃料电池技术进行讨论)。

燃料电池发电原理与原电池或二次电池是相似的,电解质隔膜两侧分别发生氢氧化反应与氧还原反应,电子通过外电路做功,反应产物为水,如图1所示。燃

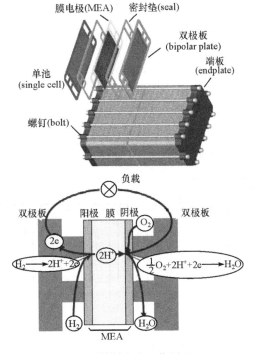

图 1　燃料电池工作原理

料电池单电池包括膜电极组件（MEA）、双极板及密封元件等。膜电极组件是电化学反应的核心部件，由阴阳极多孔气体扩散电极和电解质隔膜组成。额定工作条件下，一节单电池工作电压仅为 0.7V 左右，实际应用时，为了满足一定的功率需求，通常由数百节单电池组成燃料电池电堆或模块。因此，与其他化学电源一样，燃料电池电堆单电池间的均一性非常重要。

与原电池和二次电池不同的是，燃料电池发电需要有一相对复杂的系统。典型的燃料电池发电系统组成如图 2 所示，除了燃料电池电堆外，还包括燃料供应子

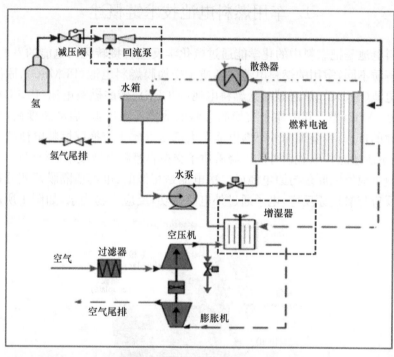

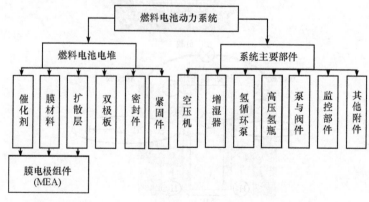

图 2　燃料电池系统组成

系统、氧化剂供应子系统、水热管理子系统及电管理与控制子系统等,其主要系统部件包括空压机、增湿器、氢气循环泵、高压氢瓶等,这些子系统与燃料电池电堆(或模块)组成了燃料电池发电系统。燃料电池系统的复杂性给运行的可靠性带来了挑战。

燃料电池工作方式与内燃机类似,其燃料是在电池外携带的,而原电池及二次电池的活性物质是封装在电池内部。燃料电池所用的氢气可以像传统车汽油一样充装速度快,只需要几分钟时间,显示出比纯电动汽车较大的优势。另外,70MPa的车载高压氢瓶,也保证了燃料电池汽车具有较长的续驶里程。因此,燃料电池汽车在加氢、续驶里程等特性方面与传统车具有一定的相似性。

燃料电池汽车动力链如图3所示,其主流技术为燃料电池与二次电池"电-电"混合模式。平稳运行时依靠燃料电池提供动力;需要高功率输出时,燃料电池与二次电池共同供电;在低载或怠速工况,燃料电池在提供驱动动力的同时给二次电池充电。这种"电-电"混合模式,可以使燃料电池输出功率相对稳定,有利于燃料电池寿命的提升。另外,燃料电池输出电压要通过DC-DC变换器使之与电机匹配。典型的燃料电池动力系统车上布局如图4所示,燃料电池电堆可采用底板布局(如Mirai),也有的采用前舱布局(如通用的FCV)。

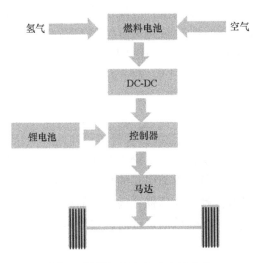

图3 燃料电池汽车动力链组成

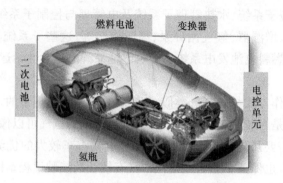

图 4　燃料电池动力系统车上布局

2. 燃料电池关键材料与部件

2.1　电催化剂

电催化剂(electro-catalyst)是燃料电池的关键材料之一,其作用是降低反应的活化能,促进氢、氧在电极上的氧化还原过程,提高反应速率。氧还原反应(ORR)交换电流密度低,是燃料电池总反应的控制步骤。目前,燃料电池中常用的商用催化剂是 Pt/C,由 Pt 的纳米颗粒分散到炭粉(如 XC-72)载体上的担载型催化剂。

使用 Pt 催化剂受资源与成本的限制,目前 Pt 用量已从 10 年前的 0.8~1.0g/kW 降至现在的 0.3~0.5g/kW,希望进一步降低,使其催化剂用量达到传统内燃机尾气净化器贵金属用量水平(<0.05g/kW)。近期目标是 2020 年燃料电池电堆的铂用量目标降至 0.1g/kW 左右。Pt 催化剂除了受成本与资源制约外,也存在稳定性问题。通过燃料电池衰减机理分析可知,燃料电池在车辆运行工况下,催化剂会发生衰减,如在动电位作用下会发生 Pt 纳米颗粒的团聚、迁移、流失,在开路、怠速及启停过程产生氢空界面引起的高电位导致的催化剂碳载体的腐蚀,从而引起催化剂流失。因此,针对商用催化剂存在的成本与耐久性问题,研究新型高稳定、高活性的低 Pt 或非 Pt 催化剂是目前研究的热点[1]。

2.1.1　Pt-M 催化剂

Pt 与过渡金属合金催化剂,通过过渡金属催化剂对 Pt 的电子与几何效应,在提高稳定性同时,质量比活性也有所提高。同时,降低了贵金属的用量,使催化剂成本也得到大幅度降低,如 Pt-Co/C、Pt-Fe/C、Pt-Ni/C 等二元合金催化剂[2,3,4],展示出了较好的活性与稳定性。以 Au 簇修饰 Pt 纳米粒子[5]提高了 Pt 的氧化电势,起到了抗 Pt 溶解的作用。中国科学院大连化学物理研究所(简称大连化物所)

开发的 Pt_3Pd/C 催化剂已经在燃料电池电堆得到了验证，其性能可以完全替代商品化催化剂。最近，Chen 等[6]利用铂镍合金纳米晶体的结构变化，制备了高活性与高稳定性的电催化剂。在溶液中，初始的 $PtNi_3$ 多面体经过内部刻蚀生成的 Pt_3Ni 纳米笼结构（见图 5），使反应物分子可以从三个维度上接触催化剂。这种开放结构的内外催化表面包含纳米尺度上偏析的铂表层，从而表现出较高的氧还原催化活性。与商业铂碳相比，Pt_3Ni 纳米笼催化剂的质量比活性与面积比活性分别提高 36 倍与 22 倍。

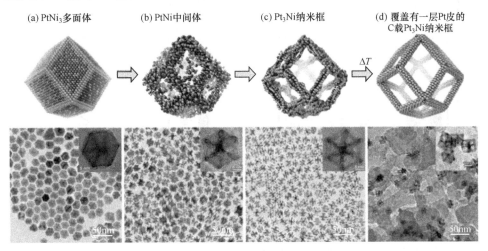

(a) $PtNi_3$ 多面体　(b) PtNi中间体　(c) Pt_3Ni纳米框　(d) 覆盖有一层Pt皮的 C载Pt_3Ni纳米框

图 5　从多面体到纳米骨架结构的变化过程示意图与 TEM 图

目前，针对 Pt-M 催化剂，需要解决燃料电池工况下过渡金属的溶解问题，金属溶解不但降低了催化剂活性，还会产生由于金属离子引起的膜降解问题。因此，提高 Pt-M 催化剂的稳定性还需要进一步研究。

2.1.2　Pt 核壳催化剂

利用非 Pt 材料为支撑核，表面贵金属为壳的结构，可降低 Pt 用量，提高质量比活性，是下一代催化剂的发展方向之一。如采用欠电位沉积方法制备的 Pt-Pd-Co/C 单层核壳催化剂[7]，总质量比活性是商业催化剂 Pt/C 的 3 倍，利用脱合金（de-alloyed）方法制备的 Pt-Cu-Co/C 核壳电催化剂[8]，质量比活性可达 Pt/C 的 4 倍。Wang 等[9]制备了以原子有序的 Pt_3Co 为核，2～3 个原子层厚度的铂为壳的核壳结构纳米颗粒，质量比活性与面积比活性分别提高到 2 倍和 3 倍，经过 5000 圈电压循环扫描测试后，原子有序的核壳结构几乎未发生改变。大连化物所以 Pd 为核、Pt 为壳制备了 Pd@Pt/C 核壳催化剂[10]，利用非 Pt 金属 Pd 为支撑核，Pt 为壳的核壳结构，可降低 Pt 用量，提高质量比活性。测试结果表明，氧还原活性与稳定性好于商业化 Pt/C 催化剂(如图 6 所示),其性能在电堆中的验证还在进行中。

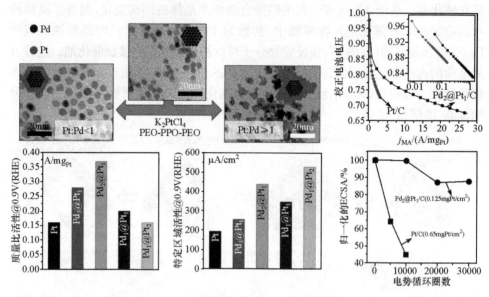

图 6　Pd@Pt/C 核壳催化剂质量比活性与稳定性与商业化催化剂比较

2.1.3　Pt 单原子层催化剂

制备 Pt 单原子层的核壳结构催化剂是一种有效的降低 Pt 用量、提高 Pt 利用率,同时改善催化剂的 ORR 性能的方式。美国国家实验室 Adzic 的研究组在 Pt 单层催化剂研究方面比较活跃,近期他们以金属氮化物为核的 Pt 单层催化剂,表现了较高的稳定性及 Pt 的利用率[11]。上海交通大学的张俊良等[12]在这方面做了很多工作,主要采用欠电位沉积方法在金属(Au、Pd、Ir、Ru、Rh 等)或非贵金属表面沉积一层 Cu 原子层,然后置换成致密的 Pt 单原子层,通过内核原子与 Pt 原子之间的电子效应、几何效应等相互作用,从而提高催化剂的 ORR 活性。由于 Pt 原子层主要暴露在外表面,所以其 Pt 的利用率为 100%。目前他们主要考虑电极结构的设计,同时研究超低 Pt 催化剂表面的局部传质阻力现象。

2.1.4　非贵金属催化剂

非贵金属催化剂的研究主要包括过渡金属原子簇合物、过渡金属螯合物、过渡金属氮化物与碳化物等[13,14]。近年来,N 掺杂的非贵金属催化剂显示了较好的应用前景,Lefèvre 等[15]以乙酸亚铁(FeAc)为前驱体通过吡啶制备了碳载氮协同铁电催化剂 Fe/N/C,以担载量为 5.3mg/cm² 的非贵金属 Fe/N/C 电催化剂制备的电极,在电压不小于 0.9V 时,与 Pt 载量为 0.4mg/cm² 的 Gore 电极性能相当。

中国科学院长春应用化学研究所邢巍课题组制备了一种新型石墨化碳层包覆 Fe_3C 颗粒的 ORR 催化剂,该催化剂在酸性溶液中表现出高活性和稳定性[16]。研究发现,催化剂中 Fe_3C 相和包覆碳层间的强相互作用能大幅提高表面碳层催化 ORR 的能力。同时,碳层对 Fe_3C 的有效保护提高了催化剂的稳定性。电池测试结果表明,催化剂即使在高温(120～180℃),质子交换膜燃料电池中工作也能保持良好稳定性。华南理工大学 Peng[17] 等以 $FeCl_3$、三聚氰胺和苯胺为前驱体,通过聚合、热解等过程,制备了 Fe-PANI/C-Mela 性催化剂。该催化剂具有清晰的石墨烯结构和较高的比表面积($702m^2/g$),在酸性介质中表现出较高的 ORR 活性,半波电位仅比商业化的 Pt/C 催化剂(担量 $51\mu g/cm^2$)低 60mV,单电池初性能达到 $0.33W/cm^2$,但是催化剂的稳定性还有待于提高。

在非金属催化剂方面,各种杂原子掺杂的纳米碳材料成为研究热点[14]。重庆大学魏子栋研究小组首次通过"NG 分子结构—NG 电导率—氧还原(ORR)催化活性"关联[18],发现三种氮掺杂 NG 材料中,生长在边沿位的吡啶型和吡咯型 NG 具有二维平面结构,因保持了石墨烯原有的平面共轭大 π 键结构,具有良好的导电性,因而具有优异的 ORR 催化活性,进一步利用无机盐晶体的盐封效应[19],巧妙地将低温下聚合物的形态最大限度地保留到高温碳化后的终极产品,有利于具有二维平面结构、边沿位生长的吡啶型和吡咯型吡啶型和吡咯型氮掺杂 NG 的形成,使真正活性中心数量倍增。以该材料为正极催化剂,单电池面积为 $5cm^2$ 的质子交换膜燃料电池上,输出功率达 $600mW/cm^2$。大连化物所 Jin 等[20]采用简单的聚合物碳化过程,合成了氮掺杂碳凝胶催化剂。该催化剂价格低廉,氧还原活性优良,最大功率密度达到商业化 20% Pt/C 的 1/3。加速老化测试表明,该催化剂具有优良的稳定性,成为 PEMFC 阴极 Pt 基催化剂有力竞争者。

非 Pt 催化剂在质量比活性尤其是稳定性距离实际应用还有较大的差距。

2.2　固态电解质膜

车用燃料电池中质子交换膜(proton exchange membrane,PEM)是一种固态电解质膜,其作用是隔离燃料与氧化剂、传递质子(H^+)。在实际应用中,要求质子交换膜具有高的质子传导率和良好的化学与机械稳定性,目前常用的商业化质子交换膜是全氟磺酸膜,其化学式如图 7 所示。其碳氟主链是疏水性的,而侧链部分的磺酸端基(—SO_3H)是亲水性的,故膜内会产生微相分离。当膜在润湿状态下时,亲水相相互聚集构成离子簇网络,传导质子。目前常用的全氟磺酸膜有 Nafion 膜,与 Nafion 膜类似的 Flemion、Aciplex 膜以及国内新源动力股份有限公司、武汉理工大学合作研发的复合膜等。国内东岳集团长期致力于全氟离子交换树脂和含氟功能材料的研发,建成了年产 50t 的全氟磺酸树脂生产装置,以及年产 10 万 m^2 的氯碱离子膜工程装置和燃料电池质子交换膜连续化实验装置,产品的性能达到商品化水平(见图8),但产品的稳定性与一致性还需建立批量生产线得以保证。

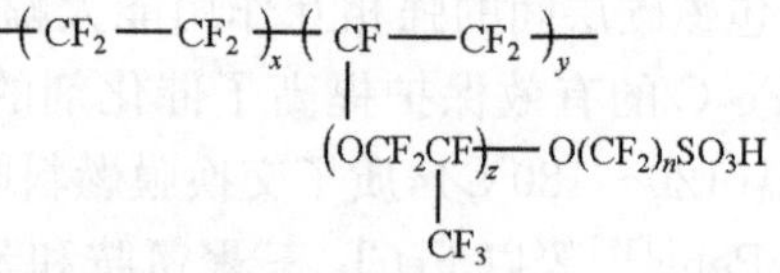

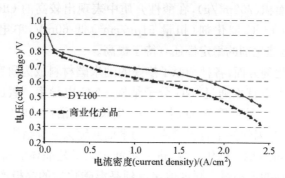

图 7　全氟磺酸 Nafion 膜的化学结构

图 8　国产膜与进口商品膜燃料电池性能比较(东岳公司提供)

目前车用质子交换膜逐渐趋于薄型化,由几十微米降低到十几微米,以降低质子传递的欧姆极化,以达到较高的性能。但是薄膜的使用给耐久性带来了挑战,尤其是均质膜在长时间运行会出现机械损伤与化学降解,在车辆工况下,操作压力、干湿度、温度等操作条件的动态变化会加剧这种衰减。于是,研究人员在保证燃料电池性能同时,为了提高耐久性,研究了一系列增强复合膜。

复合膜是由均质膜改性而来的,它利用均质膜的树脂与有机或无机物复合使其比均质膜在某些功能方面得到强化,典型的复合膜包括如下几种。

(1) 提高机械性能的复合膜。这种复合膜以多孔薄膜(如多孔 PTFE)或纤维为增强骨架浸渍全氟磺酸树脂制成复合增强膜,在保证质子传导的同时,解决了薄膜的强度问题,同时尺寸稳定性也有大幅度的提高,如美国 Gore 公司的 Goreselect™复合膜[21]、国内大连化物所的 Nafion/PTFE 复合增强膜[22]和碳纳米管增强复合膜[23]等。烃类膜由于磺化度与强度成反比,也可以采用类似的思路制成烃类复合膜,取得高质子传导与强度的兼顾[24]。

(2) 提高化学稳定性的复合膜。为了防止由于电化学反应过程中自由基引起的化学衰减,加入自由基淬灭剂是有效的解决办法,可以在线分解与消除反应过程中自由基,提高膜的寿命。国内大连化物所赵丹等[25]采用在 Nafion 膜中加入1%的 $Cs_xH_{3-x}PW_{12}O_{40}/CeO_2$ 纳米分散颗粒制备出了复合膜,利用 CeO_2 中的变价金属可逆氧化还原性质淬灭自由基,$Cs_xH_{3-x}PW_{12}O_{40}$ 的加入在保证良好的质子传导

性同时还强化了 H_2O_2 催化分解能力。利用这种复合膜组装成 MEA,并在开路电压下进行耐久性试验,结果表明,它比常规的 Nafion 膜以及 CeO_2/Nafion 复合膜在氟离子释放率、透氢量等方面都有所缓解。南京大学 Yao 等[26]在质子交换膜中加入抗氧化物质维生素 E,其主要成分 α-生育酚不仅能够捕捉自由基变为氧化态,而且能够在渗透的氢气帮助下,重新还原,从而提高了燃料电池寿命。

(3) 具有增湿功能的复合膜。在 PFSA 膜中分散如 SiO_2、TiO_2 等无机吸湿材料作为保水剂[27,28],制成了自增湿膜,可以储备电化学反应生成水,实现湿度的调节与缓冲,使膜能在低湿、高温下正常工作。采用这种膜可以省去系统增湿器,使系统得到简化。国内大连化物所利用 SiO_2 磺化再与 Nafion 复合,可以进一步提高膜的吸水率以及提供额外的酸位,使传导质子能力明显增强[29]。

除了全氟磺酸膜外,高温质子交换膜燃料(HT-PEMFC)电池(操作温度120~200℃)也是研究热点之一,因为高温操作可以提高动力学速率,有利于提高电催化剂对 CO 等杂质的耐受力,并可简化系统水管理、提高废热品质。代表性的成果是磷酸掺杂的聚苯并咪唑膜(H_3PO_4/PBI)[30~34],利用 PBI 膜在高温下较好的机械强度与化学稳定性以及磷酸的传导质子的特性,形成氢键网络,实现质子跳跃(hopping)传导,保证了在高温和无水的状态下传导质子。非氟膜与全氟磺酸膜的主要区别在于全氟磺酸膜的 C 均被氟原子保护形成了高稳定性的 C—F 键(键能485.6kJ/mol)。因此,非氟膜的稳定性成为实际应用中面临的焦点问题。

由于碱性燃料电池可从摆脱对贵金属催化剂的依赖,近年来碱性阴离子交换膜燃料电池(AEMFC)也是比较活跃的研究领域之一。但是,与酸性膜相比,其性能、稳定性有较大的差距,距离车辆应用还有一定的距离。

2.3　气体扩散层

在质子交换膜燃料电池中,气体扩散层(gas diffusion layer,GDL)位于流场和催化层之间,其作用是支撑催化层、稳定电极结构,并具有质/热/电的传递功能。因此气体扩散层必须具备良好的机械强度、合适的孔结构、良好的导电性、高稳定性。通常气体扩散层由支撑层和微孔层组成,支撑层材料大多是憎水处理过的多孔的碳纸或碳布,微孔层通常由导电炭黑和憎水剂构成,作用是降低催化层和支撑层之间的接触电阻,使反应气体和产物水在流场和催化层之间实现均匀再分配,有利于增强导电性、提高电极性能。支撑层比较成熟的产品有日本的 Toray、德国的 SGL、加拿大的 AVCarb 等。国内中南大学[35]首次提出了化学气相沉积(CVD)热解炭改性碳纸的新技术,显著提高碳纸的电学、力学和表面等综合性能,根据燃料电池服役环境中碳纸的受力变形机制,发明了与变形机制高度适应的异型结构碳纸,大幅提高了异型碳纸在燃料电池服役中的耐久性、稳定性,采用干法成型、CVD、催化炭化和石墨化相结合的连续化生产工艺,显著提高了生产效率,其研制的碳纸各项指标已经达到或超过商品碳纸水平。表 1 为其国产化碳纸与进口商品化碳纸比较,电阻率降低、透气性增大,有利于燃料电池性能的提高,下一步需要建立批量生产设备,真正实现碳纸的国产化供给。

表 1 国产化碳纸与同类商品比较

性能	国产化碳纸	商品碳纸
孔隙率 /%	78.7	78
透气率/(mL・mm/cm² ・h・Pa)	2278	1883
石墨化度/%	82.2	66.5
电阻率/mΩ・cm	2.17	5.88
拉伸强度/N・cm	30.2	50

除了改进气体扩散层的导电功能外,近些年对气体扩散层的传质功能研究也逐渐引起人们重视。日本丰田公司为了减少高电流密度下的传质极化,开发了具有高孔隙结构、低密度的扩散层(见图 9),扩散能力比原来提高了 2 倍,促进了燃料电池性能的提高。此外,微孔层的水管理功能逐渐引起研究者的重视,通过微孔层的修饰、梯度结构等思想,可以一定程度上改进水管理功能[36~40]。

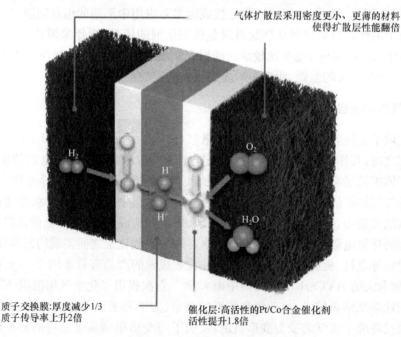

气体扩散层采用密度更小、更薄的材料使得扩散层性能翻倍

质子交换膜:厚度减少1/3
质子传导率上升2倍

催化层:高活性的Pt/Co合金催化剂
活性提升1.8倍

图 9 具有高孔隙率扩散层的膜电极

2.4　膜电极组件

膜电极组件(membrane electrode assembly,MEA)是集膜、催化层、扩散层于一体的组合件,是燃料电池的核心部件之一。其结构如图10所示,膜位于中间,两侧分别为阴极、阳极的催化层和扩散层,通常采用热压方法黏结使其成为一个整体。其性能除了与所组成的材料自身性质有关外,还与组分、结构、界面等密切相关。

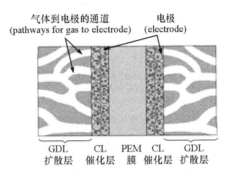

图 10　MEA 组成示意图

目前,国际上已经发展了三代 MEA 技术路线:一是把催化层制备到扩散层上(GDE),通常采用丝网印刷方法,其技术已经基本成熟;二是把催化层制备到膜上(CCM),与第一种方法比较,在一定程度上提高了催化剂的利用率与耐久性;三是有序化的 MEA,把催化剂(如 Pt)制备到有序化的纳米结构上,使电极呈有序化结构,有利于降低大电流密度下的传质阻力,进一步提高燃料电池性能,降低催化剂用量。其中第一代、第二代技术已基本成熟,国内新源动力、武汉新能源等公司均可以提供膜电极产品。大连化物所开发了催化层静电喷涂工艺[41],与传统喷涂工艺的 CCM 进行比较,其表面平整度得到改善,所制备的催化层结构更为致密,降低了界面质子、电子传递阻力,并进行了放大实验,在常压操作条件下单池性能可达 0.696V@1A/cm²,加压操作条件下可提高至 0.722V@1A/cm²,其峰值单位面积功率密度达到 895~942mW/cm²(见图11)。

第三代有序化膜电极技术国内外还处于研究阶段。3M 公司纳米结构薄膜(nanostructured thin film,NSTF)电极催化层为 Pt 多晶纳米薄膜[42],结构上不同于传统催化层的分散孤立的纳米颗粒,氧还原比活性是 2~3nm Pt 颗粒的 5~10倍,催化剂包裹的晶须比纳米颗粒具有较大的曲率半径,Pt 不易溶解,降低了活性面积对电位扫描动态工况下催化剂的流失,使稳定性得到大幅提高。大连化物所探索了以二氧化钛纳米管阵列作为有序化阵列担载催化剂,制成的 Pt@Ni-

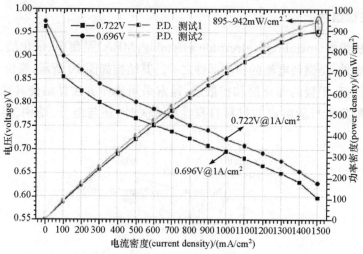

图 11 新型 MEA 及性能

TNTs-3 纳米阵列作为电池阳极并进行测试,与普通膜电极相比,所制备的有序化膜电极体现出较高的质量比活性[43]。

2.5 双极板

燃料电池双极板(bipolar plate,BP)的作用是传导电子、分配反应气并带走生成水,从功能上要求双极板材料是电与热的良导体,具有一定的强度以及气体致密性等;从性能的稳定性方面要求双极板在燃料电池酸性(pH=2~3)、电位($E=$ ~1.1V)、湿热(气水两相流,~80℃)环境下具有耐腐蚀性且与燃料电池其他部件与材料相容,无污染性;从产品化方面要求双极板材料易于加工、成本低廉。燃料电池常采用的双极板材料如图 12 所示,包括石墨碳板、复合双极板、金属双极板 3

大类。由于车辆空间限制(尤其是轿车),要求燃料电池具有较高的功率密度,因此薄金属双极板成为目前的热点技术,几乎各大汽车公司都采用金属双极板技术,如丰田公司、通用公司、本田公司等。

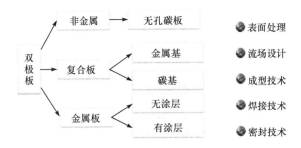

图 12　双极板分类及关键技术

金属双极板的技术难点在于成型技术、金属双极板表面处理技术。其中以非贵金属(如不锈钢、Ti)为基材,辅以表面处理技术是研究的热点,主要内容是要筛选导电、耐腐蚀兼容的涂层材料与保证涂层致密、稳定的制备技术。表面处理层材料可以分为金属与碳两大类,金属类包括贵金属以及金属化合物。贵金属涂层,如金、银、铂等,尽管成本高,但由于其优越的耐蚀性以及与石墨相似的接触电阻使其在特殊领域应仍有采用,为了降低成本,处理层的厚度尽量减薄,但是要避免针孔。金属化合物涂层是目前研究较多的表面处理方案,如 Ti-N、Cr-N、Cr-C 等[44~46]表现出较高的应用价值。除了金属类覆层以外,金属双极板碳类膜也有一定探索,如石墨、导电聚合物[47](聚苯胺、聚吡咯)以及类金刚石等薄膜,丰田公司的专利技术(US2014356764)披露了具有高导电性的 sp^2 杂化轨道无定型碳的双极板表面处理技术。金属双极板表面处理层的针孔是双极板材料目前普遍存在的问题,由于涂层在制备过程的颗粒沉积形成了不连续相,导致针孔的存在,使得在燃料电池运行环境中通过涂层的针孔发生了基于母材的电化学腐蚀。另外,由于覆层金属与基体线胀系数不同在工况循环时发生的热循环会导致微裂纹,也是值得关注的问题,选用加过渡层方法可以使问题得到缓解。目前国内大连化物所、新源动力股份有限公司、上海交通大学、武汉理工大学等单位已成功开发了金属双极板技术。大连化物所进行了金属双极板表面改性技术的研究,采用了脉冲偏压电弧离子镀技术制备多层膜结构[48],结果表明多层结构设计可以提高双极板的导电、耐腐蚀性(见图13)。此外,大连化物所、新源动力股份有限公司等单位掌握了金属双极板激光焊接技术、薄板冲压成型技术,建立了相应的加工设备,目前,采用金属双极板的电堆已经组装运行。

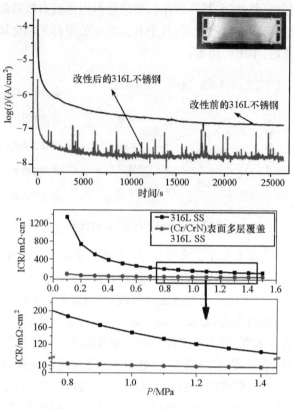

图 13　金属双极板耐腐蚀与导电性能

2.6　燃料电池电堆

　　燃料电池电堆(fuel cell stack)(见图 14)是燃料电池发电系统的核心。为了满足一定的功率及电压要求,电堆通常由数百节单电池串联而成,而反应气、生成水、冷却剂等流体通常是并联或按特殊设计的方式(如串并联)流过每节单电池。燃料电池电堆的均一性是制约燃料电池电堆性能的重要因素。燃料电池电堆的均一性与材料的均一性、部件制造过程的均一性有关,特别是流体分配的均一性,不仅与材料、部件、结构有关,还与电堆组装过程、操作过程密切相关。常见的均一性问题有由于操作过程生成水累积引起的不均一、电堆边缘效应引起的不均一等引起的。电堆中一节或少数几节电堆不均一会导致局部单节电压过低,限制了电流的加载幅度,从而影响电堆性能。从设计、制造、组装、操作过程控制不均一性的产生,如电堆设计过程的几何尺寸会影响电堆流体的阻力降,而流体阻力降会影响电堆对制造误差的敏感度。

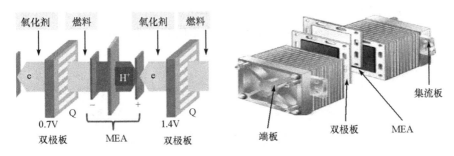

图 14　燃料电池电堆结构

大连化物所研究团队从设计、制备、操作三方面出发进行调控,通过模拟仿真手段研究流场结构、阻力分配对流体分布的影响,找出关键影响因素,重点研究了水的传递、分配与水生成速度、水传递系数、电极/流场界面能之间的关系,掌握了稳态与动态载荷条件对电堆阻力的影响,保证电堆在运行过程中保持各节单池均一性,额定点工作电流密度从原来的 $500mA/cm^2$ 提升至 $1000mA/cm^2$,使电堆的功率密度得到大幅提升,在 $1000mA/cm^2$ 电流密度下,体积比功率达到 2736W/L,质量比功率达到 2210W/kg。目前,大连化物所已建立了从材料、MEA、双极板部件的制备到电堆组装、测试的完整技术体系。图 15 为大连化物所开发的燃料电池电堆。

图 15　大连化物所开发的燃料电池电堆

日本丰田燃料电池电堆采用 3D 流场设计(见图 16),使流体产生垂直于催化层的分量,强化了传质,降低了传质极化,功率密度可达 3.1kW/L。这种 3D 流场通常要求空压机的压头较高,以克服流体在流道内的流动阻力。

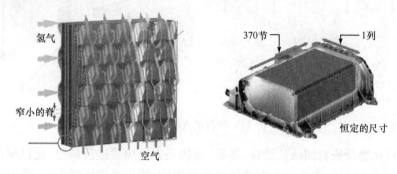

图 16　Mirai 燃料电池流场与电堆

燃料电池电堆在车上通常要进行封装,为了保证氢安全,通常在封装内部要设有氢传感器,当氢浓度超标时,会通过空气强制对流的方式排出聚集的氢,以免发生危险。此外,封装内部通常还设有电堆单电压巡检原件,以对单电压输出情况进行监控与诊断。

3. 燃料电池系统部件

燃料电池工作方式与内燃机类似,除了燃料电池电堆外,还包括燃料供应子系统、氧化剂供应子系统、水热管理子系统及监控子系统等,其主要系统部件包括空压机、增湿器、氢气循环泵、高压氢瓶等。燃料电池发电系统性能与耐久性除了与电堆本身有关外,还与系统部件和系统控制策略密切相关。

车载空压机是车用燃料电池重要部件之一,常用的空压机种类有离心式、螺杆式、罗茨式等。空压机的任务是提供燃料电池发电所需要的氧化剂(空气中的氧气),要求空压机能够提供满足最高功率所需的空气,如果按空气化学计量比 2.0 计算,100kW 的燃料电池系统大约需要 $300Nm^3/h$ 的空气。为了降低传质极化,可在燃料电池结构上改进,国际上有些产品的空气化学计量比已经降低至 1.8,这样可以减轻空压机供气负担,减少内耗。另外,由于车辆体积限制,要求空压机体积小,因此需要空压机有高的电机转速,满足供气量要求。此外,能耗也是空压机的重要指标,一般空压机的能耗占电堆输出功率的 10% 以下才能保证整个系统高的发电效率。目前,燃料电池车载空压机还是瓶颈技术之一,丰田公司的空压机是专有技术,并没有对外销售,国内广东佛山广顺电器有限公司开发的车载空压机还正在研究中(见图 17)。

图 17 广顺电器有限公司开发的空压机

　　增湿器是燃料电池发电系统另一重要部件,燃料电池中的质子交换膜需要有水润湿的状态下才能够传导质子,反应气通过增湿器的把燃料电池反应所需的水带入燃料电池内部。常用的增湿器形式包括膜增湿器、焓轮增湿器等(见图 18),原理是把带有燃料电池反应生成水的尾气(湿气)与进口的反应气(干气)进行湿热交换,达到增湿的目的。由于燃料电池薄膜的使用,透水能力增加,加大了阴极产生水向阳极侧的反扩散能力,使得阴阳极湿度梯度变小。这样,在一侧增湿即可满足反应所需的湿度要求。目前发展趋势是采用氢气回流泵带入反应尾气的水,系统不需要增湿器部件,使得系统得到简化。

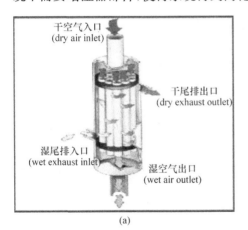

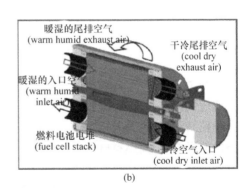

(a) 　　　　　　　　　　　　　　　　　(b)

图 18 燃料电池增湿器

(a) 膜增湿器;(b) 焓轮增湿器

　　氢气回流泵的作用是在燃料电池发电系统氢气回路上把未反应氢气从燃料电池出口直接泵回燃料电池入口,与入口反应气汇合后进入燃料电池。利用回流泵一方面可以实现把反应气尾气的水分带入电池起到增湿作用;另一方面,可以提高氢气在燃料电池阳极流道内流速,防止阳极水的累积,避免阳极水淹;同时也起到提高氢气利用率的目的。回流泵有喷射器与电动回流泵两种。前者的回流能力是固定的,因此只能在一定的输出功率范围内有效;后者是采用电机变频控制电机使回流能力根据不同功率进行响应。氢气回流泵在丰田 Mirai 燃料电池车上得到了实施,该技术在国内还正在开发中。

氢瓶在燃料电池汽车上相当于传统汽车的油箱。为了达到一定的续驶里程,目前国内外开发的燃料电池汽车大多采用 70MPa 高压气态储氢技术,其高压氢瓶是关键技术。常用的氢瓶分为四种类型,全金属气瓶(Ⅰ型)、金属内胆纤维环向缠绕气瓶(Ⅱ型)、金属内胆纤维全缠绕气瓶(Ⅲ型)及非金属内胆纤维全缠绕气瓶(Ⅳ型)。国际上大部分燃料电池汽车(如日本丰田的 Mirai,图 19)采用的都是Ⅳ型瓶,其储氢量可以达到 5.7%。Ⅳ型瓶以其轻质、廉价的特点得到开发商的认可。国内目前还没有Ⅳ型高压氢瓶的相应法规标准,35MPa Ⅲ型氢瓶有一些供应商,如斯林达、科泰克等。同济大学对 70MPa 氢瓶及加氢系统方面进行了开发,他们依托 863 课题的燃料电池加氢站正在建设中。

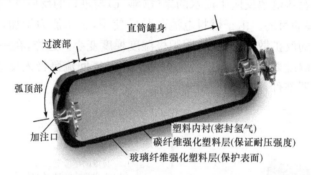

图 19　70MPa 车载储氢瓶(Ⅳ型)

除了上述的系统部件外,系统的控制策略也非常重要,可以在现有材料的基础上通过优化控制策略,提高耐久性。基于燃料电池衰减机理,提出车用燃料电池的合理控制策略,规避如动态循环工况、启动/停车过程、连续低载或怠速等不利运行条件的影响,提高燃料电池系统的寿命。

4. 结 束 语

燃料电池电动汽车动力性能高、充电快、续驶里程长、接近零排放,是未来新能源汽车的有力竞争者。国际上特别是日本,车用燃料电池技术链已逐渐趋于成熟,我国需要加大产业链建设,鼓励企业进行投入,发展批量生产设备,在产业链的建立过程中促进技术链的逐步完善。同时,在成本、寿命方面还要继续进行研发投入,激励创新材料的研制,加大投入强化电堆可靠性与耐久性考核,为燃料电池汽车商业化形成技术储备。

本文第一次发表于《科技导报》2016 年 06 期

参 考 文 献

[1] Nie Y,Li L,Wei Z D. Recent advancements in Pt and Pt-free catalysts for oxygen reduction reaction[J]. Chemical Society Reviews,2015,44(8):2168-2201

[2] Stamenkovic V R,Markovic N M. Oxygen reduction on platinum bimetallic alloy catalysts// Handbook of Fuel cells[M]. New York:John Wiley & Sons Ltd,2009:18-29

[3] Stamenkovic V,Mun B S,Mayrhofer K J J,et al. Changing the activity of electrocatalysts for oxygen reduction by tuning the surface electronic structure[J]. Angewandte Chemie International Edition,2006,45:2897-2901

[4] Stamenkovic V,Markovic N. Oxygen reduction on platinum bimetallic alloy catalysts//Handbook of Fuel cells[M]. New York:John Wiley & Sons Ltd,2009:18-29

[5] Zhang J,Sasaki K,Sutter E,et al. Stabilization of platinum oxygen-reduction electrocatalysts using gold clusters[J]. Science,2007,315(5809):220-222

[6] Chen C,Kang Y J,Huo Z Y,et al. Highly crystalline multimetallic nanoframes with three-dimensional electrocatalytic surfaces[J]. Science,2014,343(6177):1339-1343

[7] Shao M,Sasaki K,Marinkovic N S,et al. Synthesis and characterization of platinum monolayer oxygen-reduction electrocatalysts with Co-Pd core-shell nanoparticle supports[J]. Electrochemistry Communications,2007,9(12):2848-2853

[8] Srivastava R,Mani P,Hahn N,et al. Efficient oxygen reduction fuel cell electrocatalysis on voltammetrically dealloyed Pt-Cu-Co nanoparticles[J]. Angewandte Chemie International Edition,2007,46(47):8988-8991

[9] Wang D,XinH L,Hovden R,et al. Structurally ordered intermetallic platinum-cobalt core-shell nanoparticles with enhanced activity and stability as oxygen reduction electrocatalysts[J]. Nature Materials,2013,12(1):81-87

[10] Zhang G,Shao Z G,Lu W T,et al. Aqueous-phase synthesis of Sub 10 nm Pd core@Pt shell Nanocatalysts for oxygen reduction reaction using amphiphilictriblock copolymers as the reductant and capping agent[J]. Journal of Physical Chemistry C,2013,117(26):13413-13423

[11] Jue H,Kurian AK,Kotaro S,et al. Pt monolayer shell on nitrided alloy core-a path to highly stable oxygen reduction catalyst[J]. Catalysts,2015,5(3):1321-1332

[12] Zhang J L,Vukmirovic M,Xu Y,et al,Mixed-metal Pt monolayer electrocatalysts for enhanced oxygen reduction kinetics[J]. Angewandte Chemie International Edition,2005,44:2132-2135

[13] Vante N A,Tributsch H. Energy-conversion catalysis using semiconducting transition-metal cluster compounds[J]. Nature,1986,323:431-432

[14] 聂瑶,丁炜,魏子栋. 质子交换膜燃料电池非铂电催化剂研究进展[J]. 化工学报,2015, 66(9):3305-3318

[15] Lefevre M,Proietti E,Jaouen F,et al. Iron-based catalysts with improved oxygen reduction activity in polymer electrolyte fuel cells[J]. Science,2009,324:71-74

[16] Hu Y,Jensen J O,Zhang W,et al. Hollow spheres of iron carbide nanoparticles encased in graphitic layers as oxygen reduction catalysts[J]. Angewandte Chemie,2014,53:3675

[17] Peng H L,Mo Z Y,Liao S J,et al. High performance Fe-and N-doped carbon catalyst with graphene structure for oxygen reduction[J]. Scientific Reports,2013,3:1765

[18] DingW,Wei Z D,Chen S G,et al. Space-confinement-induced synthesis of pyridinic-and pyrrolic-nitrogen-doped graphene for the catalysis of oxygen reduction[J]. Angewandte Chemie International Edition,2013,52(45):11755-11759

[19] Ding W,Li L,Xiong K,et al. Shape fixing via salt recrystallization:a morphology-controlled approach to convert nano-structured polymer to carbon nanomaterial as a high active catalyst for oxygen reduction reaction[J]. Journal of the American Chemical Society,2015,137(16):5414-5420

[20] Jin H,ZhangH M,Zhong H X,et al. Nitrogen-doped carbon xerogel:A novel carbon-based electrocatalyst for oxygen reduction reaction in proton exchange membrane(PEM)fuel cells[J]. Energy & Environmental Science,2011,4:3389-3394

[21] Bahar B,Hobson A R,Kolde J A,et al. Ultra-thin integral composite membrane[P]:US, 5599614. 1997-4-10

[22] Liu F Q,Yi B L,Xing D M,et al. Nafion/PTFE composite membranes for fuel cell applications[J]. Journal of Membrane Science,2003,212(1-2):213-223

[23] Liu Y H,Yi B L,Shao Z G,et al. Carbon nanotubes reinforced Nafion composite membrane for fuel cell applications[J]. Electrochemical and Solid-State Letters,2006,9(7):A356-A359

[24] Xing D M,Yi B L,Liu F Q,et al. Characterization of sulfonated poly(ether ether ketone)/polytetrafluoroethylene composite membranes for fuel cell applications[J]. Fuel Cells,2005, 5(3):406-411

[25] Zhao D,Yi B L,Zhang H M,et al. Cesium substituted 12-tungstophosphoric($Cs_x H_{3-x} PW_{12} O_{40}$)loaded on ceria-degradation mitigation in polymer electrolyte membranes[J]. Journal of Power Sources,2009,190 301-306

[26] Yao Y F,Liu J G,Liu W M,et al. Vitamin E assisted polymer electrolyte fuel cells[J]. Energy & Environmental Science,2014,7:3362-3370

[27] Tang H L,Wan Z,Pan M,et al. Self-assembled Nafion-silica nanoparticles for elevated-high temperature polymer electrolyte membrane fuel cells[J]. Electrochemistry Communications, 2007,9(8):2003-2008

[28] Devanathan R. Recent developments in proton exchange membranes for fuel cells[J]. Energy & Environmental Science,2008,1:101-119

[29] Wang L,Zhao D,Zhang H M,et al. Water-retention effect of composite membranes with

different types of nanometer silicon dioxide[J]. Electrochemical and Solid-State Letters, 2008,11(11):B201-B204

[30] Aharomi S M,Litt M. Synthesis and some properties of poly-(2,5-trimethylene benzimidazole)and poly-(2,5-trimethylene benzimidazole hydrochloride)[J]. Journal of Polymer Science Part A:Polymer Chemistry,1974,12(3):639-650

[31] Li Q F,Jensena J O,Savinell R F,et al. High temperature proton exchange membranes based on polybenzimidazoles for fuel cells[J]. Progress in Polymer Science,2009,34(5): 449-477

[32] Zhai Y F,Zhang H M,Liu G,et al. Degradation study on MEA in H_3PO_4/PBI high-temperature PEMFC life test[J]. Journal of The Electrochemical Society,2007,154(1):B72-B76

[33] Zhai Y F,Zhang H M,Zhang Y,et al. A novel H_3PO_4/Nafion-PBI composite membrane for enhanced durability of high temperature PEM fuel cells[J]. Journal of Power Sources,2007, 169(2):259-264

[34] Li M Q,Shao Z G,Scott K. A high conductivity $Cs_{2.5}H_{0.5}PMo_{12}O_{40}$/polybenzimidazole (PBI)/H_3PO_4 composite membrane for proton-exchange membrane fuel cells operating at high temperature[J]. Journal of Power Sources,2008,183(1):69-75

[35] 张敏,谢志勇,黄启忠,等. 长炭纤维网对 PEMFC 用炭纸性能的影响[J]. 中南大学学报(自然科学版),2011,42(9):2606-2612

[36] Markoetter H,Haußmann J,Alink R,et al. Influence of cracks in the microporous layer on the water distribution in a PEM fuel cell investigated by synchrotron radiography[J]. Electrochemistry Communications,2013,34:22-24

[37] Gerteisen D,Heilmann T,Ziegler C. Enhancing liquid water transport by laser perforation of a GDL in a PEM fuel cell[J]. Journal of Power Sources,2008,177(2):348-354

[38] Tanuma T. Innovative hydrophilic microporous layers for cathode gas diffusion media[J]. Journal of the Electrochemical Society,2010,157(12):B1809-B1813

[39] Chun J H,Jo D H,Kim S G,et al. Development of a porosity-graded micro porous layer using thermal expandable graphite for proton exchange membrane fuel cells[J]. Renewable Energy,2013,58:28-33

[40] Gerteisen D,Heilmann T,Ziegler C. Enhancing liquid water transport by laser perforation of a GDL in a PEM fuel cell[J]. Journal of Power Sources,2008,177(2):348-354

[41] 宋微,俞红梅,邵志刚,等. 一种燃料电池膜电极的制备方法[P]:中国,0903.9. 2013-10-09

[42] Debe M K. Nanostructured thin film electrocatalysts for PEM fuel cells-A tutorial on the fundamental characteristics and practical properties of NSTF catalysts[J]. ECS Transactions,2012,45(2):47-68

[43] Zhang C K,Yu H M,Li Y K,et al. Supported noble metals on hydrogen-treated TiO_2 nanotube arrays as highly ordered electrodes for fuel cells[J]. ChemSusChem,2013, 6(4):659-666

[44] Brady M P,Wang H,Yang B,et al. Growth of Cr-Nitrides on commercial Ni-Cr and Fe-Cr

base alloys to protect PEMFC bipolar plates[J]. International Journal of Hydrogen Energy, 2007,32(16):3778-3788

[45] Fu Y,Hou M,Lin G Q,et al. Coated 316L stainless steel with $Cr_x N$ film as bipolar plate for PEMFC prepared by pulsed bias arc ion plating[J]. Journal of Power Sources, 2008, 176(1):282-286

[46] Fu Y,Lin G Q,Hou M,et al. Carbon-based films coated 316L stainless steel as bipolar plate for proton exchange membrane fuel cells[J]. International Journal of Hydrogen Energy, 2009,34(1):405-409

[47] 黄乃宝,衣宝廉,梁成浩,等. 聚苯胺改性钢在模拟 PEMFC 环境下的电化学行为[J]. 电源技术,2007,31:217-219

[48] Zhang H,Lin G,Hou M,et al. CrN/Cr multilayer coating on 316L stainless steel as bipolar plates for proton exchange membrane fuel cells[J]. Journal of Power Sources, 2012,198: 176-181

第 2 篇　车用燃料电池现状与电催化

俞红梅　衣宝廉

1. 引　言

历经近十几年的研究与开发,车用质子交换膜燃料电池(proton exchange membrane fuel cell,PEMFC)的研发取得了突破性的进展。至今已有近千辆燃料电池车在世界各地示范运行,在科技部与各级政府的支持下,我国自主研发的燃料电池轿车与客车已经在 2008 年北京奥运会与 2010 年上海世博会上成功示范运行,燃料电池车的性能已接近传统汽油车的水平,但车用 PEMFC 的寿命与成本尚未达到商业化的要求。目前车用燃料电池的典型催化剂为 Pt/C,其用量约为 1g/kW,国际最先进水平已达 0.32g/kW,PEMFC 的核心部件膜电极组件(MEA)的铂用量约为 $0.6 \sim 0.8mg/cm^2$。若每千瓦燃料电池的铂用量为 1g,则每辆燃料电池轿车的铂用量约为 50g,燃料电池客车的铂用量约为 100g,这不但导致燃料电池的成本居高不下,而且地球上稀缺的铂资源也无法满足大规模车用燃料电池商业化的需求。目前典型的商业化 PEMFC 电催化剂为日本 Tanaka 和英国 Johnson Matthey 生产的 Pt/C。车用燃料电池商业化的催化剂用量要求为 $0.1 \sim 0.2g/kW$,单位面积 MEA 的 Pt 用量小于 $0.2mg/cm^2$,是目前用量的 1/5~1/10,需要在目前水平的基础上大幅度降低电催化剂 Pt 的用量。

在车用工况下运行的燃料电池通常要经历频繁变载工况,电池会经常经历 $0.4 \sim 1.0V$ 的电位变化,这对于电催化剂是一个严峻的考验,容易造成电催化剂的聚集与流失。同时在车用工况下操作条件的变化会引起电池温度与湿度的变化,也会加速电催化剂的老化。氧化剂与燃料气中的杂质(如空气中的硫化物、重整气中的 CO)对电催化剂具有毒化作用,使得催化剂因杂质占据活性位而失活。另外,在冬季零度以下低温环境中启动燃料电池时,目前的电催化剂反应动力学速度缓慢,需要提高燃料电池电催化剂在低温下的活性。由于受动态工况、频繁启停、怠速与零度以下储存和启停等因素的影响,目前电池堆的寿命与商业化要求相比还有差距,其衰减的重要原因多与电催化剂相关,主要包括纳米铂电催化剂的铂晶粒长大、碳载体腐蚀与铂的流失以及燃料气与空气中杂质对电催化剂的影响。这些实际问题给燃料电池电催化研究提出了新的课题。

近年来,在燃料电池电催化方面的研究工作进展主要体现在以下几方面:通过电催化剂载体的改进提高电催化剂的抗衰减能力,通过组分结构调整与制备方法改进来提高催化活性与利用率;研究抗毒、高稳定性催化剂;通过有序化膜电极降低膜电极上的铂载量;研究低 Pt 催化剂、非 Pt 催化剂,开发碱性聚合物膜,以期降低燃料电池中贵金属催化剂的担载量。

2. 燃料电池的电催化反应

燃料电池中的电催化反应发生在电催化剂与电解质的界面上,为多相电催化。电催化剂的活性、双电层结构以及电解质膜对电催化特性均有影响。目前 PEMFC 的工作温度低于 100℃,在酸性电解质环境下最有效的电催化剂为铂。鉴于储量资源与价格的因素,为提高铂催化剂的利用率、降低铂催化剂的用量,通常将铂高分散地担载到导电、抗腐蚀的载体上。铂为纳米级颗粒,通常所采用的铂催化剂载体多为高比表面积炭黑。

氧的还原反应(oxygen reduction reaction,ORR)有二电子机理和四电子机理两种路径。Wroblowa 等[1]提出的 ORR 机理如图 1 所示,认为 O_2 可以通过四电子途径(反应速率常数为 K_1)直接电化学还原为水或经二电子途径(K_2)生成中间产物 H_2O_2,吸附的 H_2O_2 可进一步还原为水(K_3),也可能氧化成 O_2(K_4)或脱离电极表面(K_5),过氧化氢机理中的 H_2O_2 对质子导体的降解也有一定影响。各种不同电极表面对 ORR 电催化行为的影响与氧分子及各种中间体在电极表面上的吸附行为有关。

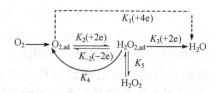

图 1 氧还原反应可能的路径

为提高 PEMFC 的电化学反应效率,在直接四电子过程中的关键是断开 O—O 键。在 Pt—O 表面进行反应,需要氧原子与活性催化组分接触。有研究认为[2,3],Pt 表面的含氧吸附层会阻碍四电子的反应,而 Au 表面的氧吸附层则有利于直接四电子反应。这就给研究人员研制高活性的 ORR 催化剂提供了可能的选择方案。

电化学反应的活化能包含化学与电两部分,其中,化学的活化能相当于电极过电势等于零的活化能,与电催化剂的活性相关;而电的活化能相当于双电层电场引起的活化能改变,与电极过电势相关。加快电化学反应速度的关键是提高交换电流密度 i_0,即提高电催化剂的活性。电催化剂的活性与其组成、晶面结构、制备方法都有关联。氢氧化反应(hydrogen oxidation reaction, HOR)[4,5]是可逆电极反应,其交换电流密度通常为 0.1~100mA/cm²,当燃料电池的工作电流密度为几百毫安每平方厘米时,HOR 的极化仅为 1~20mV,几乎相当于可逆电极反应。但是,氧还原反应为高度不可逆电极反应,在铂电极上其交换电流密度仅为 10^{-7}A/cm²,甚至更低[6]。因此,燃料电池的电化学极化主要来自于阴极侧的氧还原反应,一般为 0.4~0.5V。ORR 电催化剂是决定 PEMFC 电化学反应速率的关键,提高 ORR 的交换电流密度是促进 PEMFC 的电催化反应的根本途径。从 20 世纪后期至今,科学家千方百计提高氧电池还原反应的交换电流密度,但收效甚微,仅能提高 15%~20%。若能将 ORR 的交换电流密度提高几个数量级,达到氢氧化反应交换电流密度的 1/2~1/3,则 PEMFC 的效率可提高 15%~20%。

3. 燃料电池电催化剂的衰减现象

通常,Pt/C 电催化剂虽然表现出较好的初活性,但在燃料电池中运行一段时间后,会出现 Pt 催化剂氧化、Pt 颗粒聚集以及催化剂载体氧化等现象,导致电化学活性面积降低,进而使催化剂的整体活性降低。在 Pt 催化剂衰减过程中,Pt 从催化剂载体上脱离,或与其他 Pt 颗粒聚集,或溶解在产物水中而流失,或在电场作用下迁移到聚合物中,加速聚合物的降解。了解 Pt 催化剂衰减机理对研制抗衰减催化剂具有重要意义。迄今为止,有关 Pt 催化剂在燃料电池操作条件下的衰减机理分析主要有如下几种。

(1) Ostwald 熟化效应造成的催化剂 Pt 颗粒长大。这一过程发生在相邻或相近的微晶之间,因为表面自由能较高,尺寸较小的晶粒通过原子或分子扩散迁移到尺寸较大的晶粒上沉积下来造成大的晶粒不断长大,小的晶粒不断减少。尺寸较小的 Pt 氧化、溶解形成离子,再通过扩散迁移作用,在不易发生溶解的尺寸较大的 Pt 表面发生沉积,如图 2 所示。Ferreira 等[7]分析了寿命实验后阴极催化层的 Pt 颗粒尺寸分布,认为在 PEMFC 中 Ostwald 熟化效应对电化学活性表面积(ECA)损失的影响约为 50%。

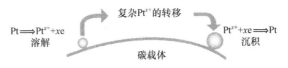

图 2　Ostwald 熟化效应导致 Pt 颗粒长大示意图[7]

(2) Pt 晶体溶解后在聚合物相中再沉积[9,10]。碳载体上的 Pt 纳米晶粒被溶解成离子后,在氢气作用下被还原后没有沉积在碳载体上,而是沉积在了质子交换膜内,形成 Pt 带,不但导致催化剂 Pt 的流失,而且可引起质子交换膜的加速衰减/

降解。Pt 在聚合物相中沉积的位置主要取决于阴极氧分压。阴极侧氧分压越高，Pt 在聚合物相中的沉积位置越靠近阳极侧。

（3）晶体迁移造成的 Pt 颗粒长大[11]。虽在 Pt/C 的高温气相烧结实验中可以观察到晶体的迁移和粗化现象[12]，但尚无文献报道在 PEMFC 中直接观察到了 Pt 纳米晶体的迁移现象。有研究者认为，当电池电压低于 0.7V 时可以忽略 Pt 的溶解，因此造成阴极催化剂 ECA 减少的原因是 Pt 纳米晶粒的迁移和粗化[13]。Pt 的溶解除受电势影响外还与表面形成的中间产物如 PtO、PtOH 和 H_2O_2 有关。Stamenkovic 等[14]认为表面氧化物的存在可能把被吸附的 Pt 原子拖离表面造成阴极催化性能的下降。Guilminot 等[15]发现在较高电势（0.8V 以上（vs R HE.））下形成的 PtO 使得 Pt 的溶解还受到化学溶解的影响。Darling 等[16]研究了 Pt 的溶解、迁移以及 Pt 纳米颗粒的长大，指出 Pt 表面发生的氧化对催化剂的稳定性有重要的影响，当电势从高向低转化时，Pt 的溶解速度会迅速增加。

（4）碳载体腐蚀导致的 Pt 纳米颗粒的脱落和聚集[17]。主要取决于 Pt 纳米颗粒与碳载体之间的相互作用、碳载体的石墨化程度以及燃料电池的电压、相对湿度等操作条件。虽然当燃料电池电压低于 0.8V 时以 Vulcan 为代表的碳载体的腐蚀微乎其微，但是当燃料电池电压高于 1.1V 时碳载体的腐蚀会显著上升。

虽然关于不同机理在催化剂衰减中所占的比例目前还没有定论，但是得到越来越多的研究证实了溶解现象的存在对催化剂衰减起到重要作用[18,19]。

为延长车用燃料电池寿命，降低燃料电池成本，车用燃料电池电催化的研究主要集中在电催化剂抗衰减研究与低 Pt 催化剂研究两方面。

4. 电催化剂的抗衰减研究

为解决车用燃料电池频繁变载与启停带来的燃料电池电势频繁变化，以及电池中氢空界面引起的高电位导致 Pt 溶解加速等问题，电催化剂抗衰减研究越来越得到广泛的关注，主要集中在催化剂及其载体抗衰减的研究。

4.1 催化剂载体的改进

作为电催化剂载体的材料需要有高比表面积，可使贵金属催化剂高分散分布，增加催化剂的活性表面积。通常催化剂的载体比表面积大于 $75m^2/g$，具有 2～10nm 的中孔结构。此外，导电性良好并具有适宜的亲水/憎水特性以保证足够的容水能力与良好的气体通道[20]也是对催化剂载体的基本要求。目前广泛使用于 PEMFC 的催化剂载体是 Cabot 公司的 Vulcan XC-72 炭黑（比表面积 $250m^2/g$，平均粒径在 30nm），Cabot 公司的 Black Pearl BP 2000（比表面积 1000～$2000m^2/g$）以及 Ketjen Black International 公司的 Ketjen Black（比表面积 $1000m^2/g$）等也可用作 PEMFC 的催化剂载体。但实验表明,这些广泛使用的碳载体在燃料电池实际工况下会产生氧化腐蚀,从而导致其担载的贵金属催化剂的流失与聚集,表现为催化剂颗粒长大,活性比表面积减小。

4.1.1　高比表面积碳载体的石墨化

有研究发现,官能团的添加对阻碍催化剂的聚集具有一定效果[21],如羰基集团($=$CO),可提高催化剂的分散度,弱化聚集效应。高比表面积碳载体石墨化是增强载体抗氧化腐蚀的可行方法[22],为增加碳载体的石墨特性,可对其进行高温处理[23,24](通常为2500℃)。高比表面积炭黑,如 BP2000 经高温石墨化后,可使催化剂抗氧化能力明显提高[25]。但是高温处理会减少碳载体的比表面积从而削弱载体的担载能力,如 BP2000 的经高温石墨化后,其比表面积会降至 400~500m^2/g。

4.1.2　过渡金属氧化物覆膜修饰碳载体

为增加载体表面的活性基团并改善孔结构,碳载体可用各种氧化剂(如 $KMnO_4$、HNO_3)进行处理,也可用水蒸气、CO_2 高温处理。此外,金属盐促进介孔炭、炭气凝胶石墨化,使介孔炭与炭气凝胶可作为催化剂载体[26]。对碳载体表面进行功能化修饰,形成纳米级的金属氧化物覆膜(TiO_2、WO、SiO_2 等),可起到保护碳载体的作用,如在碳载体表面先吸附钛酸四丁酯薄膜,水解后形成纳米级 TiO_2 等薄膜[27],可保护碳载体,降低电压损失,提高载体的抗氧化性。

4.1.3　新型纳米碳材料

一些新型碳材料,如碳纳米管(CNT)、碳纳米球、石墨纳米纤维、富勒烯 C60、石墨烯等由于其独特的结构与性质,在一定程度上提高了 PEMFC 催化剂的电化学反应活性与抗氧化腐蚀[28~32]。

有实验表明[33],燃料电池中 Pt/CNT 的腐蚀速度仅为 Pt/C 的一半。Pt/CNT 的良好稳定性可能缘于 Pt 与 CNT 间的相互作用。CNT 的电化学稳定性对其担载催化剂稳定性的提高有所贡献。以多壁碳纳米管(MWCNT)担载 Pt,可提高在高电势与较高温度下的载体抗氧化特性[34],图3为在恒电势1.2V氧化1h后的氧化电流。特别是在较高运行温度下,MNCNT 的抗氧化性能远优于石墨化的 XC-72 载体。高分散的 PtSn/MWCNT 也显示了良好的电池性能[35,36],同时改善了催化剂的聚集程度。

在碳纳米管中掺杂氮或硼可以进一步提高其稳定性[37]。炭气凝胶具有比表面积大、孔结构丰富、合成过程可控的特点,可作为燃料电池电催化剂的载体[38],炭气凝胶担载的 Pt 催化剂表现出良好的催化活性。中国科学院大连化学物理研

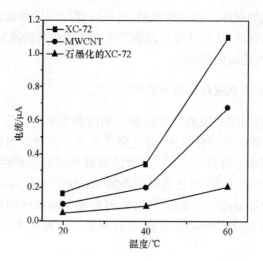

图 3　MWCNT、XC-72、石墨化 XC-72 的氧化电流

究所(简称大连化物所)通过在炭干凝胶前驱体中添加具有催化石墨化作用的金属盐,采用溶胶凝胶聚合-高温热解法合成了具有较高石墨化度、中孔分布的炭干凝胶,其孔径主要分布于 3～4nm 和 30～100nm 范围内,该孔结构有利于炭干凝胶作为催化剂载体,且表现了优于 XC-72C 的化学稳定性和热稳定性[39],见图 4。但炭气凝胶中存在的大量微孔对稳定性的影响还有待进一步考察。

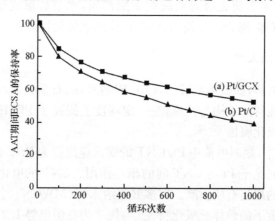

图 4　炭干凝胶与 XC-72C 为载体的催化剂 ECA 在玻碳电极上的衰减对比[39]
电位扫描区间为 0.6～1.2V

碳纳米纤维[40,41]也可作燃料电池催化剂的载体,如大连化物所制备了具有环或管状结构[42]的碳纳米材料,其石墨化程度与多壁碳纳米管相当,其环状结构利于反应物与生成物的传递,其高石墨化程度有利于电子的传递,其孔分布为 400～600nm,比表面积为 $195m^2/g$,接近商业化的活性碳载体。

4.1.4 金属化合物

金属化合物作为催化剂载体材料,如以 W_xC_y、氧化铟锡(indium tin oxide, ITO)等为代表的金属氧化物与金属碳化物等得到了关注。对采用 ITO 与 Vulcan XC-72 做载体的催化剂进行对比[43],在同样的加速老化实验中,采用 Vulcan XC-72 做载体的催化剂经过 50 个电势循环就失去了氢还原峰,而采用 ITO 做载体的催化剂在 100 个电势循环后氢还原峰还明显可见。采用计时电流法对比了 W_xC_y 和 Vulcan XC-72 做载体的催化剂在不同电势下的抗氧化性能[44],发现 Pt/W_xC_y 的氧化电位明显要高于 Pt/XC-72。存在的问题是金属化合物的比表面积还不够高,且电导率较低,目前难以满足作为车用燃料电池电催化剂载体的要求。

4.2 晶面与形貌控制提高 Pt 活性

为降低 Pt 用量,研究人员尝试了不同方法来提高单位 Pt 的活性。在 PEMFC 酸性环境中,Pt 的活性随晶面的不同有所变化[45],Pt(111) 晶面表现出最佳的 ORR 活性。Wang 等[46]基于不同晶面生长机理,研究了纳米粒子的晶面取向、形貌及其形貌间的相互转变。厦门大学 Tian 等[47]成功制备出二十四面体 Pt 纳米催化剂,显著提高了催化剂的活性与稳定性。大连化物所 Zhou 等[48,49]基于不同 Pt 晶面对 ORR 的催化活性不同的特点,针对性地开展催化剂的制备方法研究,可制备具有择优晶面取向的铂基电催化剂,大幅度提高了制备的催化剂中具有更多 Pt(111)优势晶面 Pt 纳米粒子的比例。

由于氧电化还原反应是电催化剂结构敏感反应,当采用不同 Pt 分散度的 Pt/C 电催化剂制备的电极作阴极时,Pt 粒子的粒径存在最优值,用 Pt 粒子平均直径为 $3\sim5nm$ 的电催化剂制备的电极活性最佳[50~53]。即电催化剂对氧电化还原的活性不仅与电催化剂本性有关而且还与电催化剂的结构密切相关。而对于氢还原反应,则粒度小的 Pt 催化剂性能更佳。研究表明,Pt 颗粒小的催化剂的 ECA 衰减速度更快,衰减的程度更大。

4.3 提高 Pt 抗氧化电位

为提高电催化剂的活性与稳定性,在 Pt 催化剂中引入过渡金属或其他贵金属为第二或第三组分,缩短 Pt-Pt 原子间距,从而有利于氧的解离吸附;过渡金属的流失可导致 Pt 表面的糙化,增加 Pt 的比表面积,从而提高电催化剂的活性,达到降低 Pt 用量并降低燃料电池成本的目的。

由于非贵金属存在溶解问题,研究人员着眼于贵金属与 Pt 组成的多元催化剂,其中 Au 和 Pd 是研究得较多的组分。由于 Au 表面的氧吸附层有利于直接四电子反应,Zhang 等[53]采用 Cu 欠电位沉积后再置换的方法在 Pt 纳米颗粒表面加入了 Au 单原子层,Au 的加入改变了 Pt 表面的电子结构,减少了表面能,使得 Pt 的氧化电势在 Au/Pt/C 表面升高,可降低 Pt 的氧化,起到抗 Pt 催化剂溶解的作用,在没有降低原 Pt/C 催化剂的 ECA 和 ORR 活性的前提下极大地提高了催化剂的稳定性。在 0.6~1.1V 之间进行了 30000 个电势循环后,该 Au/Pt/C 催化剂催化氧还原反应的半波电位仅衰减了 5mV,ECA 几乎没有损失;而同样情况下的 Pt/C 催化剂的氧还原反应半波电位衰减了 39mV,ECA 减少了约 45%。Zhang 等[55]以 Au 纳米颗粒修饰 Pt,经过加速衰减实验后 ORR 活性衰减了 1.08%,而没有修饰的 Pt/C 衰减了 21.03%,认为 Au 的修饰降低了催化剂纳米颗粒的比表面能,减少了团聚倾向。另一方面,XPS 表征发现 Pt 向 Au 发生了电子传递,从而提高了 Pt 的抗氧化能力,抑制了 Pt 溶解。

在制备 Pt 催化剂的过程中,加入 Pd 也可提高 Pt 的氧化电位,进而改善其抗氧化能力[56],同时催化剂的 ORR 活性得到提高。大连化物所制备的 Pt_3Pd 与商业化 Pt 催化剂相比,在 0.6~1.2V 的 CV 扫描加速衰减实验中[57](见图 5)以及实际燃料电池运行条件下的抗衰减能力得到较大提高。

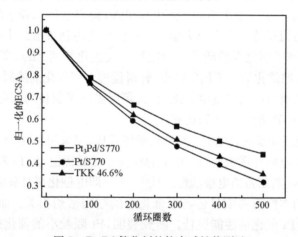

图 5　Pt_3Pd 催化剂的抗衰减性能测试

Shao[58,59]等用 Cu 欠电位沉积和置换的方法制备了一系列 Pt-Pd、Pd-Fe 催化剂,发现当 Pd 晶体表面覆盖有 Pt 原子单层时,具有比纯 Pt 高得多的 ORR 反应催化能力,并通过实验和密度泛函计算证明 ORR 活性的提高源于 Pd 的加入改变了合金表面的电子结构,减弱了氧化物的吸附效应。

4.4　过渡金属的锚定效应

通过接枝取代、离子交换、固定化等手段,在催化剂载体表面引入过渡金属、巯基或氧化物,利用其"锚定"作用,可以提高 Pt 催化剂的分散性和稳定性,改善 Pt 催化剂的烧结聚集现象。研究发现,Pt-M 催化剂可能体现出较高的 ORR 交换电流密度。过渡金属的加入并以氧化物形式存在,提高了 Pt 周围的润湿程度,增加了气体扩散电极的三相界面;过渡金属的流失可导致 Pt 表面的糙化,增加了 Pt 的比表面积,提高了贵金属 Pt 的利用率;过渡金属对 Pt 晶面方向的优化可缩短 Pt-Pt 原子间距,从而有利于氧的解离吸附。另外,过渡金属对 Pt 还具有电子调变效应。

由于 $Pt_3Ni(111)$ 表面具有特殊的电子结构,在接近表面的位置的原子排列的特异性,Stamenkovic 等[60] 尝试通过增加 $Pt_3Ni(111)$ 表面吸附氧的活性位,以提高 $Pt_3Ni(111)$ 表面 ORR 的反应速率,远远高于 Pt/C,甚至高于 Pt(111) 上的 ORR 活性。

大连化物所[61] 在制备 Pt/C 催化剂过程中引入氧化钛,制得 $PtTiO_x/C$,氧化钛对相邻的 Pt 颗粒起到锚定作用,改善了贵金属粒子和载体间的相互作用,可防止 Pt 颗粒在热处理与寿命试验中的烧结与聚集。此外,将 ZrO_2 引入 Pt/C,制备 Pt_4ZrO_2/C 催化剂[62],证实 ZrO_2 对 Pt 具有锚定作用,可抑制其烧结,在催化剂加速老化试验中体现了良好的抗衰减作用,显现了过渡金属氧化物在锚定 Pt 催化剂、改善催化剂烧结现象、提高催化剂抗衰减能力方面的应用前景。

4.5　Pt 基核壳结构催化剂

为降低贵金属 Pt 的用量,研究人员尝试了多种核壳结构的 Pt 基催化剂,比较有代表性的是以非 Pt 粒子为核,以 Pt 为表层的核壳结构催化剂。由于电催化反应为表面过程,只有分布在纳米粒子表面的活性组分才有可能被利用,而体相中的活性组分难于参与反应过程。因此,单纯贵金属 Pt 催化剂的利用率不高。将活性组分 Pt 分散在非铂纳米粒子表面,形成核壳结构的电催化剂,可有效提高贵金属 Pt 的利用率,从而降低 Pt 催化剂的用量。从电催化剂的转换频率(turnover frequency,TOF)来衡量电催化剂的活性,核(PtM)-壳(Pt)催化剂在"脱合金 (de-alloyed)"后的电催化活性可达 Pt/C 的四倍[63],其 TOF 可达 $160s^{-1}$。

Pt 基核壳催化剂的代表为 Pd@Pt,其以 Pd 等金属为核心,以单层 Pt 为外壳,通过核心与外壳的相互作用,可以调控外壳的电子结构与几何结构,进而提高催化剂的催化活性与选择性。表面收缩及 Pd 核的结合活性(binding activity)都会影响 Pd 核与 Pt 壳之间的交互作用。OH、O 与 Pt 结合抑制了 ORR 反应(Pt 表面上的 ORR 交换电流密度为 $2.8\times10^{-7}A/cm^2$,而 PtO/Pt 表面上的 ORR 交换电流密度 5 仅为 $1.7\times10^{-10}A/cm^2$),而 Pd 核引入导致的表面收缩可削弱 OH、O 与 Pt 结合,促进 ORR 反应的进行。Pd@Pt 有多种制备途径,Sasaki 等[64] 利用商业化 Pd/C 催化剂,采用电化学方法合成了以 Pd 为核心,外面包覆 Pt 单层的核壳结构催化剂,表现出较高的 Pt 催化质量活性。Xia 等[65] 先制备 Pd 纳米粒子,后以之为核心,在 Pd 粒子表面生长 Pt 纳米枝晶,采用两步法得到了核壳结构催化剂,其单位 Pt 质量活性比商业化 Pt/C 催化剂有较大提高,但制备过程较烦琐,且以聚乙烯吡咯烷酮作为保护剂,难以洗涤清除。大连化物所[66]近期采用一步法合成 Pd@Pt 催化剂,在水溶液中通过一次加料即制得 Pd@Pt 纳米粒子,其 Pt 外壳具有纳米枝晶结构,具有较高的电化学比表面积。通过改变金属前驱体与保护剂的种类和浓度,可调节核壳纳米金属粒子的直径、原子比以及 Pt 纳米枝晶在 Pd 核心上的致密程度。所制备的纳米催化剂对 ORR 表现出较高的面积比活性和单位质量 Pt 催化活性,催化 ORR 的比活性可提高一倍,且制备过程简单,在催化剂加速测试中体现了优于 Pt/C 的抗衰减特性,如图 6 所示。

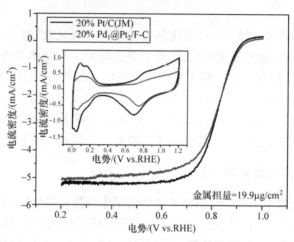

图 6 一步法合成的 Pd@Pt 催化剂比活性

类似的核壳结构 Pt-M 催化剂还在 Pt-其他金属等体系中得到验证,Strasser[67]等通过对 Pt-Cu 纳米颗粒进行脱合金,制备出具有较高 ORR 活性的 Cu@Pt 催化剂,发现壳层上 Pt 的晶格常数与核心 PtCu 合金中的 Pt 发生偏离,促进了 ORR 反应。核壳结构纳米催化剂能使较多的贵金属原子暴露在催化剂的表面。另外,核壳双金属之间产生的电子效应促进了壳层上活性物质的催化活性,从而对发生在贵金属表面的电化学反应起到一定的促进作用。因而,核壳结构纳米催化剂在电催化反应中具有重要意义。

5. 抗毒电催化

目前车用燃料电池使用的燃料气多来自于化石燃料的重整气,其中的 CO、H_2S 在 Pt 催化剂上都有较强的物理吸附作用,导致 Pt 表面的活性位被占据,从而影响电化学活性。而车用燃料电池的氧化剂为环境空气,其中的硫化物对阴极催化剂 Pt 具有不可恢复的毒化作用。鉴于车用燃料电池降低 Pt 用量的要求日益迫切,在低 Pt 载量的电催化过程中,催化剂的毒化问题就变得越来越突出。

车用燃料电池的抗毒研究主要有内净化与外净化两条路线。其中,内净化立足于抗中毒电催化剂的研究,选择合适的金属制备 PtM 催化剂(如 PtRu),利用其集团作用以及协同作用,可以增强电催化剂抗杂质毒化的能力。在线外净化则通过外设反应器实现,需要提供一定的氢气或空气的气体压差以克服压头损失,通过化学催化将杂质在进入电池前消耗至 PEMFC 电催化剂可接受的范围内。

5.1　阳极抗毒研究

5.1.1　阳极抗 CO 研究

PEMFC 阳极的抗毒研究主要针对重整气中的 CO 与 H_2S 展开。有关 CO 的内净化研究方面,目前最广泛使用的抗 CO 催化剂为 PtRu/C。通过对 PtRu 的配比研究[68],发现 Pt 与 Ru 最优的配比为 1∶1。PtRuNi 体系由于 Ni 氢氧化物良好的电子和质子传导性以及与该氧化物有关的氢溢流和对 CO_{ads} 的助催化作用而使 PtRuNi/C 表现出良好的 CO 吸附与电氧化特性,提高了 PEMFC 的抗 CO 能力[69]。除 Ru 外,一些金属可用于抗 CO 电催化剂的制备,如 W、Mo、Sn 等。一些复合载体 $PtRu-H_xMeO_3/C(Me=W,Mo)$ 也显示了抗 CO 的特性[70]。其中的 W 或 Mo 的氧化物以无定型形式存在,由于其快速变价,使得 H_xMeO_3 表现出助催化的作用,在 $PtRu-H_xMeO_3/C(Me=W,Mo)$ 上出现了氢和 CO 的溢流氧化电流,降低了 CO 的氧化电势,提高了电池的抗 CO 能力。CO 外净化方面,大连化物所[71]利用 Pt-FeO 的界面限域效应,设计了高空速反应器,在线对含 CO 的富氢气体进行催化,在燃料电池电堆上实现了 1000h 的稳定运行,如图 7 所示。

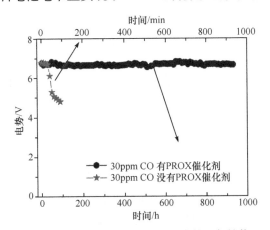

图 7　Pt-Fe 催化剂在燃料电池中的运行性能

5.1.2　阳极抗 H_2S 研究

在含 S 杂质对氢电极的影响研究中发现[72],H_2S 在 Pt 上强烈吸附,占据了氧催化反应的活性位。H_2S 对电池的毒化分为两个阶段[73],第一阶段,吸附的 S 占据一定的活性位,但仍能维持该电流密度下的催化反应,电池性能并无明显下降;第二阶段,当吸附的 S 超过临界值,剩余活性位不足以维持该电流密度下的电催化反应时,电池性能加速衰减。以 CV 扫描可削弱/去除 H_2S 的影响,大连化物所已经在千瓦级电堆上实现 H_2S 的毒化后的性能恢复。

5.2 阴极抗毒研究

车用 PEMFC 阴极侧以环境空气为氧化剂,而空气中的主体杂质为含硫化合物,对阴极催化剂 Pt 有一定的毒化作用[74]。当质子交换膜燃料电池阴极通入 SO_2 时,Pt 的表面活性位被含 S 物种所覆盖。由于 ECA 的下降,电荷转移电阻增大,电池性能随之下降。SO_2 的吸附和氧化都表现出强烈的电位依赖性,如图 8 所示。S 被氧化的起始电位在 0.9~0.95V,但只有上限电位达到 1.05V 时,ECA 才能完全恢复。还原至 0.05V 可导致 ECA 增加,在还原过程中,Pt—O 键断裂从而释放出一个 Pt 的活性位。SO_2 在 0.65V 吸附时不发生价态的改变,而当电位低于 0.65V 时,吸附 S 会被还原。因此,PEMFC 在 SO_2 中毒过程中,当电位低于 0.65V 时,因还原产生了更多的活性位,会表现出更佳的耐久性。

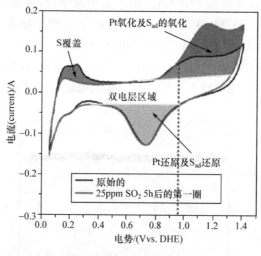

图 8　SO_2 氧化电位分析

利用非 Pt 金属 M 降低硫化物电化学氧化电位至燃料电池正常电压范围 0.6~0.7V,可保证 Pt 对 ORR 的活性,提高对空气中 SO_2 的耐受性。另外,采用电化学外净化手段[75]将空气中的 SO_2 氧化为 SO_3,可减缓空气中 SO_2 对电催化剂的毒化。

6. 改进膜电极结构降低 Pt 用量

由于质子交换膜燃料电池的膜电极组件中存在质子、水、电与气体的传递,电化学反应发生在气液固三相界面上,三相界面对传输反应气、排出生成物水以及传导质子与电子直至电池性能的影响尤为明显。燃料电池的电催化过程是在膜电极的三相界面上进行的。膜电极的结构与制备方法上的改进,为降低电极的 Pt 载量提供了可行路径。

燃料电池膜电极有三种结构,分别是以气体扩散层为基底的多孔气体扩散电极(gas diffusion electrode, GDE),将催化层直接附着于聚合物膜上的催化剂涂覆膜(catalyst coated membrane, CCM)电极以及将三相界面有序排列的有序化膜电极(oriented membrane electrode)。前两种膜电极均已有商业化产品。以往,国内的车用燃料电池多采用 GDE 结构,其催化层厚度在 $50\mu m$ 左右,膜电极催化剂的利用率不高,膜电极中 Pt 载量约为 $0.6\sim0.8mg/cm^2$。目前国外的燃料电池膜电极大部分采用 CCM 结构,催化层厚度约为 $10\sim20\mu m$,提高了膜电极中催化剂的利用率,Pt 载量约为 $0.4mg/cm^2$ 左右。国内的车用燃料电池也正在逐步向 CCM 过渡。有序化膜电极目前尚处于研究阶段,若能实现三相界面的有序化排列,则可大幅度提高传递与反应效率,从而提高 Pt 的利用率。美国 3M 公司采用纳米结构的晶须(nano-sized crystalline organic wisker)作为支撑体,这种有序晶须是由有机颜料 PR149、N,N-di(3,5-xylyl) perylene-3,4:9,10 bis(dicarboximide),在真空蒸发后退火形成的,具有良好的热、化学和电化学稳定性。在其表面担载催化剂,制作出超薄催化层的纳米结构薄膜电极(nano structured thin film, NSTF)[76,77](见图 9),该电极厚度比传统法制备的 Pt/C 气体扩散电极薄 $20\sim30$ 倍。NSTF 催化层含有相对多的纳米尺寸颗粒,这不仅提高了 NSTF 催化剂的比活性,而且还减少了 Pt 溶解引起的表面积的损失。特别是 NSTF 的比活性要比拥有高比表面的 Pt/C 的比活性还要高 5 倍或者更多。利用循环伏安测试 ECA 发现,Pt/C 在 2500 次循环后 ECA 损失了 90%,NSTF-Pt 在 4225 次扫描后 ECA 只有 20% 的损失,并且循环后催化剂颗粒粒径增大程度也很小。组装成的电池在 H_2/O_2、$H_2/$空气条件高电流密度下运行 1000h 后性能远好于 Pt/C。该电极已经在美国通用汽车公司的燃料电池电堆上实验,被认为很有希望成为下一代燃料电池膜电极。

图 9 3M 公司的 NSTF[76]

与此同时,也有研究从多方面探索有序膜电极的制备。Tian 等[78]制备了立式排列的碳纳米管有序化膜电极,将 Pt 载量降低至 $35\mu g/cm^2$,获得了与 Pt 载量为 $0.4mg/cm^2$ 的膜电极相当的电池性能。以有序化材料为基底,在其上进行制备电催化剂也能得到有序化膜电极,如以电化学阳极化方法制备有序 TiO_2 阵列,随后在 TiO_2 阵列上通过脉冲电沉积 Ni,进而用浸渍方法担载 Pt,可得到有序的膜电极[79]。该电极在 0~1.2V 循环伏安扫描条件下的稳定性远优于 Pt/C,如图 10 所示。目前有序化膜电极的研究仍处于探索阶段,以不同方法构建膜电极有序结构是近期的研究热点。

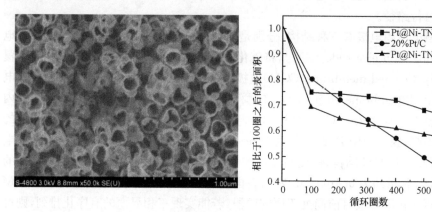

图 10　有序 TiO_2 阵列为基底的电极的稳定性

7. 非 Pt 催化剂与碱性聚合物燃料电池

　　研制具有较高 ORR 活性的非 Pt 催化剂用于燃料电池,是研究人员一直追求的目标,但难度很大,特别是在酸性体系中近期难于达到车用要求。

　　非贵金属催化剂的研究主要包括过渡金属原子簇合物、过渡金属螯合物、过渡金属氮化物与碳化物等[80]。$Mo_{6-x}M_xX_8$（X＝Se,Te,SeO,S 等,M＝Os,Re,Rh,Ru 等）过渡金属簇化合物[81]在酸性介质中对氧还原的四电子过程有利,其中仅有 3%~4% 的 ORR 过程按二电子过程进行。混合过渡金属硒化物是一种用于 PEMFC 较好的非贵金属催化剂,如 $Mo_{4.2}Ru_{1.8}Se_8$ 的活性约为 Pt/C 活性的30%~40%,而成本仅为 Pt 的 4%,但遗憾的是其制备过程十分复杂,不利于广泛采用。炭担载的过渡金属硫化物 M_6X_8（M＝Mo,W,X＝S,Se,Te)[82]也体现了对 ORR 的活性。过渡金属氮化物因其具有抗腐蚀性也引起了人们的关注[83],如 MO_2N/C[84]、ZrO_xN_y/C[85]等在 PEMFC 表现了较好的氧还原活性,ZrO_xN_y/C 在氧阴极的最大功率密度为 $50mW/cm^2$,与 $Pt/C(570mW/cm^2)$相比,还需要进一步提高活性。以 Ru 与 Se 制备的 $Ru_{85}Se_{15}/C$ 表现出 3 倍于 Ru/C 的动力学电流密度(0.8Vvs. RHE),以其制备的单池[86]在 1300mA/cm² 最高功率密度为 400mW/cm²。

Fe 和 Co 的卟啉显现了其作为 ORR 催化剂前驱体的良好前景,Bashyam 与 Zelenay[87]通过在吡咯分子(PPY)中引入 Co,形成对 ORR 的活性位,制备了 Co-PPY-C 化合物,最大功率密度为 140mW/cm²。Lefèvre 等[88]以乙酸亚铁(FeAc)为前驱体通过吡啶制备了碳载氮协同(Nitrogen coordinated)铁电催化剂 Fe/N/C,在非 Pt 催化剂的研究方面取得了突破性进展。Fe/N/C 的电催化初活性比 Co-PPY-C 化合物还要高,Pt/C 的 TOF 为 25s⁻¹。以往非贵金属电催化剂的 TOF 仅为 0.4s⁻¹,而 Lefèvre 等制备的 Fe/N/C 的 TOF 已经达到 25s⁻¹,其交换电流密度已与 Pt 相当。以担载量为 5.3mg/cm²的非贵金属 Fe/N/C 电催化剂制备的电极,在电压不小于 0.9V 时,与 Pt 载量为 0.4mg/cm² 的 Gore 电极性能相当,预示其 ORR 的交换电流密度已接近 Pt。

近期,大连化物所进行了新型氮掺杂炭干凝胶(N-CX)的研究,CX 部分呈现石墨的规整有序带状结构,缺陷位较少。机理研究表明,N-CX 在电极表面催化 ORR 反应按四电子路径进行,对 ORR 的选择性较高,N 掺杂后,ORR 活性提高了约 7 倍[89]。燃料电池单池实验中,CX、N-CX 和 Pt/C 的最大功率密度分别为 53mW/cm²、360mW/cm² 和 1100mW/cm²,如图 11 所示。

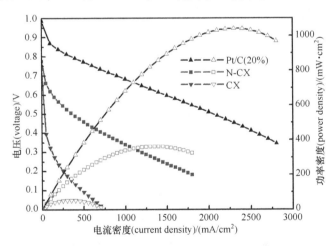

图 11 N-CX 的 ORR 活性与单电池性能

Wu 等[90]以聚苯胺作为制备碳-氮模板前驱体,并在高温下和铁、钴配位合成了燃料电池阴极用 ORR 催化剂。性能最好的 PANI-FeCo-C 对 ORR 的活性只比最新水平的碳载铂催化剂差 60mV。在 PEMFC 工作条件下 0.4V 已稳定运行 700h,同时还具有高度的四电子反应历程选择性(过氧化氢产率低于 1%)。深入研究其催化本征活性与稳定性之间的关系,将是决定此类催化剂能否用于 PEMFC 的关键因素。

在碱性体系中,阳极氢氧化和阴极氧还原反应都具有较高的反应活性,因此更有可能采用非 Pt 催化剂,摆脱酸性电解质中 ORR 反应对 Pt 的依赖,从而使燃料电池的应用不受铂的资源与成本的限制。在碱性介质中,Ag、Au、Pd、Ni、Fe 以及金属氧化物,如钙钛矿、烧绿石,以及氮掺杂的碳纳米管等都体现出一定的 ORR活性。与 Pt 相比较,Ag 作为 ORR 催化剂有如下优点:Ag 的价格约为 Pt 的1/100,密度是 Pt 的一半,对于同样尺寸的催化剂颗粒,Ag 比表面积约为 Pt 的二倍;而且 Ag 催化剂不存在尺寸效应。在早期的液体碱性燃料电池中,Ag 就得到了广泛的应用[91]。在 20 世纪 70 年代,大连化物所已在碱性燃料电池中证实了Ag 的催化活性[92]。Wagner 对以 Ag 为催化剂的液体碱性燃料电池进行了超过5000h 的运行,表明 Ag 催化剂可以满足车用燃料电池的需求,而且 Ag 纳米颗粒的制备比较简单[93~95]。碱性体系中,Pd 对 ORR 的催化体现了四电子机理[96],粒径为 3~16.7nm 的 Pd 粒子表现了较好的 ORR 活性[97]。大连化物所[98]研制的Ag-Mn$_y$O$_x$/C 在 NaOH 中的 ORR 活性与 Pt/C 接近,如图 12 所示。Ni 聚吡咯基的催化剂[99]对 ORR 的四电子催化作用也得到实验证实。

此外,在碱性体系中以化学气相沉积制备氮掺杂的石墨烯[100]也表现出对ORR 四电子过程的催化作用,在 0.1M KOH 溶液中经 20 万次(-1.0~0V)间的电位扫描,ORR 性能没有衰减,表明碱性体系中非金属有可能成为 ORR 反应的催化剂。

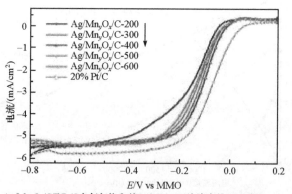

Ag/Mn$_y$O$_x$/C 及 Pt/C 在氧气饱和的0.1M NaOH溶液中的ORR曲线。10mV/s

图 12　碱性条件下 Ag-Mn$_y$O$_x$/C 的性能

非铂催化剂取得的进展令人看到了替代贵金属铂的希望,但尚存的问题是:非贵金属催化剂的成本虽然微不足道,但其担载量比 Pt 催化剂高出几倍甚至十几倍,故电极厚度随之增加,从而导致电极反应的传质阻力大幅度增加,致使电流密度难以满足车用燃料电池的要求,而且,其稳定性还需进一步改善[101]。

氧电子结构中的平行自旋使得氧具有顺磁性,若利用顺磁性特点,在催化层中引入磁性粒子,则有望提高 ORR 活性,从而提高燃料电池的性能。Okada 等在催化层中引入 Nd-Fe-B 磁性粒子,提高了燃料电池的性能[102]。Matsushima 等发现在高电流密度氧的传质受到扩散影响时,外加磁场有利于燃料电池性能的提高[103]。进一步加强 Fe、Co 等具有一定 ORR 催化活性的纳米磁性粒子在燃料电池中的研究,在磁场作用下促进 ORR 反应,或许可成为燃料电池电催化新的契机。

8. 结　束　语

近年来,研究者通过贵金属合金催化剂(特别是核壳型催化剂)、提高载体的抗氧化性以及有序化膜电极设计等途径,在提高铂催化剂稳定性、提高抗衰减能力和降低铂用量方面已取得实质性进展。目前国际先进水平的燃料电池车每百千瓦 PEMFC 的铂用量已可降至约 30g,但要实现 PEMFC 商业化应用,在保证催化性能稳定性的同时,铂用量要降低至每百千瓦 5～10g,使得低铂与非铂催化剂研究成为热点。随着铂用量的降低,对催化剂的抗毒要求也相应提高,特别是空气中微量的硫化物是催化剂的累积性毒物。此外,为降低车的运行成本,需要采用含杂质的粗氢为燃料,因此提高氢电极电催化剂的抗毒性成为迫切需要解决的问题。由于在碱性体系中,阳极 HOR 和阴极 ORR 都具有较高的反应活性,可采用非贵金属催化剂,有望在碱性体系中摆脱 ORR 电催化对铂的依赖,碱性聚合物膜燃料电池的研究正得到越来越多的关注。利用氧的顺磁性的研究有望成为燃料电池电催化的新方向。

本文第一次发表于《中国科学:化学》2012 年 04 期

参 考 文 献

[1] Wroblowa H, Rao M L B, Damjanovic A, et al. Adsoorption and kinetics at platinum electrodes in the presence of oxygen at zero net current[J]. Journal of Electroanalytical Chemistry, 1967, 15: 139-150

[2] Marković N M, Adšić R R, Cahan B D, et al. Structural effects in electrocatalysis: oxygen reduction on platinum low index single-crystal surfaces in perchloric acid solutions[J]. Journal of Electroanalytical Chemistry, 1994, 377(1-2): 249-259

[3] Yeager E. Electrocatalysts for O_2 reduction[J]. Electrochim Acta, 1984, 29(11): 1527-1537

[4] Neyerlin K C, Gu W B, Jorne J, et al. Study of the exchange current density for the hydrogen oxidation and evolution reactions[J]. Journal of the Electrochemical Society, 2007, 154(7): B631-B635

［5］ Tang D P,Lu J T,Zhuang L,et al. Calculations of the exchange current density for hydrogen electrode reactions：a short review and a new equation［J］. Journal of Electroanalytical Chemistry,2010,644(2)：144-149

［6］ Parthasarathy A,Srinivasan S,Appleby A J,et al. Temperature dependence of the electrode kinetics of oxygen reduction at the platinum/Nafion® interface—a microelectrode investigation［J］. Journal of the Electrochemical Society,1992,139(9)：2530-2537

［7］ Ferreira P J,la O' GJ,Shao-Horn Y,et al. Instability of Pt/C electrocatalysts in proton exchange membrane fuel cells［J］. Journal of the Electrochemical Society,2005,152(11)：A2256-A2271

［8］ Shao-Horn Y,Sheng W C,Chen S,et al. Instability of supported platinum nanoparticles in low-temperature fuel cells［J］. Topics in Catalysis,2007,46(3-4)：285-305

［9］ Yasuda K,Taniguchi A,Akita T,et al. Platinum dissolution and deposition in the polymer electrolyte membrane of a PEM fuel cell as studied by potential cycling［J］. Physical Chemistry Chemical Physics,2006,8：746-752

［10］ Yasuda K,Taniguchi A,Akita T,et al. Characteristics of a platinum black catalyst layer with regard to platinum dissolution phenomena in a membrane electrode assembly［J］. Journal of the Electrochemical Society,2006,153(8)：A1599-A1603

［11］ Wilson M S,Garzon F H,Sickafus K E,et al. Surface area loss of supported platinum in polymer electrolyte fuel cells［J］. Journal of the Electrochemical Society,1993,140(10)：2872-2877

［12］ Bett J A,Kinoshita K,Stonehart P. Crystallite growth of platinum dispersed on graphitized carbon black［J］. Journal of Catalysis,1974(1),35：307-316

［13］ Tada T. High dispersion catalysts including novel carbon supports//Vielstich W,Lamm H G A. Handbook of Fuel Cells-Fundamentals, Technology and Applications［M］. New York：John Wiley & Sons,2003：481-488

［14］ Stamenkovic V R,Fowler B,Mun B S,et al. Improved oxygen reduction activity on Pt_3Ni (111)via increased surface site availability［J］. Science,2007,315(5811)：493-497

［15］ Guilminot E,Corcella A,Charlot F,et al. Detection of Pt^{z+} ions and Pt nanoparticles inside the membrane of a used PEMFC［J］. Journal of the Electrochemical Society,2007,154：B96-B105

［16］ Darling R M,Meyers J P. Mathematical model of platinum movement in PEM fuel cells［J］. Journal of the Electrochemical Society,2005,152(1)：A242-A247

［17］ Stevens D A,Hicks M T,Haugen G M,et al. Exsitu and in situ stability studies of PEMFC catalysts. Journal of the Electrochemical Society,2005,152：A2309-A2315

［18］ Borup R,Meyers J,Pivovar B,et al. Scientific aspects of polymer electrolyte fuel cell durability and degradation［J］. Chemical Reviews,2007,107(10)：3904-3951

［19］ Tang L,Han B,Persson K,et al. Electrochemical stability of nanometer-scale Pt particles in acidic environments［J］. Journal of the American Chemical Society,2010,132(2)：596-600

[20] Ralph T R, Hogarth M P. Catalysis for low temperature fuel cells[J]. Platinum Metals Review, 2002, 46(3): 3-14

[21] Prado-Burguete C, Linares-Solano A, Rodríguez-Reinoso F, et al. The effect of oxygen surface groups of the support on platinum dispersion in Pt/carbon catalysts[J]. Journal of Catalysis, 1989, 115: 98-106

[22] Paulus U A, Schmidt T J, Gasteiger H A, et al. Oxygen reduction on a high-surface area Pt/Vulcan carbon catalyst: a thin-film rotating ring-disk electrode study[J]. Journal of Electroanalytical Chemistry, 2001, 495: 134-145

[23] Aksoylu E, Freitas M M A, Figueiredo J L. Bimetallic Pt-Sn catalysts supported on activated carbon: I. the effects of support modification and impregnation strategy[J]. Applied Catalysis A: General, 2000, 192: 29-42

[24] Figueiredo J L, Pereira M F R, Freitas M M A, et al. Modification of the surface chemistry of activated carbons[J]. Carbon, 1999, 37: 1379-1389

[25] 罗璇, 侯中军, 明平文, 等. 石墨化碳载体对 Pt/C 质子交换膜燃料电池催化剂稳定性的影响[J]. 催化学报, 2008, 29: 330-334

[26] Liu Y C, Qiu X P, Huang Y Q, et al. Methanol electro-oxidation on mesocarbon microbead supported Pt catalysts[J]. Carbon, 2002, 40: 2375-2380

[27] Liu X, Chen J, Liu G, et al. Enhanced long-term durability of proton exchange membrane fuel cell cathode by employing Pt/TiO₂/C catalysts[J]. Journal of Power Sources, 2010, 195: 4098-4103

[28] Joo S H, Choi S J, Oh I, et al. Ordered nanoporous arrays of carbon supporting high dispersions of platinum nanoparticles[J]. Nature, 2001, 412: 169-172

[29] Li W Z, Liang C H, Qiu J S, et al. Carbon nanotubes as support for cathode catalyst of a direct methanol fuel cell[J]. Carbon, 2002, 40: 791-794

[30] Bessel C A, Laubernds K, Rodriguez N M, et al. Graphite nanofibers as an electrode for fuel cell applications[J]. Journal of Physics and Chemistry B, 2001, 105: 1115-1118

[31] Serp O, Feurer R, Kihn Y, et al. Novel carbon supported material: highly dispersed platinum particles on carbon nanospheres[J]. Journal of Materials Chemistry, 2001, 11: 1980-1981

[32] Hills C W, Nashner M S, Frenkel A I, et al. Carbon support effects on bimetallic Pt-Ru nanoparticles formed from molecular precursors[J]. Langmuir, 1999, 15: 690-700

[33] Shao Y Y, Yin G P, Gao Y Z, et al. Durability study of Pt/C and Pt/CNTs catalysts under simulated PEM fuel cell conditions[J]. Journal of the Electrochemical Society, 2006, 153: A1093-A1097

[34] 申强, 侯明, 邵志刚, 等. PEMFC 碳载体抗腐蚀能力研究[J]. 电源技术, 2011, 35: 43-36

[35] Zhao X S, Li W Z, Jiang L H, et al. Multi-wall carbon nanotube supported Pt-Sn nanoparticles as an anode catalyst for the direct ethanol fuel cell[J]. Carbon, 2004, 42: 3263-3265

[36] Li W Z, Liang C H, Zhou W J, et al. Preparation and characterization of multiwalled carbon nanotube-supported platinum for cathode catalysts of direct methanol fuel cells[J]. Journal

of Physics and Chemistry B,2003,107:6292-6299

[37] Chen Y G,Wang J J,Liu H,et al. Enhanced stability of Pt electrocatalysts by nitrogen doping in CNTs for PEM fuel cells[J]. Electrochem Commun,2009,11:2071-2076

[38] Smirnova A,Dong X,Hara H,et al. Novel carbon aerogel-supported catalysts for PEM fuel cell application[J]. International Journal of Hydrogen Energy,2005,30:149-158

[39] Jin H,Zhang H M,Ma Y W,et al. Stable support based on highly graphitic carbon xerogel for proton exchange membrane fuel cells [J]. Journal of Power Sources, 2010, 195:6323-6328

[40] Guo J S,Sun G Q,Wang Q,et al. Carbon nanofibers supported Pt-Ru electrocatalysts for direct methanol fuel cells[J]. Carbon,2006,44:152-157

[41] Yuan F L,Yu H K,Ryu H. Preparation and characterization of carbon nanofibers as catalyst support material for PEMFC[J]. Electrochimica Acta,2004,50:685-691

[42] 孙公权,孙世国,唐水花,等. 一种担载型和非担载型催化剂及制备方法[P]:中国,200610078214.6. 2006-05-12

[43] Chhina H,Campbell S,Kesler O. An oxidation-resistant indium tin oxide catalyst support for proton exchange membrane fuel cells[J]. Journal of Power Sources,2006,161:893-900

[44] 张生生,朱红,俞红梅,等.碳化钨用作质子交换膜燃料电池催化剂载体的抗氧化性能[J].催化学报,2007,28:109-110

[45] Markovic N,Gasteiger H,Ross P N. Kinetics of oxygen reduction on Pt(hkl)electrodes:implications for the crystallite size effect with supported Pt electrocatalysts[J]. Journal of the Electrochemical Society,1997,144:1591-1597

[46] Wang Z L. Transmission electron microscopy of shape-controlled nanocrystals and their assemblies[J]. Journal of Physics and Chemistry B,2000,104:1153-1175

[47] Tian N,Zhou Z Y,Sun S G,et al. Synthesis of tetrahexahedral platinum nanocrystals with high-index facets and high electro-oxidation activity[J]. Science,2007,316:732-725

[48] Zhou Z H,Wang S L,Zhou W J,et al. Preparation of highly active Pt/C cathode electrocatalysts for DMFCs by an improved aqueous impregnation method[J]. Physical Chemistry Chemical Physics,2003,5:5485-5488

[49] 孙世国,徐恒泳,唐水花,等. PtRu 纳米线的合成及其在直接甲醇燃料电池阳极中的催化活性[J]. 催化学报,2006,7:932-936

[50] Peuckert M,Yoneda T,Betta R A D,et al. Oxygen reduction on small supported platinum particles[J]. Journal of the Electrochemical Society,1986,133:944-947

[51] Mukerjee S. Particle size and structural effects in platinum electrocatalysis[J]. Journal of Applied Electrochemistry,1990,20:537-548

[52] Giordano N,Passalacqua E,Pino L,et al. Analysis of platinum particle-size and oxygen reduction in phosphoric-acid[J]. Electrochimi Acta,1991,36:1979-1984

[53] Kabbabi A,Gloaguen F,Andolfatto F,et al. Particle-size effect for oxygen reduction and methanol oxidation on Pt/C inside a proton-exchange membrane[J]. Journal of Electroana-

lytical Chemistry,1994,373:251-254

[54] Zhang J,Sasaki K,Sutter E,et al. Stabilization of platinum oxygen-reduction electrocatalysts using gold clusters[J]. Science,2007,315:220-222

[55] Zhang Y,Huang Q H,Zou Z Q,et al. Enhanced durability of Au cluster decorated Pt nanoparticles for the oxygen reduction reaction[J]. Journal of Physics and Chemistry C,2010,114:6860-6868

[56] Li H Q,Sun G Q,Li N,et al. Design and preparation of highly active Pt-Pd/C catalyst for the oxygen reduction reaction[J]. Journal of Physics and Chemistry C,2007,111:5605-5617

[57] Zhou Z M,Shao Z G,Qin X P,et al. Durability study of Pt-Pd/C as PEMFC cathode catalyst[J]. International Journal of Hydrogen Energy,2010,35:1719-1726

[58] Shao M H,Sasaki K,Adzic R R. Pd-Fe nanoparticles as electrocatalysts for oxygen reduction[J]. Journal of the American Chemical Society,2006,128:3526-3527

[59] Shao M H,Huang T,Liu P,et al. Palladium monolayer and palladium alloy electrocatalysts for oxygen reduction[J]. Langmuir,2006,22:10409-10415

[60] Stamenkovic VR,Fowler B,Mun B S,et al. Improved oxygen reduction activity on Pt_3Ni (111)via increased surface site availability[J]. Science,2007,315:493-497

[61] Tian J,Sun G,Cai M,et al. $PtTiO_x$/C Electrocatalysts with Improved Durability in H_2/O_2 PEMFCs without External Humidification[J]. Journal of The Electrochemical Society,2008,155:B187-B193

[62] Liu G,Zhang H,Zhong H,et al, A novel sintering resistant and corrosion resistant Pt_4ZrO_2/C catalyst for high temperature PEMFCs[J]. Electrochimica Acta,2006,51:5710-5714

[63] Neyerlin K C,Srivastava R,Yu C F,et al. Electrochemical activity and stability of dealloyed Pt-Cu and Pt-Cu-Co electrocatalysts for the oxygen reduction reaction(ORR)[J]. Journal of Power Sources,2009,186:261-267

[64] Sasaki K,Wang J X,Naohara H,et al. Recent advances in platinum monolayer electrocatalysts for oxygen reduction reaction:scale-up synthesis,structure and activity of Pt shells on Pd cores[J]. Electrochimi Acta,2010,55:2645-2652

[65] Lim B,Jiang M J,Camargo P H C,et al. Pd-Pt bimetallic nanodendrites with high activity for oxygen reduction[J]. Science,2009,324:1302-1305

[66] 邵志刚,张耕,衣宝廉. 一种低温燃料电池用 Pd@ Pt 核壳结构催化剂的制备方法[P]:中国,201110300365.2. 2011-10-30

[67] Strasser P,Koh S,Anniyev T,et al. Lattice-strain control of the activity in dealloyed core-shell fuel cell catalysts[J]. Nature Chemistry,2010,2:454-460

[68] Watanabe M,Motoo S. Electrocatalysis by ad-atoms:Part III. Enhancement of the oxidation of carbon monoxide on platinum by ruthenium ad-atoms[J]. Journal of Electroanalytical Chemistry,1975,60:275-283

[69] Liang Y M,Zhang H M,Tian Z Q,et al. Synthesis and structure-activity relationship explo-

ration of carbon-supported PtRuNi nanocomposite as a CO-tolerant electrocatalyst for proton exchange membrane fuel cells[J]. Journal of Chemical Physics B,2006,110:7828-7834

[70] Hou Z W,Yi B L,Yu H M,et al. CO tolerance electrocatalyst of PtRu-H$_x$MeO$_3$/C(Me＝W,Mo)made by composite support method[J]. Journal of Power Sources,2003,123:116-125

[71] Fu Q,Li W X,Yao Y X,et al. Interface-confined ferrous centers for catalytic oxidation[J]. Science,2010,328:1141-1144

[72] Mathieu M V,Primet M. Sulfurization and regeneration of platinum[J]. Applied Catalysis,1984,9:361-370

[73] Shi W Y,Yi B L,Hou M,et al. Hydrogen sulfide poisoning and recovery of PEMFC Pt-anodes[J]. Journal of Power Sources,2007,165:814-818

[74] Fu J,Hou M,Du C,et al. Potential dependence of sulfur dioxide poisoning and oxidation at the cathode of proton exchange membrane fuel cells[J]. Journal of Power Sources,2009,187:32-38

[75] 侯明,翟俊香,邵志刚,等. 一种利用外加电压脱除空气中 SO$_2$ 的方法[P]:中国,20101061126.9. 2010-10-06

[76] Debe M K,Schmoeckel A K,Vernstrorn G D,et al. High voltage stability of nanostructured thin film catalysts for PEM fuel cells[J]. Journal of Power Sources,2006,161:1002-1011

[77] Garsuch A,Stevens D A,Sanderson R J,et al. Alternative catalyst supports deposited on nanostructured thin films for proton exchange membrane fuel cells[J]. Journal of the Electrochemical Society,2010,157:B187-B194

[78] Tian Z Q,Lim S H,Poh C K,et al. A highly order-structured membrane electrode assembly with vertically aligned carbon nanotubes for ultra-low pt loading pem fuel cells[J]. Advanced Energy Materials,2011,1:1205-1214

[79] 俞红梅,张长昆,李永坤,等. 基于二氧化钛纳米管阵列担载贵金属催化剂制备有序化电极的方法[P]:中国,20111130121.9. 2011-11-30

[80] Vante N A,Tributsch H. Energy-conversion catalysis using semiconducting transition-metal cluster compounds[J]. Nature,1986,323:431-432

[81] Vante N A,Jaegermann W,Tributsch H,et al. Electrocatalysis of oxygen reduction by chalcogenides containing mixed transition-metal clusters[J]. Journal of the American Chemical Society,1987,109:3251-3257

[82] Trapp V,Christensen P,Hamnett A. New catalysts for oxygen reduction based on transition-metal sulfides[J]. Journal of the Chemical Society,Faraday Transaction,1996,92:4311-4319

[83] Chou W J,Yu G P,Huang J H. Corrosion resistance of ZrN films on AISI 304 stainless steel substrate[J]. Surface and Coatings Technology,2003,167:59-67

[84] Zhong H X,Zhang H M,Liu G,et al. A novel non-noble electrocatalyst for PEM fuel cell based on molybdenum nitride[J]. Electrochem Communications,2006,8:707-712

[85] Liu G,Zhang H M,Wang M R,et al. Preparation,characterization of ZrO_xN_y/C and its application in PEMFC as an electrocatalyst for oxygen reduction[J]. Journal of Power Sources,2007,172:503-510

[86] Liu G,Zhang H,Hu J W. Novel synthesis of a highly active carbon-supported $Ru_{85}Se_{15}$ chalcogenide catalyst for the oxygen reduction reaction[J]. Electrochem Communications,2007, 9:2643-2648

[87] Bashyam R,Zelenay P. A class of non-precious metal composite catalysts for fuel cells[J]. Nature,2006,443:63-66

[88] Lefevre M,Proietti E,Jaouen F,et al. Iron-based catalysts with improved oxygen reduction activity in polymer electrolyte fuel cells[J]. Science,2009,324:71-74

[89] Jin H,Zhang H M,Zhong H X,et al. Nitrogen-doped carbon xerogel:a novel carbon-based electrocatalyst for oxygen reduction reaction in proton exchange membrane(PEM)fuel cells[J]. Energy & Environmental Science,2011,4:3389-3394

[90] Wu G,More K L,Johnston C M,et al. Hig-performance electrocatalyst for oxygen reduction derived from polyaniline,iron,and cobalt[J]. Science,2011,332:443-447

[91] Wagner N,Schulze M,Gulzow E. Long term investigations of silver cathodes for alkaline fuel cells[J]. Journal of Power Sources,2004,127:264-272

[92] 衣宝廉. 燃料电池-原理技术·应用[M]. 北京:化学工业出版社,2003

[93] Lee H K,Shim J P,Shim M J,et al. Oxygen reduction behavior with silver alloy catalyst in alkaline media[J]. Materials Chemistry and Physics,1996,45:238-242

[94] Wu CY,Wu P W,Lin P,et al. Silver-carbon nanocapsule electrocatalyst for oxygen reduction reaction[J]. Journal of the Electrochemical Society,2007,154:B1059-B1062

[95] Sleightholme A E S,Varcoe J R,Kucernak A R. Oxygen reduction at the silver/hydroxide-exchange membrane interface[J]. Electrochem Communications,2008,10:151-155

[96] Yang Y F,Zhou Y H,Cha C S,et al. A new method for the preparation of highly dispersed metal-carbon catalyst pd/c catalyst and its properties[J]. Electrochimi Acta,1993,38:2333-2341

[97] Jiang L,Hsu A,Chu D,et al. Size-dependent activity of palladium nanoparticles for oxygen electroreduction in alkaline solutions[J]. Journal of the Electrochemical Society,2009,156: B643-B649

[98] Tang Q E,Jiang LH,Qi J,et al. One step synthesis of carbon-supported $Ag/Mn(y)O(x)$ composites for oxygen reduction reaction in alkaline media[J]. Applied Catalysis B:Environmental,2011,104:337-345

[99] Olson T S,Pylypenko S,Atanassov P,et al. Anion-exchange membrane fuel cells:dual-site mechanism of oxygen reduction reaction in alkaline media on cobalt-polypyrrole electrocatalysts[J]. Journal of Physics and Chemistry C,2010,114:5049-5059

[100] Qu LT,Liu Y,Baek J B,et al. Nitrogen-doped graphene as efficient metal-free electrocatalyst for oxygen reduction in fuel cells[J]. Acs Nano,2010,4:1321-1326

[101] Gasteiger H A,Markovic N M. Just a dream-or future reality[J]. Science,2009,324:48-49

[102] Okada T,Wakayama N I,Wang L B,et al. The effect of magnetic field on the oxygen reduction reaction and its application in polymer electrolyte fuel cells[J]. Electrochimi Acta, 2003,48:531-539

[103] Matsushima H,Iida T,Fukunaka Y,et al. PEMFC performance in a magnetic field[J]. Fuel Cells,2008,8:33-36

第三部分　车用燃料电池的
可靠性与耐久性

第1篇 车用燃料电池技术的现状与研究热点

侯 明 俞红梅 衣宝廉

1. 引 言

汽车数量的快速增长带来的环境与能源安全问题不容忽视,燃料电池——一种电化学能量转化装置[1],以其低的排放和高的能量转化效率,被人们视作未来具有发展潜力的汽车替代动力源之一。近十几年以来各国政府、各大汽车公司以及研究机构都在从不同的侧面探索与实践燃料电池在车上的应用,掀起了车用燃料电池的研发热潮,并取得了令人瞩目的成果,其中最具代表性的是欧洲历时2年的燃料电池电动汽车演示项目(CUTE),27辆客车在9个城市累计运行62000h,行驶85万公里,承载乘客约400万[2]。"九五"末期,中国科学院与东风集团30kW燃料电池中巴车的研制成功,开启了我国车用燃料电池研发的序幕;"十五"期间在863计划"电动汽车"重大科技专项与中国科学院知识创新工程重大项目"大功率质子交换膜燃料电池技术与氢源"项目的支持下,我国车用燃料电池技术取得了长足的进展。尤其是"十一五"期间,在863计划"节能与新能源汽车"重大项目的资助下,燃料电池电动汽车技术得到了显著的提升,燃料电池轿车成为了2008年北京奥运会"绿色车队"中的重要成员,经受了酷热多雨天气和频繁启停城市工况等的考验,20辆燃料电池轿车运行总里程7.6万多公里,车辆执行任务970车次,单车出勤率超过90%[3](见图1、图2)。作为"中国燃料电池公共汽车商业化示范项目"的一部分,燃料电池城市客车自2008年7月以来在北京进行为期1年的示范

图1 燃料电池城市客车作为奥运会马拉松比赛服务车

运行,为燃料电池商业化进一步积累经验、收集数据。这些国内外的研究成果,证明了燃料电池电动汽车应用的可行性,但是从现在的技术状态与存在的问题来看,普遍认为寿命与成本仍然是困扰其商业化的瓶颈。

图2　2008年北京奥运会燃料电池轿车车队驶出车场

质子交换膜燃料电池工作原理如图3所示,它具有启动快、操作条件温和等特点,特别适用于车上应用。但是,由于受车载动态工况的影响,车用燃料电池的寿命远低于稳态操作,公开报道的车用燃料电池寿命仅为2000~3000h,还达不到商业化5000h的目标[4,5]。衰减机理分析显示操作过程中燃料电池材料的衰减是影响寿命的重要原因,如质子交换膜的降解、催化剂聚集/流失、碳载体腐蚀等[6~14]。通过简化系统、优化操作条件、提高部件可靠性、完善整车控制策略等措施可在一定程度上延长燃料电池的寿命,但是,对材料进行根本性的变革,才可能带来燃料电池寿命的大幅度提高。此外,成本也是制约燃料电池商业化的瓶颈之一。批量制造技术的发展可以显著地降低成本,但是,决定性的因素还是要发展低成本的材料,如开发低/非铂催化剂、非氟膜以及其他廉价的替代材料等。因此,材料是燃料电池寿命与成本的核心问题。本文将对车用质子交换膜燃料电池的关键材料,如

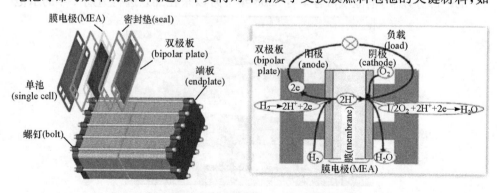

图3　质子交换膜燃料电池工作原理与结构

质子交换膜、电催化剂、双极板等的研究现状进行评述,对热点问题进行剖析,指出未来相关技术的发展方向。

2. 电催化剂的研究进展

燃料电池中的电催化反应发生在电催化剂与电解质的界面上,为多相电催化。燃料电池的电极为多孔气体扩散电极,其电化学反应涉及气、液与电子、质子传递,多孔气体扩散电极中需要有适宜的气体、液体以及电子与质子的传递通道。电催化剂的活性、双电层以及电解质膜对电催化的特性均有影响。

由于 PEMFC 的工作温度低于 100℃,在酸性的电解质环境下最有效的电催化剂为铂。鉴于资源与价格的因素,为提高铂的利用率和降低铂的用量,通常将铂高分散地担载到导电、抗腐蚀的担体上,铂为纳米级颗粒;所采用的担体多为乙炔黑型炭。

目前车用燃料电池的典型催化剂为 Pt/C,其用量约为 1g/kW,膜电极组件(MEA)Pt 的用量约为 $0.6\sim0.8mg/cm^2$。目前商业化的典型 PEMFC 电催化剂为日本 Tanaka、英国 Johnson Matthey 生产的 Pt/C。而车用燃料电池商业化的要求为 0.2g/kW,单位面积 MEA 的 Pt 用量小于 $0.2mg/cm^2$,是目前用量的 1/5,需要在目前水平的基础上大幅度降低电催化剂的用量。另外,在车用工况下运行的燃料电池通常要经历频繁变载工况,电池会经常经历在 $0.4\sim1.0V$ 之间的电位扫描,这对于电催化剂是一个严峻的考验,容易造成电催化剂的聚集与流失;同时在车用工况下操作条件的变化会引起电池温度与湿度的变化,也会加速电催化剂的老化,氧化剂与燃料气中的杂质(如空气中的硫化物、重整气中的 CO)对电催化剂具有毒化作用,使得催化剂因杂质占据活性位而失活;另外,在冬季零度以下低温环境中启动燃料电池时,目前的电催化剂在低温下的反应动力学速度缓慢,需要提高燃料电池电催化剂的低温活性。这些实际问题给燃料电池电催化剂的研究提出了新的课题。

近期在燃料电池催化剂方面的研究多集中在从组分结构与制备方法两方面进行改进,以提高催化剂活性,从而降低贵金属催化剂担量。与此同时,抗燃料气与空气杂质污染的催化剂也一直是燃料电池电催化剂研究的热点,基于燃料电池变载操作的特性,抗氧化腐蚀的催化剂载体也越来越得到研究人员的重视,并取得了一系列进展。

对于氧还原反应,有二电子和四电子机理两种路径。Wroblowa 等[15]提出的机理如图 4 所示,认为 O_2 可以通过四电子途径(反应速率常数为 K_1)直接电化学还原为水或经二电子途径(K_2)生成中间产物 H_2O_2,吸附的 H_2O_2 可进一步还原为水(K_3),也可能氧化成 O_2(K_4)或脱离电极表面(K_5),过氧化氢机理中的 H_2O_2

对质子导体的降解也有一定影响。各种不同电极表面对 ORR 电催化行为的影响与氧分子及各种中间体在电极表面上的吸附行为有关。

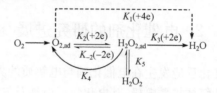

图 4　氧还原反应可能的路径

为提高 PEMFC 的电化学反应效率,在直接四电子过程中的关键是断开 O—O 键。在 Pt—O 表面进行反应,需要氧原子与活性催化组分接触。有研究认为[16,17],Pt 表面的含氧吸附层会阻碍四电子的反应,而 Au 表面的氧吸附层则有利于直接四电子反应,这就给研究人员研制高活性 ORR 催化剂提供了可能的选择方案。

对于氢氧化反应(hydrogen oxidation reaction,HOR),其交换电流密度通常为 $0.1\sim100\mathrm{mA/cm^2}$,当燃料电池的工作电流密度为几百毫安每平方厘米时,HOR 的极化仅为 $1\sim20\mathrm{mV}$,几乎相当于可逆电极反应。但是,对于氧还原反应(oxygen reduction reaction,ORR),其交换电流密度仅为几个微安每平方厘米,在室温条件下,更是低至 $10^{-10}\mathrm{A/cm^2}$。因此,燃料电池的电化学极化主要发生在阴极侧的氧还原反应。由于在 PEMFC 中 ORR 反应的交换电流密度很低,而质子交换膜在实际应用时会发生氢的渗透现象,即氢从阳极侧透过质子膜传递到阴极侧,产生毫安级的渗氢电流;而且,在电极制备过程中或在电池操作过程中带入的可被氧化杂质,在氧气氛下氧化时,也可产生毫安级的氧化电流,从而导致 PEMFC 的开路极化。此外,在酸性环境下,目前 PEMFC 采用的 Pt 催化剂在氧阴极上可以被氧化,如式(2),也是造成开路极化的一个因素。

$$O_2+4H^++4e\longrightarrow 2H_2O \qquad E^\circ_{25℃}=1.229\mathrm{V(vs.\ NHE)} \qquad (1)$$

$$Pt+H_2O\longrightarrow Pt{-}O+2H^++2e \qquad E^\circ_{25℃}=0.88\mathrm{V(vs.\ NHE)} \qquad (2)$$

在稳态下,OCV 是反应(1)与(2)的混合电位,与催化剂组成及形态相关。通常,PEMFC 的开路电压为 $1.0\sim1.20\mathrm{V}$,小于铂表面的氧还原热力学电势。

从电极动力学角度,燃料电池中的电化学反应速度为

$$i=i_0\left[\mathrm{e}^{\frac{anF\eta}{RT}}-\mathrm{e}^{\frac{-(1-a)nF\eta}{RT}}\right]$$

而加快电化学反应速度的关键是提高催化剂的交换电流密度 i_0,即提高电催化剂的活性。电催化剂的活性与其组成、晶面结构、制备方法都有关联。

Pt/C 电催化剂的制备方法有多种,按其制备过程的性质大体上可分为:化学法与物理法。至今广泛应用的 Pt/C 电催化剂主要以化学法制备,将铂高分散地担载到担体上,包括离子交换法、胶体法[18]、浸渍还原法[19]、乙二醇回流还原

法[20]、微波法[21]以及微乳液法[22~24]等。以成熟的物理学方法,如溅射法,可制备含纳米级铂电催化剂电极。通常,以 Pt/C 为电催化剂虽然表现出很好的初活性,但在燃料电池运行一段时间后,会出现 Pt 颗粒的聚集现象,导致电化学活性面积降低,进而使催化剂的整体活性降低。

提高 ORR 的交换电流密度是促进 PEMFC 的电催化反应的根本途径,目前在电催化剂方面的研究工作进展主要体现在以下几方面。

2.1　催化剂的控制形貌制备

在酸性环境中,Pt 的活性随晶面的不同有所变化[25],Pt(111)晶面表现出最佳的 ORR 活性。Wang 等[26]对不同晶面生长机理进行了深入研究,分析了纳米粒子的晶面取向、形貌及其形貌间的相互转变。孙公权等[27,28]基于不同 Pt 晶面对 ORR 的催化活性不同的特点,针对性地开展催化剂的制备方法研究,优化制备条件,制备具有择优晶面取向的铂基电催化剂,可以大幅度提高具有更多 Pt(111)优势晶面纳米粒子的比例。

由于氧电化还原反应是电催化剂结构敏感反应,当采用不同 Pt 分散度的 Pt/C 电催化剂制备的电极作阴极时,Pt 粒子的粒径存在最优值,用 Pt 粒子平均直径为 3~5nm 的电催化剂制备的电极活性最佳[29~32]。即电催化剂对氧电化还原的活性不仅与电催化剂本性有关而且还与电催化剂的结构密切相关。而对于氢还原反应,则粒度小的 Pt 催化剂性能更佳。

2.2　PtM 催化剂

为提高电催化剂的活性与稳定性,改进其抗毒化能力,在 Pt 催化剂中引入过渡金属或其他贵金属为第二或第三组分,通过接枝取代、离子交换、固定化等手段,在导电处理的催化剂担体表面引入过渡金属、疏基或氧化物,利用其"锚定"作用,可以提高 Pt 催化剂的分散性和稳定性;研究发现 PtM 催化剂可能体现出较高的 ORR 交换电流密度[33];选择合适的金属,制备 PtM 催化剂(如 PtRu),在抗杂质方面也体现了其优越性。

研究结果表现出过渡金属的加入对 Pt 催化剂烧结聚集现象有所改善,提高了催化剂的稳定性;过渡金属的加入并以氧化物形式存在,提高了 Pt 周围的润湿程度,增加了气体扩散电极的三相界面;过渡金属的流失可导致 Pt 表面的糙化,增加 Pt 的比表面积,提高贵金属 Pt 的利用率;过渡金属对 Pt 晶面方向的优化可缩短 Pt-Pt 原子间距,从而有利于氧的解离吸附;另外,过渡金属对 Pt 还具有电子调变效应。对于 PtM 合金催化剂,核(PtM)-壳(Pt)催化剂在"脱合金(de-alloyed)"后的电催化活性可达 Pt/C 的 4 倍[34]。

加入过渡金属的不利影响有:过渡金属可能会从电极上溶解下来并进入质子

交换膜,占据传导质子的磺酸基团,从而影响膜的质子传导率,如 PtFe、PtMn 与 PtNi 分别不同程度地出现 Fe、Mn 与 Ni 溶解到膜与阳极的现象[35]。由于 Pt_3Ni(111)表面具有特殊的电子结构,以及在接近表面位置原子排列的特异性,Stamenkovic 等[36]尝试通过增加 Pt_3Ni(111)表面吸附氧的活性位,以提高 Pt_3Ni(111)表面 ORR 的反应速率,其反应速率远远高于 Pt/C,甚至高于 Pt(111)上的 ORR 活性。

Zhang 等[37]利用 Au 簇修饰 Pt 的纳米粒子,Pt 的氧化电势在 Au/Pt/C 表面升高,降低了 Pt 的氧化,起到了抗 Pt 溶解的作用。在制备 Pt 过程中,加入 Pd 也可提高 Pt 的 ORR 活性,并改善其抗氧化能力[38]。中国科学院大连化学物理研究所(简称大连化物所)近期的工作表明,Pt_3Pd 与 Pt 相比较,其在 CV 扫描加速衰减实验中的抗衰减能力得到较大提高,如图 5 所示。

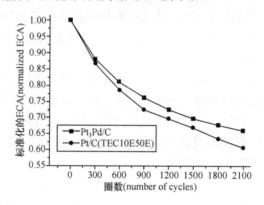

图 5   中国科学院大连化学物理研究所制备的 Pt_3Pd 催化剂的抗衰减性能测试

PEMFC 阳极催化剂的研究主要集中在抗杂质毒化催化剂方面,如抗 CO 催化剂的研究。由于目前 PEMFC 使用的燃料气多来自于化石燃料的重整气,其中通常含有 $ppm(10^{-6})$ 级的 CO,而 Pt 催化剂对于 CO 有较强的物理吸附作用,导致 Pt 表面的活性位被占据,从而影响其电化学活性。目前最广泛使用的抗 CO 催化剂为 PtRu/C。对于 PtRu 的抗 CO 机理有两种解释:双功能机理(bi-functional mechanism)又称促进机理(promoted mechanism)以及配合体机理(ligand mechanism)。在双功能机理中,Ru 表面形成了 $Ru-(OH)_{ads}$ 来吸附 CO 并氧化。

$$M—(CO)_{ads}+Ru—(OH)_{ads}\longrightarrow CO_2+H^++e$$

其中,M 为 Pt 或 Ru。

配合体机理中,Ru 进入了 Pt 的晶格,改变了 CO 在 Pt 表面的吸附状态,促进了 CO 的氧化,同时,减少了 CO 在 Pt 表面的覆盖度。通过对 PtRu 的配比研究[39],发现 Pt 与 Ru 最优的配比为 1:1。PtRuNi 体系由于 Ni 氢氧化物良好的电子和质子传导性以及与该氧化物有关的氢溢流和对 CO_{ads} 的助催化作用而使

PtRuNi/C 表现出良好的 CO 吸附与电氧化特性,提高了 PEMFC 的抗 CO 能力[40]。有一些金属可用于抗 CO 电催化剂的制备,如 W、Mo、Sn 等。一些复合载体 PtRu-H_xMeO$_3$/C(Me=W,Mo)也显示了抗 CO 的特性[41]。其中,W 或 Mo 的氧化物以无定型形式存在,由于其快速变价,使得 H_xMeO$_3$ 表现出助催化的作用,在 PtRu-H_xMeO$_3$/C(Me=W,Mo)上出现了氢和 CO 的溢流氧化电流,降低了 CO 的氧化电势,提高了电池的抗 CO 能力。

由于目前使用的氢气多来自于重整气,其中所含 H_2S 对氢电极反应有较强的影响。在含 S 杂质对氢电极的影响研究中发现[42],H_2S 在 Pt 上强烈吸附,占据了氧催化反应的活性位。H_2S 对电池的毒化分为两个阶段[43]:第一阶段,吸附的 S 占据一定的活性位,但仍能维持该电流密度下的催化反应,电池的性能并无明显下降;第二阶段,当吸附的 S 超过临界值,剩余活性位不足以维持该电流密度下的电催化反应时,电池性能加速衰减。

对于阴极抗杂质电催化剂,车用氧化剂为空气,而空气中的主体杂质为含硫化合物,因此,近期比较值得注意的工作集中在 SO_2 对氧电极影响的研究[44]。研究发现,硫在 0.05~0.65V 时,其化合价介于 0~4 区间内,表明吸附的 SO_2 在这一电位区间内发生了还原反应。而当电位在 0.65~0.95V 时,每个 S 原子的转移电子小于 2,有部分吸附的 S 已经被氧化。当起始电位达到 0.95V 时,平均每个 S 原子被氧化仅发生 0.5 个电子转移,说明大部分的吸附 S 已经被氧化,这给抵御或去除含硫杂质的催化剂指出了方向。

2.3 催化剂担体

美国联合技术公司在 20 世纪 70 年代开发磷酸燃料电池时提出用炭黑做催化剂担体,使贵金属催化剂高分散分布,增加其活性表面积。电催化剂担体需要有高比表面积(大于 $75m^2/g$)、中孔(2~10nm)、导电性良好并具有适宜的亲水/憎水特性,以保证足够的容水能力与良好的气体通道[45]。目前广泛使用的 PEMFC 的催化剂担体多为 Cabot 公司的 Vulcan XC-72 炭黑,其表面积为 $250m^2/g$,平均粒径在 30nm。Cabot 公司的 Black Pearl BP2000($1000m^2/g$)以及 Ketjen Black International 的 Ketjen Black($1000m^2/g$)等也可用于 PEMFC 的催化剂担体。

目前广泛使用的炭担体在燃料电池实际工况下会产生氧化腐蚀,从而导致其担载的贵金属催化剂的流失与聚集,表现为催化剂颗粒长大,活性比表面积减小。官能团的添加对阻碍催化剂的聚集具有一定效果[46],如羰基集团(=CO),可提高催化剂的分散度,降低其聚集效应。由于氧电极侧存在强氧化气氛,对炭担体提出了耐电化学氧化的要求[47]。为增加担体的石墨特性,可对其进行高温处理[48,49](通常为 2500℃)。为增加担体表面的活性基团并改善孔结构,炭担体可用各种氧化剂(如 $KMnO_4$、HNO_3)进行处理,也可用水蒸气、CO_2 高温处理。

研究人员也在尝试将碳纳米管、碳纳米球、石墨纳米纤维及富勒烯 C60 等用做 PEMFC 电催化剂担体[50~54]。介孔炭（2～50nm）用于燃料电池催化剂担体近年来也多有报道[55~58]，其特点是气体传递特性好。通常需要模板进行制备，采用的硅胶模板决定了介孔炭的粒径。Liu 等[59]以介孔炭微球作为 Pt 催化剂载体，其粗糙表面有利于 Pt 的吸附。而以介孔炭微球担载的 PtRu 催化剂比 XC-72 炭黑担载的催化剂的电化学特性也有所提高[60]。另外，有研究表明炭气凝胶也可作为燃料电池电催化剂的担体[61]。

自 1991 年 Iijima[62]发现碳纳米管的高机械强度、高热稳定性以来，碳纳米管作为电催化剂担体的研究屡见报道。碳纳米管制造采用多壁碳纳米管制备的燃料电池电极的 Pt 载量仅 $7.61\mu g/cm^2$，而其性能却可达到 E-TEK[SM]（$400\mu g/cm^2$ Pt）的阳极性能的两倍。有实验表明[63]，燃料电池中 Pt/CNT 的腐蚀速度仅为 Pt/C 的一半。Pt/CNT 的良好稳定性可能缘于 Pt 与 CNT 间的相互作用。CNT 的电化学稳定性对其担载的催化剂稳定性的提高有所贡献。高分散的 PtSn/MWNT 也显示了良好的电池性能[64,65]，同时改善了催化剂的聚集程度。

碳纳米纤维[66,67]也可做燃料电池催化剂的担体，大连化物所制备了一种碳纳米材料，具有环或管状结构[68]，其石墨化程度与多壁碳纳米管相当，其环状结构利于反应物与生成物的传递，而高石墨化程度有利于电子的传递，其孔分布为 400～600nm，比表面积为 $195m^2/g$，接近商业化的活性炭担体，体现了其作为催化剂担体的优势。

基于纳米技术无担体催化剂的研究也取得了进展，Chen 等[69]提出了基于 PtNT 与 PtPdNT 的 ORR 电催化剂，集成了 Pt 黑与 Pt/C 的优势，避免了担体的腐蚀问题，表现出高比表面积、高催化剂利用率、高活性以及较长的使用寿命。同时，长度在微米尺度的 PtNT 难以溶解，较之 Pt/C 催化剂，避免了 Ostwald 熟化效应以及在燃料电池运行过程中的烧结聚集现象。这个结果在 ORR 电催化剂的研究中独具特色，但其制备成本较高。

2.4　非 Pt 催化剂

基于目前已开展的研究工作，可以预计 ORR 电催化剂的未来发展将主要集中在提高电催化剂的活性，即提高 ORR 反应的交换电流密度，并改善其抗电位扫描的稳定性。藉此，才有可能大幅度降低贵金属 Pt 担载量。

为降低 Pt 的用量，近年来研究人员开展了许多有关低 Pt 催化剂的研究[70,71]，主要工作重点集中在改进制备方法[72,73]、改进催化剂的担体[74]，以此提高 Pt 的利用率。如果要从根本上降低 Pt 的用量，提高 ORR 反应的交换电流密度，非 Pt 催化剂是一条可能的解决途径。

自 1986 年 Alone-Vante 等[75]将过渡金属簇化合物用于非贵金属催化剂以

来,使替代 Pt 的研究显现了希望。非贵金属催化剂的研究主要包括过渡金属原子簇合物、过渡金属螯合物、过渡金属氮化物与碳化物等。$Mo_{6-x}M_xX_8$($X=Se$,Te,SeO,S 等;$M=Os$,Re,Rh,Ru 等)过渡金属簇化合物就是其中之一,特别是在酸性介质中对氧还原的四电子过程有利,其中仅有 $3\%\sim4\%$ 的氧还原过程按二电子过程进行[76]。混合过渡金属碲化物是一种用于 PEMFC 较好的非贵金属催化剂,如 $Mo_{4.2}Ru_{1.8}Se_8$ 的活性约为 Pt/C 活性的 $30\%\sim40\%$,而成本仅为 Pt 的 4%,但遗憾的是其制备过程十分复杂,不利于广泛采用。炭担载的过渡金属硫化物 M_6X_8($M=Mo$,W;$X=S$,Se,Te)[77]也体现了对氧还原的活性。过渡金属氮化物因其具有抗腐蚀性也引起了人们的关注[78],如 MO_2N/C[79]、ZrO_xN_y/C[80]等在 PEMFC 中表现了较好的氧还原活性,ZrO_xN_y/C 在氧阴极的最大功率密度为 $50mW/cm^2$,与 Pt/C($570mW/cm^2$)相比,还需要进一步提高活性。以 Ru 与 Se 制备的 $Ru_{85}Se_{15}/C$ 表现出 3 倍于 Ru/C 的动力学电流密度(0.8V vs. RHE),以其制备的单池[81]在电流密度 $1300mA/cm^2$ 时最高功率密度为 $400mW/cm^2$。

特别值得注意的是,Fe 和 Co 的卟啉显现了其作为 ORR 催化剂前驱体的良好前景,Bashyam 与 Zelenay[82]通过在吡咯分子(PPY)中引入 Co,制备了 Co-PPY-C 化合物,其中形成对 ORR 的活性位,在电流密度为 $0.2A/cm^2$、电压 0.5V 时达到最大功率密度为 $140mW/cm^2$。最近,Lefèvre 等[83]以乙酸亚铁(FeAc)为前驱体通过吡啶制备了碳载氮协同(Nitrogen coordinated)铁电催化剂 Fe/N/C,在非 Pt 催化剂的研究方面取得了突破性进展。Fe/N/C 的电催化初活性比 Bashyam 与 Zelenay 的 Co-PPY-C 化合物还要高,以担载量为 $5.3mg/cm^2$ 的非贵金属 Fe/N/C 电催化剂制备的电极,在电压不小于 0.9V 时,与 Pt 载量为 $0.4mg/cm^2$ 的 Gore 电极性能相当,预示其 ORR 的交换电流密度已接近 Pt。尚存的问题是,非贵金属催化剂的成本虽然微不足道,但由于其担载量比 Pt 催化剂高出几倍甚至十几倍,则电极厚度随之增加,从而导致电极反应的传质阻力大幅度增加,而且,其稳定性还需进一步改善[84]。虽然非贵金属催化剂近来得到了令人鼓舞的进展,但在燃料电池长期运行条件下的稳定性与电位扫描下的抗衰减能力还有待进一步考核。

要从根本上提高质子交换膜燃料电池中 ORR 的反应速度,交换电流密度的提高与稳定性的改进将是 PEMFC 电催化剂研究的永恒课题。Pt-Au、Pt-Pd、Pt-Ru 等二元或三元催化剂有望在提高电催化剂抗衰减能力、抗杂质毒化方面发挥出其优势。

3. 质子交换膜的研究进展

质子交换膜(PEM)是燃料电池的另一关键材料,理想的质子交换膜应具有高质子传导性、低气体渗透性、良好的热与化学稳定性、较高的机械强度与尺寸稳定性以及低制造成本等特性。然而,现有的膜材料还不能达到上述理想要求。以燃料电池车常采用的全氟磺酸膜(PFSA)为例,它存在着成本较高、车辆运行条件下机械、化学与热衰减等问题。针对 PFSA 膜的不足,研究人员从不同侧面改进现有膜或研制新型膜,使之满足车用燃料电池运行需求。

PFSA 膜是目前车用燃料电池中膜材料的主体,常用的有 Nafion 膜及与 Nafion 膜类似的 Flemion 和 Aciplex 膜等。Nafion 膜是杜邦公司代表性产品,由于热拉伸法、带铸法两种制备方法的不同使之分别表现为各向异性与各向同性两种不同的特性,以 N112 与 NRE212 为例,其重要物性数据如表 1 所示。

表 1　N112 与 NRE212 性能比较*

性能	N112	NRE212	备注
生产过程	挤压膜	重铸膜	
厚度/μm	51	50.8	干燥状态下
最大抗压 强度/MPa	43(MD[2]) 32(TD[3])	32(MD) 32(TD)	RH=50%,23℃
断裂时 伸长量/%	252(MD) 311(TD)	343(MD) 352(TD)	RH=50%,23℃
水含量/%	5	5	RH=50%,23℃
保水量/%	38	50	干膜状态下 100℃ 保存 1h(干基状态)
线性膨胀/%	15 (MD 和 TD 的平均值, MD 膨胀程度略小于 TD)	15 (MD 和 TD 的平均值, MD 膨胀程度略小于 TD)	从 50% RH, 23℃到饱和,100℃

* 杜邦公司数据;MD-纵向;TD-横向。

美国陶氏(DOW)膜与 Nafion 膜侧链结构有所不同(见图 6),DOW 膜为短侧链(short side chain,SSC)膜,其磺酸基团密度较高,其质子传导率要高于 Nafion 膜。近年来,Solvay Solexis 公司采用简单的合成路径,成功地开发了一种与 DOW 膜结构相同的 Hyflon® Ion(EW=850~870)SSC 膜,使成本大幅度降低。SSC 膜的结晶度与玻璃化转变温度高,因此可在一定程度地提高燃料电池操作温度,并表现出了良好的耐久性。利用 Hyflon® Ion 膜制备的 MEA 在 75℃下进行的 5000h 氢空电池耐久性试验(操作为 1.05A/cm² 与 0.6V)表明,该种类型的膜没有明显的针孔与膜减薄现象,透氢率也小于 Nafion 112[28]。SSC 膜的缺点是比较脆,可采用增强 Nafion 膜(后面有详细讨论)的思路,制备增强复合 SSC 膜,以进一步提高其机械性能。

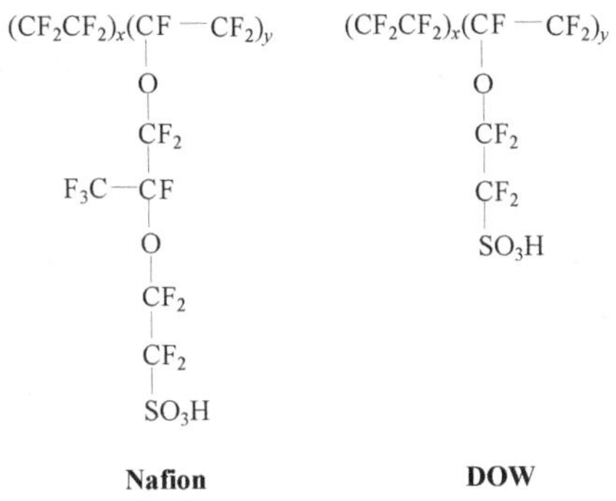

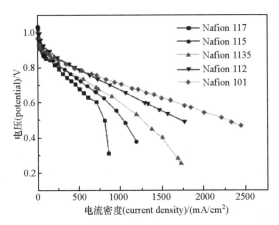

图 6　Nafion 与 DOW 膜的化学结构式

目前,车用燃料电池中 Nafion 膜仍占用有较大比例,各种规格 Nafion 膜组装的电池性能如图 7 所示。由图可见,在同样操作条件下,随着膜的厚度减薄,质子传导阻力降低,电池性能上升;但膜减薄的同时会导致其强度下降,尤其是在车载燃料电池运行过程中,膜不可避免地承受着温湿波动、压力冲击等动态载荷,均质薄膜尺寸稳定性欠佳,在外力的作用下膜的应力集中处容易发生撕裂、穿孔等机械损伤。

图 7　不同厚度 Nafion 膜组装 PEMFC 的工作性能比较[85]

注:Nafion xxx:EW=前两位数×100,厚度(μm)=后一位数×25

Nafion xxxx:EW=前两位数×100,厚度(μm)=(后两位数/10)×25

为了补偿均质膜的强度,研究人员进行了复合增强膜的探索,如采用多孔 PTFE 为基底浸渍全氟磺酸树脂制成的复合增强膜,在保证质子传导的同时,解决了薄膜的强度问题,同时尺寸稳定性也有大幅度的提高。美国 Gore 公司开发成功的 Gore-select 复合膜[86]是这种复合增强膜的典型代表。国内大连化物所刘富强等[87]也研制成功了低成本、高强度的 Nafion/PTFE 复合增强膜,采用热台方法制备,结果表明这种复合膜尺寸稳定性明显优于 Nafion 膜,强度也有所增强,提高了抵抗变工况时膜的抗冲击能力。国内新源动力有限公司正在进行这种膜的小批量试制中,其测试性能以及与 Nafion 膜的比较如表 2 所示。此外,研究人员还探索了其他复合增强膜,如大连化物所开发的碳纳米管增强复合膜等也展现了良好的发展前景[88]。烃类膜由于磺化度与强度成反比,也可以采用类似的思路制成烃类复合膜,取得高质子传导与强度的兼顾[89]。

表 2　新源动力复合增强膜与 Nafion 212 膜比较

性质	新源动力复合膜	Nafion 212
平均厚度(干)/μm	26.9	53.5
基重/(g/m^2)	48.7	99
渗氢速率[mL/(min·cm^2)]	0.340	0.000816
密度/(g/cm^3)	1.81	1.93
含水量,100℃/%	24.1	36
膨胀率/%	6.7	14
导质子率/(S/cm)	0.083	0.087
抗张强度/MPa	36.9	32.53
电压@1000mA/cm^2/V	0.602	0.597

注:数据来自 863 计划"节能与新能源汽车"重点项目中的燃料电池材料性质测试中心。

　　通常 PFSA 膜需要通过对反应气的增湿来提高质子在膜中的传导能力,这就要求在系统中设置专门的增湿器来完成这一功能,使系统趋于复杂。为了简化系统、提高燃料电池在车载动态工况下温湿度变化的适应性,研究者在 PFSA 膜基础上进行了改进与修饰,制成了自增湿膜。自增湿膜的研究可以概括为两种:一种是通过在膜中加入 H_2-O_2 复合催化剂生成水进行增湿;另一种是在膜中分散如 SiO_2、TiO_2 等无机吸湿材料作为保水剂[90,91],储备电化学反应生成水,实现湿度的调节与缓冲,使膜能在低湿、高温(~120℃)下正常工作。Watanabe 等[92]于 1996年开始研究 H_2-O_2 复合自增湿膜,其原理是依靠从阴、阳两极渗透的 O_2 和 H_2 在 PEM 中的 Pt 催化剂表面化学催化反应生成水增湿 PEM。国内大连化物所 Wang 等[93]利用 Nafion/PTFE 增强膜技术,把 Pt/SiO_2 催化剂掺杂到 Nafion 树脂中,制成了 Pt-SiO_2/Nafion/PTFE 自增湿膜,通过气体在膜中的微渗性催化氢氧生成水,并利用 SiO_2 的保水特性,在无外增湿的情况下使燃料电池保持了良好的性能。此外,把 SiO_2 磺化再与 Nafion 复合,可以进一步提高膜的吸水率以及提供额外的酸位,使传导质子能力明显增强[94]。

　　目前自增湿膜只限于初活性的报道,仍然存在着 PFSA 膜所面临的化学衰减问题,即来自于 H_2、O_2 反应过程以及 H_2O_2 分解过程氢氧自由基·OH 或·OOH

攻击[95],其衰减机理如式(1)~(3)所示。

$$R_f-CF_2COOH + \cdot OH \longrightarrow R_f-CF_2\cdot + CO_2 + H_2O \tag{1}$$

$$R_f-CF_2\cdot + \cdot OH \longrightarrow R_f-CF_2OH \longrightarrow R_f-COF + HF \tag{2}$$

$$R_f-COF + H_2O \longrightarrow R_f-COOH + HF \tag{3}$$

有效的解决办法是加入自由基淬灭剂,在线分解与消除反应过程中自由基,在增湿的同时保证膜的寿命。此外,加入的自由基淬灭剂如果能同时兼顾强化质子传递功能,将会在性能方面得到进一步提高。因此,带有能催化 H_2、O_2 生成水和分解 H_2O_2 的催化剂、无机氧化物保水剂、强化质子传导功能的自由基淬灭剂为一体的新型自增湿膜将会获得比较全面的性能。

国内大连化物所赵丹等[96]采用在 Nafion 膜中加入 1% 的 $Cs_xH_{3-x}PW_{12}O_{40}/CeO_2$ 纳米分散颗粒制备出了复合膜,利用 CeO_2 中的变价金属可逆氧化还原性质淬灭自由基。$Cs_xH_{3-x}PW_{12}O_{40}$ 的加入在保证了良好的质子传导性同时还强化了 H_2O_2 催化分解能力,这种复合膜组装成 MEA 在开路电压下进行了耐久性试验,结果表明它比常规的 Nafion 膜以及 $CeO_2/Nafion$ 复合膜在氟离子释放率、透氢量等方面都有所缓解。另外,含硫的非氟聚合物膜,如磺化聚硫砜等利用硫醚基团与氢氧自由基反应,氧化为亚砜或砜,从而保护主链免受攻击,使膜表现出较好的化学稳定性,为非氟膜在线淬灭自由基提供了有益的思路[97]。下一步工作,可以设计试验观察过氧化氢分解、自由基淬灭过程,从机理方面进一步深入理解膜的降解过程,提出相应的解决策略。

由于 PFSA 膜制造成本较高,研制烃类非氟质子交换膜,是降低燃料电池成本的一个有效措施。典型的部分氟化膜包括磺化的三氟苯乙烯共聚物[98]、辐射-嫁接膜等[99];新型非氟烃类膜包括离子化处理的聚苯撑氧、芳香聚酯、聚苯并咪唑(PBI)、聚酰亚胺(PI)、聚醚砜(PES)、聚醚醚酮(PEEK)等,表 3 给出几种代表性的烃类膜。

表 3　代表性烃类膜一览表

	膜	化学结构式	参考文献
1	磺化聚醚醚酮 (sPEEK)		[100]
2	磺化聚砜(sPSU)		[101] [102]

续表

	膜	化学结构式	参考文献
3	磺化聚酰亚胺(SPI)		[103]
4	磺化聚亚芳基醚砜		[101] [104] [105]
5	磺化聚硫醚砜(SPSSF)	$n=0.3,0.4,0.5$	[97]
6	膦酸酯聚苯并咪唑(PPBI)		[106] [107] [108]

烃类膜与全氟磺酸膜的主要区别在于 C—H 键与 C—F 键的差别。C—H 键键能(413kJ/mol)小于 C—F 键键能(485.6kJ/mol),导致 C—H 键较 C—F 容易发生化学降解,因此,烃类膜的稳定性成为了实际应用中面临的焦点问题。Yu 等[109]制备了 PSSA-Nafion 多层复合膜,利用阴极侧的 Nafion 层保护,缓解了烃类膜的衰减。此外,Ren 和 Wang 等[110,111] 采取把 Nafion 在阴阳极两侧与磺化 PEEK、PI 烃类膜复合的方法,提高烃类膜的耐久性,但是上述这种方法并不能从根本上解决膜的降解问题。烃类膜以其低成本、结构调变性强等特点,一直是质子交换膜发展的重要方向,下一步研究可以尝试在烃类膜中加入自由基淬灭剂,提高烃类膜寿命,使膜的低成本与寿命问题同时得到解决。

近年来高温质子交换膜燃料(HT-PEMFC)电池(操作温度 120～200℃)得到了很多重视,因为高温操作可以从根本上提高燃料电池动力学速率;有利于提高电催化剂对 CO 等杂质的耐受力,并可简化系统水管理、提高废热品质。其中研究不依赖于水进行质子传导的新型质子交换膜是关键。代表性的成果是磷酸掺杂的聚苯并咪唑膜(H_3PO_4/PBI)[112~116]，利用 PBI 膜在高温下较好的机械强度与化学稳定性以及磷酸的传导质子的特性，形成氢键网络，实现质子跳跃(hopping)传导，保证了在高温和无水的状态下传导质子。此外，近年来"质子离子液体-聚合物(PIL-Polymer)"复合膜被认为是高温无水膜的一种解决途径[117~119]，Che 等[119]制备了三氟乙酸丙胺[$CH_3CH_2CH_2NH_3^+$][CF_3COO^-](TFAPA)离子液体与 SPEEK 制成复合膜，测试结果显示这种复合膜在 160℃质子传导率可达 0.019S/cm。利用无机固体酸，如 $CsHSO_4$、CsH_2PO_4 等高温时的"超质子态"作为膜材料，近年来也得到了人们的普遍关注[120,121]。

耐久性是质子交换膜燃料电池高温操作所面临的主要问题，除了膜材料本身的耐久性以外，其他材料如电催化剂与载体、金属双极板等在高温下的腐蚀速率会急剧增加，如何解决材料的稳定性是决定高温质子交换膜燃料电池最终能否得到实际应用的关键。

4. 双极板的研究进展

双极板是 PEMFC 的另一重要材料与部件。双极板的作用是分隔反应气体，输送与排出反应物与生成物，是燃料电池质、热、电传递的载体。从功能上要求双极板材料是电与热的良导体，具有一定的强度以及气体致密性等；从性能的稳定性方面要求双极板在燃料电池酸性(pH＝2~3)、电(E＝~1.1V)、湿热(气水两相流，约 80℃)环境下具有耐腐蚀性且对燃料电池其他部件与材料的相容无污染性；从产品化方面要求双极板材料要易于加工、成本低廉。

双极板的种类很多[122]，常用的可以归纳三类(见图 8)：石墨、石墨金属复合及金属材料。石墨材料以其良好化学稳定性与优良的导电性广泛地被双极板所采用，包括硬质纯石墨、模铸复合石墨和膨胀石墨三种。硬质纯石墨板制造工序比较复杂，首先由炭粉(或煅后焦)与黏结剂(如煤沥青、合成树脂等)混捏成型，然后进行多次浸渍与焙烧，再经过高温(一般要达到 3000℃)石墨化处理而制成的，作为燃料电池应用，还要经过特殊处理达到高致密性。这种石墨材料除了材料成本比较高外，由于双极板流道需要经过机械加工，其制造成本也很大，且比较脆，巴拉德公司的早期燃料电池堆(MARK7 以前)均采用这种材料，目前这种双极板材料正在逐渐被取代。模铸石墨复合双极板是采用炭/石墨颗粒、树脂及其他添加剂混合铸制而成[123,124]，树脂起黏结与增强作用，有热固性(如酚醛树脂 PF、环氧树脂 EP、乙烯基酯树脂 VE)与热塑性(如聚偏氟乙烯树脂 PVDF、聚丙烯树脂 PP、液晶聚合物树脂 LCP 等)两种，带有流道的双极板采用模压或注射等方法直接成型，降低了原材料处理与机加工成本。此外，模铸石墨复合双极板增加了柔韧性，有利于电池的组装弹性以及误差的容忍性。石墨颗粒与树脂的复合比例要在权衡强度、导电与致密性的基础上综合确定,添加剂、树脂等在燃料电池环境下的是否会产生降解以及降解产物对催化剂、膜等是否会带来危害还需要进一步考察。

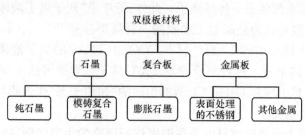

图8 双极板材料分类

膨胀石墨双极板是采用多孔层状膨胀石墨填充树脂的方法压制而成的,石墨骨架形成了导电网络,树脂起到填孔与增强作用。巴拉德公司 Mark9 系列的电堆就是采用这种双极板(巴拉德专利 WO00/41260),组装的燃料电池已经进行了商业化示范运行。膨胀石墨中常含有一些杂质如 SiO_2、Al_2O_3、MgO、CaO、P_2O_5、CuO、V_2O_5、H_2O、S、FeO 等,国内不同产地的几种典型的杂质含量如表4所示,若将一些杂质带入双极板中会在燃料电池环境中形成金属阳离子、硫化物等毒化成分,会对燃料电池性能产生不利的影响,因此制备前需要采用物理、化学/电化学等方法对原材料进行净化前处理。

表4 膨胀石墨中的杂质含量 （单位:%）

产生区域	Ca	Fe	Mn	剩下的
区域 A	0.07372	0.01881	0.00049	1.416
区域 B	0.0203	0.0482	0.1066	0.78
区域 C	0.0306	0.0217	0.0088	0.31
区域 D	0.0135	0.0302	0.0042	0.21

石墨双极板材料难以克服的缺点是它的非致密性,会直接导致燃料电池发电效率的降低和潜在的安全问题;且随着双极板的减薄,给材料的致密性会带来更大的挑战,使石墨板的燃料电池比功率密度提高具有局限性。此外,在零度以下运行时,由于石墨板微孔内会有一定的水残存,水的冷冻与解冻会削弱材料的强度。

石墨金属复合双极板是采用金属薄板与石墨板组合而成,由于金属板的引入,使石墨材料除了导电、形成流体流道外不需要致密与增强作用,不需树脂填充。另外,金属由于石墨板的间隔也减轻了直接接触腐蚀介质的危害程度。基于大连化物所的石墨金属复合双极板专利技术组装的电池组,已经在燃料电池汽车上得到了应用,表现出了良好的性能(见图9),常压操作的电池组比功率密度已经达到

1100W/L。

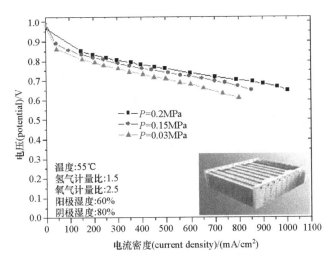

图 9　金属膨胀石墨复合板的燃料电池性能

　　金属双极板具有良好的阻气性能、高强度、高比功率密度以及可加工性，引起人们的重新重视。然而金属材料(除贵金属外)在 PEMFC 环境中难以满足耐腐蚀性和界面导电性要求，因此，目前更多的研究均集中在金属材料表面改性上[125]，表面处理材料及相应的制备方法是目前双极板的研究热点。基材多采用不锈钢、Ti、Ni、Al 等，其中不锈钢是最普遍采用的基材。金属双极板表面处理层材料可以分为金属与碳两大类。金属类包括贵金属以及金属化合物。贵金属涂层，如金、银、铂等，尽管成本高，但由于其优越的耐蚀性以及与石墨相似的接触电阻使其在特殊领域应仍有采用，为了降低成本，处理层的厚度尽量减薄，但是要避免微孔。Fu 等[126]探索了 Ag-PTFE 复合镀，采用 PTFE 与 Ag 共沉积，Ag 起导电作用，PTFE 可以减少针孔的存在，这种方法为消除镀层中的针孔进行了有益的探索。金属化合物处理层是目前研究较多的表面处理方案，主要是在金属表面形成一层氮化物、碳化物、硼化物等导电耐蚀层，如 TiN、Cr_xN_y、Cr-C 等，表现出较高的应用价值。美国橡树岭国家实验室 Brady 等[127]通过等离子渗氮方法在 Ni50Cr 合金、349TM、AISI446、Ni-Cr 系和 Fe-Cr 系等一系列合金上制备出了无缺陷 Cr 的氮化物膜，显示出了很好的性能。大连化物所与大连理工大学合作采用偏弧离子镀的方法，制备出了 Cr_xN 梯度涂层[128]，在导电性与耐蚀性等方面具有较好的测试结果。此外还探索了 CrC 膜的制备[129]，其导电性与贵金属 Ag 镀层相当，显示出了较好的应用前景。除了金属类覆层以外，金属双极板碳类膜也有一定探索，如石墨、导电聚合物(聚苯胺、聚吡咯)以及类金刚石等薄膜。黄乃宝等[129]采用电化学方法在金属上沉积聚苯胺，并研究了聚苯胺改性钢在模拟 PEMFC 环境下的电化学腐蚀行为,发现耐腐蚀性能显著提高,组装单电池短期运行性能较好。采用循环伏安等方法制备导电聚合物膜,难以在大面积燃料电池上放大使用,且覆层与基材的分层问题也需要进一步解决。

金属双极板表面处理层的针孔是双极板材料目前普遍存在的问题,由于涂层在制备过程中颗粒的沉积过程中形成了不连续相,导致针孔的存在,使得在燃料电池运行环境中通过涂层的针孔发生了基于母材的电化学腐蚀。另外,由于覆层金属与基体线胀系数不同,在工况循环时发生的热循环会导致微裂纹,也是值得关注的问题,选用加过渡层方法可以使问题得到缓解。此外,表面处理层还应避免引入金属阳离子污染源,使得聚合物膜中的氢被取代,造成质子传导能力的下降以及由此引起的膜的降解速率增加。金属表面处理层要求腐蚀性与导电性兼顾。

通常材料的耐腐蚀性与导电性是材料矛盾的两个方面,耐蚀性要求材料具有高键能、电子束缚力大,而导电性却要求较易运动的自由电子,而电子的运动又容易引起材料的电化学腐蚀。因此,单一组分的表面改性层很难兼具两方面的功能,采用多组分材料的协同作用是金属双极板表面改性的一个有效途径。

5. 结 束 语

车用燃料电池经过最近十几年的研究与探索,在关键材料、部件与车辆示范运行方面都取得了令人鼓舞的进步。然而,制约燃料电池商业化的寿命与成本技术瓶颈依然存在,其中燃料电池的核心材料,如低成本、高稳定性的电催化剂与载体、质子交换膜、耐腐蚀的双极板等的研究还要进一步深化。要在认识车用工况下衰减机理的基础上,从材料的原子、分子尺度设计出发,研究材料构效关系与可控规模制备,推动车用燃料电池的技术进步,促进燃料电池产业化进程。

本文第一次发表于《化学进展》2009 年 11 期

参 考 文 献

[1] 衣宝廉. 燃料电池的原理、技术与应用[M]. 北京:化学工业出版社,2003:5-8

[2] CUTE(Clean Urban Transportation for Europe)Detailed Summary of Achievements,http://ec. europa. eu/energy/res/fp6_projects/doc/hydrogen/deliverables/summary. pdf

[3] 上燃动力,同济大学. 科技奥运燃料电池轿车项目总结[R]. 2008.09

[4] U. S. DOE,http://www1. eere. energy. gov/hydrogenandfuelcells/mypp/,2007

[5] 国家高技术研究发展计划—863 计划. "节能与新能源汽车"重大项目 2006 年度课题申请指南,www. most. gov. cn/tztg/200610/P020061025542035269270. doc

[6] Borup R L,Davey J R,Garzon F H,et al. PEM fuel cell electrocatalyst durability measure-

ments[J]. Journal of Power Sources,2006,163(1):76-81

[7] Akita T,Taniguchi A,Maekawa J,et al. Analytical TEM study of Pt particle deposition in the proton-exchange membrane of a membrane-electrode-assembly[J]. Journal of Power Sources,2006,159(1):461-467

[8] Borup R L,Wood D L,Davey J R,et al. Fuel cells durability & performance[C]. The Knowledge Foundation's 2nd Annual International Symposium,Miami Beach,December7-8,2006

[9] Schulze M,Wagner N,Kaz T,et al. Combined electrochemical and surface analysis investigation of degradation processes in polymer electrolyte membrane fuel cells[J]. Electrochimica Acta,2007,52(6):2328-2336

[10] Tang H,Qi Z,Ramani M,et al. PEM fuel cell cathode carbon corrosion due to the formation of air/fuel boundary at the anode[J]. Journal of Power Sources,2006,158(2):1306-1312

[11] Yu X,Ye S. Recent advances in activity and durability enhancement of Pt/C catalytic cathode in PEMFC:Part II:Degradation mechanism and durability enhancement of carbon supported platinum catalyst[J]. Journal of Power Sources,2007,172(1):145-154

[12] Liu D,Case S. Durability study of proton exchange membrane fuel cells under dynamic testing conditions with cyclic current profileb[J]. Journal of Power Sources,2006,162(1):521-531

[13] Yu J,Matsuura T,Yoshikawa Y,et al. In situ analysis of performance degradation of a PEMFC under nonsaturated humidification[J]. Electrochemical and Solid-State Letters,2005,8(3):A156-A158

[14] Borup R,Meyers J,Pivovar B,et al. Scientific aspects of polymer electrolyte fuel cell durability and degradation[J]. Chemical Reviews,2007,107:3904-3951

[15] Wroblowa H,Rao M L B,Damjanovic A,et al. Adsorption and kinetics at platinum electrodes in the presence of oxygen at zero net current[J]. Journal of Electroanalytical Chemistry,1967,15:139-150

[16] Markovic N M,Aric R R,Cahan B D,et al. Structural effects in electrocatalysis:oxygen reduction on platinum low indexsingle-crystal surfaces in perchloric acid solutions[J]. Journal of Electroanalytical Chemistry,1994,377(1-2):249-259

[17] Yeager E. Electrocatalysts for O_2 reduction[J]. Electrochimica Acta,1984,29(11):1527-1537

[18] Watanabe M,Uchida M,Motoo S,et al. Structural effects in electrocatalysis:oxygen reduction on platinum low index single-crystal surfaces in perchloric acid solutions[J]. Journal of Electroanalytical Chemistry,1987,229(1-2):395-406

[19] Yang B,Lu Q,Zhuang L,et al. Simple and low-cost preparation method for highly dispersed PtRu/C catalysts[J]. Chemistry of Materials,2003,15(18):3552-3557

[20] Zhou W,Zhou Z,Xin Q,et al. Pt based anode catalysts for direct ethanol fuel cells[J]. Applied Catalysis B,2003,46(2):273-285

[21] Tian Z Q,Jiang S P,Liang Y M,et al. Synthesis and characterization of platinum catalysts

on multiwalled carbon nanotubes by intermittent microwave irradiation for fuel cell applications[J]. Journal of Physics and Chemistry B,2006,110:5343-5350

[22] Colvin V L,Schlamp M C,Alivisatos A P. Light-emitting diodes made from cadmium selenide nanocrystals and a semiconducting polymer[J]. Nature,1994,370:354-357

[23] Boutonnet M,Kizling J,Stenius P,et al. The preparation of monodisperse colloidal metal particles from microemulsions[J]. Colloids and Surfaces,1982,5(3):209-225

[24] Zhang X,Chan K Y. Water-in-oil microemulsion synthesis of platinum-ruthenium nanoparticles,their characterization and electrocatalytic properties[J]. Chemistry of Materials,2003, 15(2):451-459

[25] Markovic N,Gasteiger H,Ross P N. Kinetics of oxygen reduction on Pt(hkl)electrodes:implications for the crystallite size effect with supported pt electrocatalysts[J]. Journal of The Electrochemical Society,1997,144(5):1591-1597

[26] Wang Z L. Transmission electron microscopy of shape-controlled nanocrystals and their assemblies[J]. Journal of Physics and Chemistry B,2000,104(6):1153-1175

[27] 孙公权,孙世国,唐水花,等. 一种担载型和非担载型催化剂及制备方法[P]:CN, 200610078214.6. 2003-06-25

[28] 孙世国,徐恒泳,唐水花,等. PtRu 纳米线的合成及其在直接甲醇燃料电池阳极中的催化活性[J]. 催化学报,2006,7(10):932-936

[29] Peuckert M,Yoneda T,Dalla B R A,et al. Oxygen reduction on small supported platinum particles[J]. Journal of The Electrochemical Society,1986,113(5):944-947

[30] Mukerjee S. Particle size and structural effects in platinum electrocatalysis[J]. Journal of Applied Electrochemistry,1990,20(4):537-548

[31] Giordano N,Passalacqua E,Pino L,et al. Analysis of platinum particle size and oxygen reduction in phosphoric acid[J]. Electrochimica Acta,1991,36(13):1979-1984

[32] Kabbabi A,Gloaguen F,Andoofatto F,et al. Particle size effect for oxygen reduction and methanol oxidation on Pt/C inside a proton exchange membrane[J]. Journal of Electroanalytical Chemistry,1994,373(1-2):251-254

[33] Appleby A S,Foulkes F R. Fuel Cell Handbook[M]. Melbourne:Krieger,1993

[34] Neyerlin K C,Srivastava R,Yu C,et al. Electrochemical activity and stability of dealloyed Pt-Cu and Pt-Cu-Co electrocatalysts for the oxygen reduction reaction(ORR)[J]. Journal of Power Sources,2009,186(2):261-267

[35] Ralph T R,Hogarth M P. Catalysis for low temperature fuel cells[J]. Platinum Metals Review,2002,46:117-135

[36] Stamenkovic V R,Fowler B,Mun B S,et al. Improved oxygen reduction activity on Pt_3Ni (111)via increased surface site availability[J]. Science,2007,315(5811):493-497

[37] Zhang J,Sasaki K,Sutter E,et al. Stabilization of platinum oxygen-reduction electrocatalysts using gold clusters[J]. Science,2007,315(5809):220-222

[38] Li H Q,Sun G Q,Li N. Design and preparation of highly active Pt-Pd/C catalyst for the ox-

ygen reduction reaction[J]. Journal of Physical Chemistry C,2007,111(15):5605-5617

[39] Watanabe M,Motoo S. Electrocatalysis by ad-atoms:Part III. Enhancement of the oxidation of carbon monoxide on platinum by ruthenium ad-atoms[J]. Journal of Electroanalytical Chemistry,1975,60(3):275-283

[40] Liang Y M,Zhang H M,Tian Z Q,et al. Synthesis and structure-activity relationship exploration of carbon-supported PtRuNi nanocomposite as a CO-tolerant electrocatalyst for proton exchange membrane fuel cells[J]. Journal of Physical Chemistry B,2006,110(15):7828-7834

[41] Hou Z J,Yi B L,Yu H M,et al. CO tolerance electrocatalyst of PtRu-H_xMeO$_3$/C(Me=W, Mo)made by composite support method[J]. Journal of Power Sources, 2003, 123 (2): 116-125

[42] Mathieu M,Primet M. Sulfurization and regeneration of platinum[J]. Applied Catalysis, 1984,9:361-370

[43] Shi W Y,Yi B L,Hou M,et al. Hydrogen sulfide poisoning and recovery of PEMFC Pt-anodes[J]. Journal of Power Sources,2007,164(2):814-818

[44] Fu J,Hou M,Du C,et al. Potential dependence of sulfur dioxide poisoning and oxidation at the cathode of proton exchange membrane fuel cells[J]. Journal of Power Sources,2009, 187(1):32-38

[45] Ralph T R,Hogarth M P. Catalysis for low temperature fuel cells[J]. Platinum Metals Review,2002,46(1):3-14

[46] Burguete C P,Solano A L,Reinoso F R,et al. The effect of oxygen surface groups of the support on platinum dispersion in Pt/carbon catalysts [J]. Journal of Catalysis, 1989, 115(1):98-106

[47] Paulus U A,Schmidt T J,Gasteiger H A,et al. Oxygen reduction on a high-surface area Pt/ Vulcan carbon catalyst:a thin-film rotating ring-disk electrode study[J]. Journal of Electroanalytical Chemistry,2001,495(2):134-145

[48] Aksoylu A E,Madalena M,Freitas A,et al. Bimetallic Pt-Sn catalysts supported on activated carbon:I. The effects of support modification and impregnation strategy[J]. Applied Catalysis A:General,2000,192(1):29-42

[49] Figueiredo J L,Pereira M F R,Freitas M M A,et al. Modification of the surface chemistry of activated carbons[J]. Carbon,1999,37(9):1379-1389

[50] Joo S H,Choi S J,Oh I,et al. Ordered nanoporous arrays of carbon supporting high dispersions of platinum nanoparticles[J]. Nature,2001,412:169-172

[51] Li W Z,Liang C H,Qiu J S,et al. Carbon nanotubes as support for cathode catalyst of a direct methanol fuel[J]. Carbon,2002,40:791-794

[52] Bessel C A,Laubernds K,Rodriguez N M,et al. Graphite nanofibers as an electrode for fuel cell applications[J]. Journal of Physical Chemistry B,2001,105(6):1115-1118

[53] Serp P,Feurer R,Kihn Y,et al. Novel carbon supported material:highly dispersed platinum

particles on carbon nanospheres[J]. Journal of Materials Chemistry,2001,11:1980-1981

[54] Hills C W,Nashner M S,Frenkei A I,et al. Carbon support effects on bimetallic Pt-Ru nanoparticles formed from molecular precursors[J]. Langmuir,1999,15(3):690-700

[55] Gasteiger H A,Kocha S S,Somapalli B,et al. Activity benchmarks and requirements for Pt, Pt-alloy,and non-Pt oxygen reduction catalysts for PEMFCs[J]. Applied Catalysis B,2005, 56(1):9-35

[56] Ryoo R,Joo S H,Jun S. Synthesis of highly ordered carbon molecular sieves via template-mediated structural transformation[J]. Journal of Physical Chemistry B, 1999, 103(37): 7743-7746

[57] Lee J,Yoon S,Hyeon T,et al. Synthesis of a new mesoporous carbon and its application to electrochemical double-layer capacitors[J]. Chemical Communications,1999,21:2177-2178

[58] Darmstadt H,Roy C,Kaliaguine S,et al. Surface and pore structures of CMK-5 ordered mesoporous carbons by adsorption and surface spectroscopy[J]. Chemistry of Materials,2003, 15(17):3300-3307

[59] Liu Y C,Qiu X P,Huang Y Q,et al. Methanol electro-oxidation on mesocarbon microbead supported Pt catalysts[J]. Carbon,2002,40:2375-2380

[60] Liu Y C,Qiu X P,Huang Y Q,et al. Mesocarbon microbeads supported Pt-Ru catalysts for electrochemical oxidation of methanol[J]. Journal of Power Sources,2002,111(1):160-164

[61] Smirnova A,Dong X,Hara H,et al. Novel carbon aerogel-supported catalysts for PEM fuel cell application[J]. International Journal of Hydrogen Energy,2005,30:149-158

[62] Ijima S. Helical microtubules of graphitic carbon[J]. Nature,1991,354(6348):56-58

[63] Shao Y Y,Yin G P,Gao Y Z,et al,Durability study of Pt/C and Pt/CNTs catalysts under simulated PEM fuel cell conditions[J] Journal of the Electrochemical Society,2006,153(6): A1093-A1097

[64] Zhao X S,Li W Z Jiang L H,et al. Multi-wall carbon nanotube supported Pt-Sn nanoparticles as an anode catalyst for the direct ethanol fuel cell[J]. Carbon,2004,42:3263-3265

[65] Li W Z,Liang C H,Zhou W J,et al. Preparation and characterization of multiwalled carbon nanotube-supported platinum for cathode catalysts of direct methanol fuel cells[J]. Journal of Physics Chemistry B,2003,107(26):6292-6299

[66] Guo J S,Sun G. Q,Wang Q,et al. Carbon nanofibers supported Pt-Ru electrocatalysts for direct methanol fuel cells[J]. Carbon,2006,44(1):152-157

[67] Yuan F L,Yu H K,Ryu H,Preparation and characterization of carbon nanofibers as catalyst support material for PEMFC[J]. Electrochimica Acta,2004,50:685-691

[68] 唐水花. 直接醇类燃料电池新型碳载体及电催化剂研究[博士后工作报告]. 大连:中国科学院大连化学物理研究所,2006

[69] Chen Z W,Waje M,Li W Z,et ak. Supportless Pt and PtPd nanotubes as electrocatalysts for oxygen-reduction reactions [J]. Angewandte Chemie International Edition, 2007, 46: 4060-4063

[70] Wang B. Recent development of non-platinum catalysts for oxygen reduction reaction[J]. Journal of Power Sources,2005,152:1-15

[71] 刘卫峰,胡军,衣宝廉,等. Pt/C 催化剂的制备与评价[J]. 电源技术,2005,29(7):431-433

[72] Cunningham N,Irissou E,Lefèvre M,et al. PEMFC anode with very low Pt loadings using pulsed laser deposition[J]. Electrochemical and Solid-State Letters,2003,6(7):A125-A128

[73] Hui C L,Li X G,Hsing I M. Well-dispersed surfactant-stabilized Pt/C nanocatalysts for fuel cell application:dispersion control and surfactant removal[J]. Electrochimica Acta,2005, 51:711-719

[74] 唐浩林,潘牧,许程,等. Pt-Nafion/CNTs 的合成与表征[J]. 电池,2005,35(1):43-45

[75] Alonso-Vante N,Tributsch H. Energy conversion catalysis using semiconducting transition metal cluster compounds[J]. Nature,1986,323(5):431-433

[76] Alonso-Vante N,Jaegermann W,Tributsch H,et al. Electrocatalysis of oxygen reduction by chalcogenides containing mixed transition metal clusters[J]. Journal of the American Chemical Society,1987,109:3251-3257

[77] Trapp V,Christensen P,Hamnett A. New catalysts for oxygen reduction based on transition-metal sulfides [J]. Journal of the Chemical Society, Faraday Transactions, 1996, 92(21):4311-4320

[78] Chou W J,Yu G P,Huang J H. Corrosion resistance of ZrN films on AISI 304 stainless steel substrate[J]. Surface and Coatings Technology,2003,167(1):59-67

[79] Zhong H X,Zhang H M,Liu G,et al. A novel non-noble electrocatalyst for PEM fuel cell based on molybdenum nitride[J]. Electrochemistry Communications 2006,8(5):707-712

[80] Liu G,Zhang H M,Wang M R,et al. Preparation,characterization of ZrO_xN_y/C and its application in PEMFC as an electrocatalyst for oxygen reduction [J]. Journal of Power Sources,2007,172:503-510

[81] Liu G,Zhang H M,Hu J W. Novel synthesis of a highly active carbon-supported $Ru_{85}Se_{15}$ chalcogenide catalyst for the oxygen reduction reaction[J]. Electrochemistry Communications,2007,9(11):2643-2648

[82] Bashyam R,Zelenay P. A class of non-precious metal composite catalysts for fuel cells[J]. Nature,2006,443:63-66

[83] Lefèvre M,Proietti E,Jaouen F,et al. Iron-based catalysts with improved oxygen reduction activity in polymer electrolyte fuel cells[J]. Science,2009,324(5923):71-74

[84] Gasteiger H A,Markovic N M. Just a dream—or future reality? [J]. Science,2009,324: 48-49

[85] Du X,Yu J R,Yi B L,et al. Performances of proton exchange membrane fuel cells with alternate membranes[J]. Physical Chemistry Chemical Physics,2001,3:3175-3179

[86] Bahar B, Hobson A R, Kolde J A. Ultra-thin integral composite membrane [P]: US, 5599614. 1997-02-24

[87] Liu F Q,Yi B L,Xing D M,et al. Nafion/PTFE composite membranes for fuel cell applica-

tions[J]. Journal of Membrane Science,2003,212(1-2):213-223

[88] Liu Y H,Yi B L,Shao Z G,et al. Carbon nanotubes reinforced nafion composite membrane for fuel cell applica-tions[J]. Electrochemical and Solid-State Letters,2006,9(6):A 356-359

[89] Xing D M,Yi B L,Liu F Q,et al. Characterization of sulfonated poly(ether ether ketone)/polytetrafluoroethylene composite membranes for fuel cell applications[J]. Fuel Cells,2005, 5:406-411

[90] Tang H L,Wan Z,Pan M,et al. Self-assembled Nafion-silica nanoparticles for elevated-high temperature polymer electrolyte membrane fuel cells[J]. Electrochemistry Communications, 2007,9:2003-2008

[91] Devanathan R. Recent developments in proton exchange membranes for fuel cells[J]. Energy & Environmental Science,2008,1:101-119

[92] Watanabe M,Uchida H,Seki Y et al. Self-humidifying polymer electrolyte membranes for fuel cells[J]. Journal of the Electrochemical Society,1996,143(12):3847-3852

[93] Wang L,Xing D M,Zhang H M,et al. Pt/SiO$_2$ catalyst as an addition to Nafion/PTFE self-humidifying composite membrane[J]. Journal of Power Sources,2006,161(1):61-67

[94] Wang L,Zhao D,Zhang H M,et al. Water-retention effect of composite membranes with different types of nanometer silicon dioxide[J]. Electrochemical and Solid-State Letters, 2008,11(11):B201-B204

[95] Wu J F,Yuan X Z,Martin J,et al. A review of PEM fuel cell durability:Degradation mechanisms and mitigation strategies[J]. Journal of Power Sources,2008,184(1):104-119

[96] Zhao D,Yi B L,Zhang H M,et al. Cesium substituted 12-tungstophosphoric($Cs_x H_{3-x} PW_{12} O_{40}$)loaded on ceria-degradation mitigation in polymer electrolyte membranes[J]. Journal of Power Sources,2009,190(2):301-306

[97] Dai H,Zhang H,Luo Q,et al. Properties and fuel cell performance of proton exchange membranes prepared from disulfonated poly(sulfide sulfone)[J]. Journal of Power Sources, 2008,185:19-25

[98] Wei J,Stone C,Steck A E. Trifluorostyrene and substituted trifluorostyrene copolymeric compositions and ion-exchange membranes formed therefrom[P]:US,5422411. 1995-06-06

[99] Büchi F N,Gupta B,Haas O,et al. Performance of differently cross-linked,partially fluorinated proton exchange membranes in polymer electrolyte fuel cells[J]. Journal of the Electrochemical Society,1995,142(9):3044-3048

[100] Kobayashi T,Rikukawa M,Sanui K,et al. Proton-conducting polymers derived from poly (ether-etherketone) and poly(4-phenoxybenzoyl-1,4-phenylene)[J]. Solid State Ionics, 1998,106:219-225

[101] Nolte R,Ledjeff K,Bauer M,et al. Partially sulfonated poly(arylene ether sulfone)-A versatile proton conducting membrane material for modern energy conversion technologies[J]. Journal of Membrane Science,1993,83:211-220

[102] Smitha B,Sridhar S,Khan A A. Solid polymer electrolyte membranes for fuel cell applica-

tions—a review[J]. Journal of Membrane Science,2005,259(1-2):10-26

[103] Vallejo E, Pourcelly G, Gavach C, et al. Sulfonated polyimides as proton conductor exchange membranes. Physicochemical properties and separation H^+/M^{z+} by electrodialysis comparison with a perfluorosulfonic membrane[J]. Journal of Membrane Science, 1999, 160(1):127-137

[104] Xing D M, Kerres J. Improvement of synthesis procedure and characterization of sulfonated poly(arylene ether sulfone) for proton exchange membranes[J]. Journal of New Materials for Electrochemical Systems,2006,9(1):51-60

[105] Hickner M, Ghassemi H, Kim Y, et al. Alternative polymer systems for proton exchange membranes(PEMs)[J]. Chemical Reviews,2004,104(10),4587-4612

[106] He R, Li Q, Jense J O, et al. Doping phosphoric acid in polybenzimidazole membranes for high temperature proton exchange membrane fuel cells[J]. Journal of Polymer Science Part A:Polymer Chemistry,2007,45:2989-2997

[107] Ma Y L, Wainright J S, Litt M H, et al. Conductivity of PBI membranes for high-temperature polymer electrolyte fuel cells[J]. Journal of the Electrochemical Society,2004,151:A8-A16

[108] Xiao L, Zhang H, Scanlon E, et al. High-temperature polybenzimidazole fuel cell membranes via asol-gel process[J]Chemistry of Materials,2005,17(21),5328-5333

[109] YuJ R, Yi B L, Xing D M, et al. Degradation mechanism of polystyrene sulfonic acid membrane and application of its composite membranes in fuel cells[J]. Physical Chemistry Chemical Physics,2003,5:611-615

[110] Ren S Z, Li C N, Zhao X S, et al. Surface modification of sulfonated poly(ether ether ketone)membranes using Nafion solution for direct methanol fuel cells[J]. Journal of Membrane Science,2005,247:59-63

[111] Wang L, Yi B L, Zhang H M, et al. Novel multilayer Nafion/SPI/Nafion composite membrane for PEMFCs[J]. Journal of Power Sources,2007,164(1):80-85

[112] Aharomi S M, Litt M H, Synthesis and some properties of poly-(2,5-trimethylene benzimidazole)and poly-(2,5-trimethylene benzimidazole hydrochloride)[J]. Journal of Polymer Science Part A:Polymer Chemistry,1974,12:639-650

[113] Li Q F, Jensena J O, Savinell R F, et al. High temperature proton exchange membranes based on polybenzimidazoles for fuel cells[J]. Progress in Polymer Science, 2009, 34:449-477

[114] Zhai Y F, Zhang H M, Liu G, et al. Degradation study on MEA in H_3PO_4/PBI high-temperature PEMFC life test[J]. Journal of The Electrochemical Society,2007,154:B72-B76

[115] Zhai Y F, Zhang H M, Zhang Y, et al. A novel H_3PO_4/Nafion-PBI composite membrane for enhanced durability of high temperature PEM fuel cells[J]. Journal of Power Sources 2007,169:259-264

[116] Li M Q, Shao Z G, Scott K. A high conductivity $Cs_{2.5}H_{0.5}PMo_{12}O_{40}$/polybenzimidazole

(PBI)/H₃PO₄ composite membrane for proton-exchange membrane fuel cells operating at high temperature[J]. Journal of Power Sources,2008,183(1):69-75

[117] Xu W,Angell C A. Solvent-free electrolytes with aqueous solution-like conductivities[J]. Science,2003,302:422-425

[118] Ye H,Huanga J,Xu J J. New membranes based on ionic liquids for PEM fuel cells at elevated temperatures[J]. Journal of Power Sources,2008,178(2):651-660

[119] Che Q,Sun B,He R. Preparation and characterization of new anhydrous,conducting membranes based on composites of ionic liquid trifluoroacetic propylamine and polymers of sulfonated poly(ether ether)ketone or polyvinylidenefluoride[J]. Electrochimca Acta,2008,53 (13):4428-4434

[120] Uda T,Haile S M. Thin-membrane solid-acid fuel cell[J]. Electrochemical and Solid-State Letters,2005,8:A245-A246

[121] 葛磊,冉然. 固体酸燃料电池[J]. 化学进展,2008,2/3:405-412

[122] Hermann A,Chaudhuri T,Spagnol P. Bipolar plates for PEM fuel cells:A review[J]. International Journal of Hydrogen Energy,2005,30:1297-1302

[123] Muller A,Kauranen P,von Ganski A. Injection moulding of graphite composite bipolar plates[J]. Journal of Power Sources,2006,154:467-471

[124] Mehta V,Cooper J S. Review and analysis of PEM fuel cell design and manufacturing[J]. Journal of Power Sources,2003,114(1):32-53

[125] Tawfika H,Hung Y,Mahajan D. Metal bipolar plates for PEM fuel cell-A review[J]. Journal of Power Sources,2007,163(2):755-767

[126] Fu Y,Hou M,Xu H F,et al. Ag-polytetrafluoroethylene composite coating on stainless steel as bipolar plate of proton exchange membrane fuel cell[J]. Journal of Power Sources, 2008,182:580-584

[127] Brady M P,Wang H,Yang B,et al. Growth of Cr-Nitrides on commercial Ni-Cr and Fe-Cr base alloys to protect PEMFC bipolar plates[J]. International Journal of Hydrogen Energy, 2007,32:3778-3788

[128] Fu Y,Hou M,Lin G Q,et al. Coated 316L stainless steel with Crₓ N film as bipolar plate for PEMFC prepared by pulsed bias arc ion plating[J]. Journal of Power Sources,2008, 176:282-286

[129] 黄乃宝,衣宝廉,梁成浩,等. 聚苯胺改性钢在模拟 PEMFC 环境下的电化学行为[J]. 电源技术,2007,31:217-219

第2篇 车用燃料电池耐久性的解决策略

衣宝廉　侯　明

燃料电池以其高效、洁净、兼容可再生能源技术等特点，在未来交通、运输、通信等领域展示了广阔的应用前景。它是人们提出的后石油时代解决移动动力源的方案之一，是实现低碳减排目标的重要能源转换技术。与其他电动汽车如二次电池为动力的纯电动汽车（electrical vehicle，EV）及混合电动汽车（hybrid electric vehicles，HEV）比较，燃料电池汽车（fuel cell vehicles，FCV）具有续驶里程长、动力性能高等优点[1]，因此，国内外研究人员一直致力于燃料电池汽车的研究与开发，旨在解决存在的各种科学技术问题，尽早实现商业化。

寿命、成本与氢源是燃料电池汽车商业化必须解决的三大难题。车用燃料电池的耐久性是制约其商业化的技术挑战之一。本文重点讨论寿命相关的车用燃料电池技术问题，从车用燃料电池材料与系统两方面论述其衰减机理与解决对策。

1. 车用燃料电池技术近期进展

初期的车用燃料电池技术仅限于满足汽车动力要求，基于商业化的预期，人们逐渐关注它的成本、寿命等问题。2009年1月，美国能源部（Department of Energy，DOE）提交的国会报告中[2]，车用燃料电池的寿命仅接近2000h，还远达不到5000h的目标。车用燃料电池耐久性成为了人们关注的焦点，尤其是国际上各大汽车公司正积极致力于燃料电池技术的研究，利用他们在传统汽车上的技术积累，近期取得令人瞩目的进步。

美国联合技术公司（United Technologies Corporation，UTC）自1998年以来从事车用燃料电池研究与开发，基于磷酸与碱性燃料电池的技术储备，在车用燃料电池耐久性方面取得了很大进展。他们与美国AC运输公司合作，在加利福尼亚州奥克兰市成功地进行了燃料电池公交车示范运行。截至2010年6月底，其120kW的燃料电池系统（Pure Motion® Model 120）在没有更换任何部件条件下已经运行了7000h[3]，远超过美国能源部制定的2015年的5000h寿命目标。这是一个令人鼓舞的结果，标志着燃料电池汽车朝商业化方向迈出了可喜的一步。

美国通用汽车公司（General Motors Company，GM）是具有世界领先水平的从事燃料电池研发的企业，已经开发了几代燃料电池电动汽车。2010年3月通用汽车公司宣称研制成功了第五代车用燃料电池发动机(chevrolet equinox FCV)[4],通过对系统与电池结构的改进,发动机尺寸比第四代技术减少了近一半,与传统的四缸内燃机相当;同时重量减轻100kg,同样是94 kW的发动机,贵金属催化剂Pt的用量从上一代的80g降低到30g(约0.32g/kW),并计划2015年Pt用量再降低1/3(约10g)。

日本丰田(Toyota)公司十几年来也一直致力于燃料电池汽车的开发,在成本控制方面,通过技术进步,贵金属Pt的用量降低至原来的30%[5]。此外,他们还开发了新型膜技术,质子交换膜的成本也有明显的下降;通过发展批量生产技术,使制造成本也得到了大幅降低。近期,丰田公司高层已在公开场合宣布,2015实现燃料电池车零售价格为5万美元/辆的目标。

我国车用燃料电池的研发经过"九五"至"十一五"三个五年计划的技术积累,其技术取得了很大进步。2008年国产23辆燃料电池汽车已经成功地服务于北京奥运会,2010年又有196辆燃料电池车(100辆观光车、90辆轿车与6辆客车)(见图1)在上海世博会上进行运营,这些车的演示与示范是燃料电池技术的集中体现。为了降低成本,增加未来发展的竞争力,科技部又推动了国产材料的开发,在电催化剂、质子交换膜、碳纸、双极板等方面近年来取得了突破性进展[6],并建立与完善了各种试验平台与测试标准,形成了产学研三方面组成的研发团队。

图1 2010年上海世博会示范运行的燃料电池车

从全球来看,燃料电池汽车还处于实现商业化的推进阶段,需要解决来自于寿命、成本与氢源的三大挑战。由于美国联合技术公司车用燃料电池运行 7000h 的标志性成果,使人们看到了燃料电池汽车商业化的曙光,寿命问题有希望在现有材料的基础上通过系统优化与控制策略的改进得以解决;然而,材料的创新与改进是取得燃料电池长寿命的根本性变革,但需要相对长时间的努力。成本方面,国际上一些国家都纷纷出台了一系列新能源汽车补贴或税收减免政策,促进包括燃料电池汽车在内的新能源汽车的发展;但是,研究廉价替代材料,是最终的解决方案。此外,伴随着商业化进程的批量生产技术也会使成本得到大幅度降低。氢源是燃料电池应用相关的另一热点问题,近期建议重点研究化石能源廉价制氢技术或工业副产氢利用技术;远期需培育和发展可再生能源或核能制氢技术,使之与可持续发展的低碳经济接轨。

2. 车用燃料电池耐久性解决途径

众多研究者通过实际运行、试验、模型计算等分析手段对车用燃料电池的衰减机理进行了分析,得到一致共识是车辆的频繁变工况运行是引起燃料电池寿命降低的最主要原因[7,8]。从物理方面,车辆在动态运行过程中由于电流载荷的瞬态变化会引起反应气压力、温度、湿度等频繁波动,从而导致材料本身或部件结构的机械性损伤。化学方面,由于动态过程中载荷的变化,引起电压变化,会导致材料的化学衰减,尤其在启动、停车、急速以及带有高电位的动态循环过程中,会导致材料性能加速衰减,如催化剂的溶解与聚集、聚合物膜降解等。

因此,实现商业化的寿命指标,目前可以从两个层次逐步进行:一方面,通过对系统与控制策略的优化[9],使之避开不利条件或减少不利条件存在的时间,达到延缓衰减的目的,但系统可能会相对复杂,需要加入必要的传感、执行元件与相应的控制单元等;另一方面,还要持续支持新材料的发展[10],当能抵抗车用苛刻工况新材料的技术成熟时,系统可以进一步简化,在新材料基础上实现车用燃料电池的寿命目标。

3. 车用燃料电池系统控制策略

基于目前的认知,燃料电池运行过程中的反应气饥饿、动态电位循环及高电位是引起催化剂及其载体等材料衰减的主要原因。此外,一些极限条件如零度以下储存与启动、高污染环境也会造成燃料电池不可逆转的衰减。归纳起来这些衰减因素主要包括在以下几种车辆运行的典型工况中:①动态循环工况;②启动/停车过程;③连续低载或急速运行;④低温储存与启动过程。下面,我们重点对这四种工况下引起的衰减机理进行分析,并介绍可能采取的解决对策。

3.1 动态循环工况

　　动态循环是指车辆运行过程中由于路况不同,燃料电池输出功率随载荷的变化过程。通常车用燃料电池系统是采用空压机或鼓风机供气。研究显示[11],燃料电池在加载的瞬间,由于空压机或鼓风机的响应滞后于加载的电信号,会引起燃料电池出现短期饥饿现象,即反应气供应不能维持所需要的输出电流,造成电压瞬间过低。尤其是当燃料电池堆各单节阻力分配不完全均匀时,会造成阻力大的某一节或几节首先出现反极,在空气侧会产生氢气,造成局部热点,甚至失效。此外,动态载荷循环工况也会引起燃料电池电位在 0.5～0.9V 频繁变化,在车辆 5500h 的运行寿命内,车用燃料电池要承受高达 30 万次电位动态循环。这种电位频繁变化,会使催化剂及碳载体加速衰减,因此需要针对动态工况采用一定的控制策略减缓衰减。

　　采用二次电池、超级电容器等储能装置与燃料电池构建电-电混合动力,既可减小燃料电池输出功率变化速率,又可以避免燃料电池载荷的大幅度波动。这样使燃料电池在相对稳定工况下工作,避免了加载瞬间由于空气饥饿引起的电压波动,减缓由于运行过程中的频繁变载引起的电位扫描导致的催化剂的加速衰减。

　　为了防止动态加载时的空气饥饿现象,还可采用"前馈"控制策略,即在加载前预置一定量的反应气[11],可以减轻反应气饥饿现象。此外,在电堆的设计、加工、组装过程中保证各单电池阻力分配均匀,避免电池个别节在动态加载时过现过早的饥饿,也是预防衰减的重要控制因素。

　　在动态加载时除了会发生空气饥饿外,氢气供应不足会发生燃料饥饿现象。瞬间的燃料饥饿会使阳极电位升高,导致碳氧化反应的发生[12];系统上采用氢气回流泵或喷射泵等部件可实现尾部氢气循环[13],是避免燃料饥饿的最有效途径。通过燃料氢气的循环,可提高气体流速,改善水管理;同时燃料循环也相当于提高了反应界面处燃料的化学计量比,有利于减少局部或个别节发生燃料饥饿的可能。

3.2 启动/停车过程

　　启动/停车也是车辆最常见的工况之一。研究发现,车用燃料电池由于停车后环境空气的侵入,在启动或停车瞬间,阳极侧易形成氢空界面[14~16],导致阴极高电位的产生,瞬间局部电位可以达到 1.5V 以上,引起碳载体氧化。根据美国城市道路工况统计,车辆在目标寿命 5500h 内,启动停车次数累计高达 38500 次,平均 7 次/h。若每次启动/停车过程是 10s,则阴极暴露 1.2V 以上时间可达 100h[9],而 1.5A/cm² 下平均电压衰减率每次为 1.5mV[16]。因此,在新载体材料没有重大突破的现阶段,需要通过系统策略来控制高电位的生成。

中国科学院大连化学物理研究所(简称大连化物所)研究的停车过程放电方法[14]对高电位起到了控制作用。美国联合技术公司[17]披露的启动/停车过程利用辅助负载限电位法,可有效地抑制高电位产生。研究结果表明[18],启动/停车过程采用系统控制策略后,装有常规膜电极组件(membrane electrode assembly, MEA)的寿命有了显著的提高,而材料改进的 MEA 寿命提高得并不是很明显。由此可见系统控制策略的重要性。

此外,碳腐蚀速率与进气速度密切相关[16],在启动过程中快速进气可以降低高电位停留时间,达到减少碳载体损失的目的。

3.3　连续低载或怠速运行

当低载运行或怠速时,燃料电池电压处于较高范围,阴极电位通常在 0.85～0.9V,在这个电位下的碳载体腐蚀与铂氧化也会直接导致燃料电池性能衰减。在整个车辆使用寿命周期内,怠速时间可达 1000h,因此怠速状态引起的材料衰减同样不可忽视。

利用混合动力控制策略,在低载时通过给二次电池充电,提高电池的总功率输出,也可起到降低电位的目的。此外,美国联合技术公司在一专利中阐述了怠速限电位的方法[19],他们提出通过调小空气量同时循环尾排空气、降低氧浓度的办法,达到抑制电位过高的目的。

3.4　低温储存与启动

车辆运行在冬季要受到零度以下气候的考验,由于燃料电池发电是水伴生的电化学反应,在零度以下反复水、冰相变引起的体积变化会对电池材料与结构产生影响。因此,要制定合理的零度以下储存与启动策略,保证燃料电池在冬季使用的耐久性。低温储存方面,通过研究电池内部存水量对燃料电池材料与部件的影响[20],研究吹扫电池内残存水的方法,减小冰冻对燃料电池性能的危害[21,22],从而提出适宜的保存策略。加热法是低温启动时常采用的方法,可以通过车载蓄电池、催化燃烧氢等方法在启动时提供热量[23,24];自启动法是采用一定策略不依赖于外加能量的低温启动过程[25],这方面研究还在进行中。在启动过程中以低的能量损耗获得快速启动效果是追求的最终目标。目前,日本本田(Honda)公司可在−20℃储存与启动的 FCV 已在北美租赁,国内新源动力股份有限公司已经掌握了−10℃自启动技术(见图 2),丰田、通用等公司均发布了可以在−30℃保存与启动的燃料电池汽车。在这方面国内技术还存在一定差距。

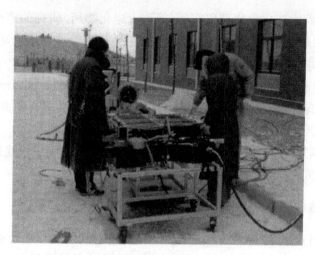

图 2　新源动力股份有限公司发动机－10℃储存与启动试验

4. 车用燃料电池关键材料

材料创新是取得燃料电池耐久性的最终解决方案。国内外研究人员主要从电催化剂及载体、聚合物膜、膜电极组件以及双极板等燃料电池关键材料入手,进行高耐久性材料的研究,并取得了一定的进展。

4.1　高稳定性催化剂

在高稳定性催化剂研究方面,主要从 Pt/C 催化剂的改进与新型催化剂研究两方面进行研究与探索。

4.1.1　Pt/C 电催化剂形貌控制

目前采用的 Pt/C 电催化剂稳定性欠佳,在燃料电池动电位扫描下会产生溶解、聚集、流失等现象,导致活性比表面积减少。通过对制备方法的改进,进行形貌控制,可有效地提高其活性与稳定性[26,27]。Tian 等[28,29]利用高指数晶面 Pt 具有的开放的表面结构和高密度的台阶原子以及处于短程有序环境等特点,使催化剂在活性和稳定性方面均得到显著提高。

4.1.2　Pt＋贵金属/C 二元催化剂

通过贵金属元素对 Pt/C 进行修饰,可提高催化剂的稳定性,如以 Au 簇修饰 Pt 纳米粒子[29],提高了 Pt 的氧化电势,起到了抗 Pt 溶解的作用,经过 3 万次循环伏安扫描,与 Pt/C 比较,其稳定性有了大幅度提高。此外,加入 Pd 也可提高 Pt

的氧还原活性,并改善其抗氧化能力[30]。研究发现,Pt_3Pd/C 与 Pt/C 相比较,在循环伏安(cyclic voltammetry,CV)扫描加速衰减试验中的抗衰减能力得到较大提高[31]。

4.1.3　Pt-M(其他过渡金属)/C 二元催化剂

采用其他过渡金属与 Pt 形成的二元催化剂 Pt-M/C,也是提高催化剂稳定性与降低成本的一个有效途径。利用过渡金属 M 与 Pt 之间的电子与几何效应,提高了 Pt 的稳定性及比活性,同时,降低了贵金属的用量,使催化剂成本也得到大幅度降低,如 Pt-Co/C、Pt-Fe/C、Pt-Ni/C 等二元催化剂[32,33],展示出了较好的活性与稳定性。

4.1.4　$Pt-M_1-M_2/C$ 三元核壳催化剂

$Pt-M_1-M_2/C$ 三元核壳催化剂也是目前研究的热点课题,利用非贵金属为支撑核,表面贵金属为壳的结构,可降低 Pt 用量,提高质量比活性。如采用欠电位沉积方法制备的 Pt-Pd-Co/C 单层核壳催化剂[34],总质量比活性是商业催化剂 Pt/C 的 3 倍,利用脱合金(de-alloyed)办法制备的 Pt-Cu-Co/C 核壳电催化剂[35],质量比活性可达 Pt/C 的 4 倍。

催化剂除了需要工况循环下的稳定性以外,抗毒性也非常重要,如得到广泛研究的 Pt-Ru/C 催化剂具有较好的抗 CO 性能;对于其他杂质如硫化物、NH_3 等的抗毒催化剂,目前还处于研究阶段。空气中痕量的 SO_2,都会导致催化剂中毒[36,37]。希望研制一种能够降低硫化物电化学氧化电位的非 Pt 金属与 Pt 形成的合金催化剂,在保证氧还原活性前提下,SO_2 能在正常电压范围 $0.6\sim0.7V$ 内就能氧化成 SO_3 并与电池内的水结合为硫酸,可降低硫化物对燃料电池的危害。

总之,Pt 基多元催化剂在提高性能、稳定性、抗毒物、降低成本方面均展示出一定的发展潜力,但一些研究成果尚需产品规模的验证,使替代催化剂尽早推向应用。

4.2　抗氧化催化剂载体

目前,广泛使用的催化剂载体为 Vulcan XC-72 炭黑,在燃料电池实际工况下会产生氧化腐蚀,从而导致其担载的贵金属催化剂的流失与聚集,表现为催化剂颗粒长大,活性比表面积减小。因此,需要研制抗氧化催化剂载体。综合近期研究成果,大体归纳为两方面:一是基于原载体材料的改性,二是研制新载体材料。在材料改性方面,可通过添加羰基(=CO)官能团的方法,提高催化剂的分散度,降低其聚集效应,提高稳定性。另外,对炭黑载体进行石墨化处理(如高温 2000℃ 以上处理)[38,39],可表现一定程度的高耐腐蚀性。在新型催化剂载体材料方面,主要分为碳材料与金属化合物两大类。碳材料方面,研究人员在碳纳米管(carbon nanotube,CNT)、碳纳米球、石墨纳米纤维、富勒烯 C60、介孔炭、炭气凝胶等方面进行了有益的尝试。其中碳纳米管载体是研究得比较广泛的一种碳材料,它独特的管状结构和良好的导电性能使其非常适于用作催化剂的载体[40,41]。而且研究表明,采用 Pt/CNT 的稳定性明显好于 Pt/C[42,43]。另外,在碳纳米管中掺杂氮或硼可以进一步提高其稳定性[44]。金属化合物作为催化剂载体材料,也得到越来越多的重视,如以 W_xC_y、氧化铟锡(indium tin oxide,ITO)等[45,46]为代表的金属氧化物与金属碳化物等得到了关注。

无论对碳载体材料的改性还是新型载体材料的创新,其技术挑战都来自于在提高抗氧化性的同时不损失其比表面积和降低其电子的传导性。另外,低成本也是必须要考虑的因素。目前,满足性能、稳定性、成本三方面要求的催化剂载体,还正在探索之中。

4.3 膜的改进

在车用燃料电池运行过程中,另一关键材料质子交换膜会产生物理或化学衰减。物理衰减主要是由于动态温湿及压力波动导致的膜机械损伤,化学衰减主要来自于反应过程中形成的氢氧自由基对膜结构的损害,这些均导致燃料电池性能不可逆转的衰减[8]。研究人员从全氟磺酸膜的结构改进、全氟磺酸膜的改性、烃类膜及碱性膜等方面入手,寻找高稳定性、低成本膜的解决方案。

4.3.1 短侧链全氟磺酸膜

与目前采用的 Nafion 膜比较,短侧链(short side chain,SSC)的全氟磺酸膜其磺酸基团密度较高,质子传导率要高于 Nafion 膜,并表现出了良好的耐久性。典型的有美国陶氏(DOW)膜,还有 Solvay Solexis 公司开发的一种与 DOW 结构相同的 Hyflon® Ion(EW=850~870) SSC 膜,由于采用简单的合成路径,使成本得到大幅度降低。利用 Hyflon® Ion 膜制备的 MEA5000h 耐久性试验表明,该类型的膜没有明显的针孔与膜减薄现象,透氢率也小于 Nafion 112 膜。SSC 膜的缺点是比较脆,可采用增强 Nafion 膜(后面有详细讨论)的思路,制备增强复合 SSC 膜,以进一步提高其机械性能。

4.3.2 Nafion 基增强复合膜

有限的车辆空间使人们更加追求高功率密度的燃料电池,这促使膜趋于薄膜化。为了补偿均质薄膜的强度问题,研究人员研制的增强复合膜可有效地增加膜的机械性能,如采用多孔 PTFE 为基底浸渍全氟磺酸树脂制成的复合增强膜,在保证质子传导的同时,解决了薄膜的强度问题,同时尺寸稳定性也有大幅度的提高。美国 Gore-select 复合膜[47]是这种增强膜的典型代表。国内大连化物所 Liu 等[48]也研制成功了低成本、高强度的 Nafion/PTFE 复合增强膜,采用热台方法制备,结果表明这种复合膜尺寸稳定性明显优于 Nafion 膜,强度也有所提高,增强了抵抗变工况时膜的抗冲击能力。国内正在进行这种膜的小批量试制中。此外,研究人员探索的多种纳米管增强复合膜等也展现了良好发展前景[49,50]。

4.3.3 有机-无机共混膜

在膜中分散如 SiO_2、TiO_2、杂多酸等无机/有机吸湿材料作为保水剂[51,52],储备电化学反应生成水,实现湿度的调节与缓冲,使膜提高了在低湿、高温(约为 120℃)下的耐久性。制成的自增湿膜,利用吸湿材料的保水特性,在无外增湿的情况下使燃料电池保持了良好的性能。此外,把无机保水剂磺化再与 Nafion 复合,可以进一步提高膜的吸水率以及提供额外的酸位,使传导质子能力明显增强[53]。

通过添加自由基淬灭剂可以一定程度上缓解膜的化学衰减。Zhao 等[54]采用在 Nafion 膜中加入 1% 质量比的 $Cs_xH_{3-x}PW_{12}O_{40}/CeO_2$ 纳米分散颗粒制备出了复合膜,利用 CeO_2 中的变价金属可逆氧化还原性质淬灭自由基,$Cs_xH_{3-x}PW_{12}O_{40}$ 的加入在保证了良好的质子传导性同时还强化了 H_2O_2 催化分解能力(见图 3)。这种复合膜组装成膜电极组件在开路电压下进行了耐久性试验,结果表明它比常规的 Nafion 膜在氟离子释放率、透氢量等方面都有所缓解。

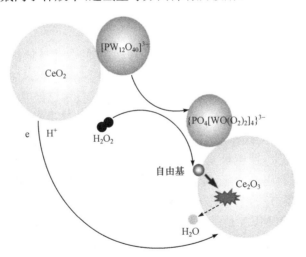

图 3 带有淬灭自由基的有机无机共混膜作用

4.3.4 烃类膜

烃类膜以其低成本、结构调变性强等特点[55],一直是质子交换膜发展的重要方向,目前研究的烃类膜主要包括芳香烃类如离子化处理的聚苯撑氧、芳香聚酯、聚苯并咪唑(PBI)、聚酰亚胺(PI)、聚醚砜(PES)、聚醚醚酮(PEEK)等。此外,如咪唑、吡唑、苯并咪唑等含氮杂环类的膜也引起人们的关注。烃类膜与全氟磺酸膜的主要区别在于 C—H 键与 C—F 键的差别,C—H 键键能(413kJ/mol)小于C—F键键能(485.6 kJ/mol),导致 C—H 键较 C—F 键容易发生化学降解,因此,烃类膜的稳定性成为了实际应用中面临的焦点问题。下一步研究也可以尝试在烃类膜中加入自由基淬灭剂,提高烃类膜寿命,使膜的低成本与寿命问题同时得到解决。

4.3.5 碱性聚合物膜

碱性聚合物电解质膜与传统的碱性燃料电池 KOH 液态电解质不同,由于没有可移动的金属阳离子,所以不会产生碳酸盐沉淀与电解液流失,给车用燃料电池带来了新的契机,近年来得到广泛关注[56]。固态聚合物 OH⁻ 交换膜是碱性环境,与质子交换膜酸性环境相比,材料的腐蚀问题得到缓解;最重要的是碱性环境中的氧还原动力学快于酸性条件,催化剂可采用非贵金属,使燃料电池成本得到降低。目前,研制具有高离子传导性、高稳定性的碱性离子交换膜还存在技术难点,研究者大多采用季胺[57]或季膦[58]型聚合物膜,通过对电解质可溶性溶剂的选择,制备出了带有立体化三相界面的非贵金属催化剂膜电极,但聚合物膜的离子传导性与稳定性还有待于进一步提高。

4.4 膜电极组件

膜电极组件(MEA)是燃料电池的核心部件,它的设计与制备对燃料电池性能与稳定性起着决定性作用。目前,国际上已经发展了三代 MEA 技术路线:一是把催化层制备到扩散层上,通常采用丝网印刷方法,其技术已经基本成熟;二是把催化层制备到膜上(catalyst coated membrane,CCM),与第一种方法比较,在一定程度上提高了催化剂的利用率与耐久性;三是有序化的 MEA,把催化剂如 Pt 制备到有序化的纳米结构上,使电极呈有序化结构,有利于降低大电流密度下的传质阻力,进一步提高燃料电池性能,降低催化剂用量。国内车用燃料电池大部分采用的是第一种传统制备方法,第二种方法还处于完善中。然而,要想实现低成本、高性能的目标,有序化的 MEA 是一个技术发展趋势,3M 公司研制的 Pt 担载量可降至$0.15 \sim 0.25 mg/cm^2$ 的纳米结构薄膜(nanostructured thin film,NSTF)MEA 显示了较好的性能[59]。

4.5 双极板

双极板材料分为石墨、石墨金属复合及金属三类。纯石墨板是早期采用的双极板材料,现在有些企业还沿用这种材料,但由于其材料与制造成本很高,难于满足商业化的需求,正在被石墨粉与树脂的复合模压板技术取代[60]。以巴拉德公司为代表的填充膨胀石墨双极板[61],采用模压工艺,成本大幅度降低,已经在燃料电池示范车上得到了成功的应用。然而,石墨双极板材料的非致密性,会直接导致燃料电池发电效率的降低和潜在的安全问题;且随着双极板的减薄,给材料的致密性会带来更大的挑战,使比功率密度提高具有局限性。此外,在零度以下运行时,由于石墨板微孔内会有一定的水残存,水的冷冻与解冻会削弱材料的强度,以大连化物所为代表的石墨金属复合双极板,弥补了单一石墨双极板的不足,表现出了良好的工况适应性,其电堆已经用于国内示范燃料电池汽车与发电装置上[62,63]。

车用燃料电池由于空间体积的限制,对燃料电池比功率要求越来越高,因此,薄金属双极板成为研究的热点[64]。通用公司开发的基于金属双极板技术的燃料电池电堆,其比功率已经达到 3kW/L、2kW/kg。金属双极板主要的技术挑战主要满足导电、耐蚀性与低成本的兼容。研究表明,特殊的高合金钢可以满足燃料电池环境中耐腐蚀性要求,然而界面导电性还不够理想。因此,目前更多的研究集中在不锈钢材料表面改性上,如碳膜、Ti-N、Cr-C、Cr-N 膜等均表现出具有良好的性能[65,66]。金属双极板表面处理层的针孔是双极板材料目前普遍存在的问题。此外,金属阳离子污染导致电池性能下降也值得关注[67]。

5. 结　论

寿命是制约车用燃料电池商业化的重要因素,车辆工况运行的复杂性导致燃料电池的加速衰减,而启动、停车、怠速过程中的高电位和动态操作条件下电位扫描是引起催化剂及载体衰减的主要原因,需要从材料改进与创新、系统控制策略两方面着手制定解决对策。材料方面需要研究高稳定性的电催化剂、抗腐蚀的催化剂载体、抗氧化的质子交换膜、有序化膜电极组件(MEA)、导电耐腐兼容的金属双极板等,研究人员已经进行了大量工作,取得了一些成果,但还需要一定应用前的试验验证及产品规模的探索。材料问题的解决是一项相对长期的工作,近期可采用控制策略优化等方式,避免燃料电池不利条件的停留时间,以期在现有材料的基础上提高燃料电池寿命,美国联合技术公司取得的 7000h 寿命是这方面的一个成功范例。控制策略的解决方案,会一定程度增加系统的复杂性,我们期待材料的创新,使系统实现简单—复杂—简单的循环上升过程,最终实现燃料电池汽车商业化的既定目标。

本文第一次发表于《汽车安全与节能学报》2011 年 02 期

参 考 文 献

[1] Thomas C E. Batteries or fuel cells? [EB/OL]. (2009-01-01). http://www. cleancaroptions. com/html/batteries_or_fuel_cells_. html

[2] DOE(Department of Energy, USA). Hydrogen and fuel cell activities, progress, and plans: Report to congress[EB/OL]. (2009-01-01). http://www. hydrogen. energy. gov/pdfs/epact_report_sec811. pdf

[3] Peg H. UTC power transit bus fuel cell system sets durability record[EB/OL]. (2010-06-29). http://www. utcfuelcells. com/fs/com/bin/fs_com_Page/0,11491,0336,00. html

[4] General Motors(GM). General motors announces new fuel cell system[EB/OL]. (2009-09-01). http://www. fuelcelltoday. com/online/news/articles/2009-09/General-Motors-Announces-New-Fue

[5] Toyota. Toyota outlines cost down to first commerical FCV in 2015[EB/OL]. (2010-05-01). http://www. fuelcelltoday. com/online/news/articles/2010-05/Toyota-Outlines-Cost-Down

[6] 侯明,衣宝廉. 新能源汽车:电动汽车用燃料电池[J]. 中国汽车工业年鉴,2008:260-263

[7] Borup R, Meyers J, Pivovar B, et al. Scientific aspects of polymer electrolyte fuel cell durability and degradation[J]. Chemical Reviews,2007,107(10):3904-3951

[8] Wu J F, Yuan X Z, Martin J J, et al. A review of PEM fuel cell durability:Degradation mechanisms and mitigation strategies[J]. Journal of Power Sources,2008,184(1):104-19

[9] Perry M L, Darling R M, Kandoi S, et al. Operating requirements for durable polymer-electrolyte fuel cell stacks[C]//Polymer Electrolyte Fuel Cell Durability. New York: Springer Science+Business Media,2008:399-417

[10] 侯明,俞红梅,衣宝廉. 车用燃料电池技术的现状与研究热点[J]. 化学进展,2009,21(11):2319-2332

[11] Shen Q, Hou M, Yan X Q, et al. The voltage characteristics of proton exchange membrane fuel cell(PEMFC)under steady and transient states[J]. Journal of Power Sources,2008,179(1):292-296

[12] Liang D, Shen Q, Hou M, et al. Study of the cell reversal process of large area proton exchange membrane fuel cells under fuel starvation[J]. Journal of Power Sources,2009,194(2):847-53

[13] Perry M L, Patterson T W, Reiser C. Systems strategies to mitigate carbon corrosion in fuel cells[J]. ECS Transactions,2006,3(1):783-795

[14] Shen Q, Hou M, Liang D, et al. Study on the processes of start-up and shutdown in proton exchange membrane fuel cells[J]. Journal of Power Sources,2009,189(2):1114-1119

[15] Tang H, Qi Z, Ramani M, et al. PEM fuel cell cathode carbon corrosion due to the formation of air/fuel boundary at the anode[J]. Journal of Power Sources,2006,158(2):1306-1312

[16] Yu P T, Gu W, Zhang J, et al. Carbon-support requirements for highly durable fuel cell operation[C]//Polymer Electrolyte Fuel Cell Durability. New York: Springer Science+Busi-

ness Media,2008:29-53

[17] Reiser C A. Homogenous gas in shut down fuel cells[P]:WO,2010056224. 2010-05-06

[18] Yamamoto S,Sugawara S,Shinohara K. Fuel cell stack durability for vehicle application[C]//Polymer Electrolyte Fuel Cell Durability. New York:Springer Science+Business Media,2008: 467-482

[19] Wilson M P,Yadha V,Reiser C A. Low power control of fuel cell open circuit voltage[P]: WO,2010039109. 2014-03-09

[20] Hou J B,Yi B L,Yu H M,et al. Investigation of resided water effects on PEM fuel cell after cold start[J]. International Journal of Hydrogen Energy,2007,32(17):4503-4509

[21] Hou J B,Yu H M,Yi B L,et al. Comparative Study of PEM Fuel Cell Storage at −20℃ after Gas Purging[J]. Electrochemical & Solid State Letters,2007,10(1):B11-B17

[22]Knights S D,Colbow K M,St-Pierre J,et al. Aging mechanisms and lifetime of PEFC and DMFC[J]. Journal of Power Sources,2004,127(1-2):127-134

[23] Sun S C,Yu H M,Hou J B,et al. Catalytic hydrogen/oxygen reaction assisted the proton exchange membrane fuel cell(PEMFC)startup at subzero temperature[J]. Journal of Power Sources,2008,177(1):137-141

[24] Wang H Q,Hou J B,Yu H M,et al. Effects of reverse voltage and subzero startup on the membrane electrode assembly of a PEMFC[J]. Journal of Power Sources,2007,165(1): 287-292

[25] Yan Q,Toghiani H,Lee Y W,et al. Effect of sub-freezing temperatures on a PEM fuel cell performance,startup and fuel cell components[J]. Journal of Power Sources,2006,160(2): 1242-1250

[26] Wang Z L. Transmission electron microscopy of shape-controlled nanocrystals and their assemblies[J]. Journal of Physical Chemistry B,2012,104(6):1153-75

[27] 孙世国,徐恒泳,唐水花,等. PtRu 纳米线的合成及其在直接甲醇燃料电池阳极中的催化活性[J]. 催化学报,2006,27(10):932-936

[28] Tian N,Zhou Z Y,Sun S G,et al. Synthesis of tetrahexahedral platinum nanocrystals with high-index facets and high electro-oxidation activity[J]. Science,2007,316(5825):732

[29] Zhang J,Sasaki K,Sutter E,et al. Stabilization of platinum oxygen-reduction electrocatalysts using gold clusters[J]. Cheminform,2007,38(15):220-222

[30] Li H,Sun G,Na L,et al. Design and preparation of highly active Pt-Pd/C catalyst for the oxygen reduction reaction[J]. Journal of Physical Chemistry C,2007,111(15):5605-5617

[31] Zhou Z M,Shao Z G,Qin X P,et al. Durability study of Pt-Pd/C as PEMFC cathode catalyst[J]. International Journal of Hydrogen Energy,2010,35(4):1719-1726

[32] Stamenkovic V,Mun B S,Mayrhofer K J,et al. Changing the activity of electrocatalysts for oxygen reduction by tuning the surface electronic structure[J]. Angewandte Chemie International Edition,2006,45(18):2897-901

[33] Stamenkovic V,Markovic N. Oxygen reduction on platinum bimetallic alloy catalysts[C]//

Handbook of Fuel cells. New York: John Wiley & Sons Ltd, 2009:18-29

[34] Shao M, Sasaki K, Marinkovic N S, et al. Synthesis and characterization of platinum mono-layer oxygen-reduction electrocatalysts with Co-Pd core-shell nanoparticle supports[J]. Electrochemistry Communications, 2007, 9(12):2848-2853

[35] Srivastava R, Mani P, Hahn N, et al. Efficient oxygen reduction fuel cell electrocatalysis on voltammetrically dealloyed Pt-Cu-Co nanoparticles[J]. Angewandte Chemie, 2007, 46(47): 8988-8891

[36] Jing F, Hou M, Shi W, et al. The effect of ambient contamination on PEMFC performance[J]. Journal of Power Sources, 2007, 166(1):172-176

[37] Fu J, Hou M, Du C, et al. Potential dependence of sulfur dioxide poisoning and oxidation at the cathode of proton exchange membrane fuel cells[J]. Journal of Power Sources, 2009, 187(1):32-38

[38] 罗璇, 侯中军, 明平文, 等. 石墨化碳载体对 Pt/C 质子交换膜燃料电池[J]. 催化学报, 2008, 29(4):330-334

[39] Coloma F, Sepulvedaescribano A, Rodriguezreinoso F. Heat-treated carbon-blacks as sup-ports for platinum catalysts[J]. Journal of Catalysis, 1995, 154(2):299-305

[40] Yu R, Chen L, Liu Q, et al. Platinum deposition on carbon nanotubes via chemical modifica-tion[J]. Chemistry of Materials, 1998, 10(3):718-722

[41] Liu Z, Lin X, Lee J Y, et al. Preparation and characterization of platinum-based electrocata-lysts on multiwalled carbon nanotubes for proton exchange membrane fuel cells[J]. Lang-muir, 2002, 18(10):4054-4060

[42] Wang X, Li W, Chen Z, et al. Durability investigation of carbon nanotube as catalyst support for proton exchange membrane fuel cell[J]. Journal of Power Sources, 2006, 158(1): 154-159

[43] 秦晓平, 邵志刚, 周志敏, 等. Pt/短 MWNTs 催化剂的制备及电化学稳定性[J]. 电源技术, 2009, 33(10):847-852

[44] Chen Y, Wang J, Liu H, et al. Enhanced stability of Pt electrocatalysts by nitrogen doping in CNTs for PEM fuel cells[J]. Electrochemistry Communications, 2009, 11(10):2071-2076

[45] 张生生, 朱红, 俞红梅, 等. 碳化钨用作质子交换膜燃料电池催化剂载体的抗氧化性能[J]. 催化学报, 2007, 28(2):000109-000111

[46] Chhina H, Campbell S, Kesler O. An oxidation-resistant indium tin oxide catalyst support for proton exchange membrane fuel cells[J]. Journal of Power Sources, 2006, 161(2): 893-900

[47] Bahar B, Mallouk R S, Hobson A R, et al. Integral composite membrane[P]: US, 5599614. 2002-02-13

[48] Liu F Q, Yi B L, Xing D, et al. Nafion/PTFE composite membranes for fuel cell applications[J]. Journal of Polymer Research, 2003, 212(1-2):213-23

[49] Liu Y H, Yi B L, Shao Z G, et al. Carbon nanotubes reinforced nafion composite membrane

for fuel cell applications[J]. Electrochemical & Solid State Letters,2006,9(7):356-359

[50] Matos B R,Santiago E I,Rey J F Q,et al. Nafion-based composite electrolytes for proton exchange membrane fuel cells operating above 120℃ with titania nanoparticles and nanotubes as fillers[J]. Journal of Power Sources,2011,196(3):1061-1068

[51] Tang H,Wan Z,Pan M,et al. Self-assembled Nafion-silica nanoparticles for elevated-high temperature polymer electrolyte membrane fuel cells[J]. Electrochemistry Communications, 2007,9(8):2003-2008

[52] Ramani V,Kunz H R,Fenton J M. Investigation of Nafion®/HPA composite membranes for high temperature/low relative humidity PEMFC operation[J]. Journal of Membrane Science,2004,232(1-2):31-44

[53] Wang L,Zhao D,Zhang H M,et al. Water-retention effect of composite membranes with different types of nanometer silicon dioxide[J]. Electrochemical & Solid State Letters, 2008,11(11):B201-B204

[54] Zhao D,Yi B L,Zhang H M,et al. Cesium substituted 12-tungstophosphoric($Cs_x H_{3-x} PW_{12} O_{40}$) loaded on ceria-degradation mitigation in polymer electrolyte membranes[J]. Journal of Power Sources,2009,190(2):301-306

[55] Devanathan R. Recent developments in proton exchange membranes for fuel cells[J]. Energy & Environmental Science,2008,1(1):101-109

[56] Bidault F,Brett D J L,Middleton P H,et al. Review of gas diffusion cathodes for alkaline fuel cells[J]. Journal of Power Sources,2009,187(1):39-48

[57] Lu S,Pan J,Huang A,et al. Alkaline polymer electrolyte fuel cells completely free from noble metal catalysts[J]. China Basic Science,2009,105(52):20611-20614

[58] Gu S,Cai R,Luo T,et al. A soluble and highly conductive ionomer for high-performance hydroxide exchange membrane fuel cells[J]. Angewandte Chemie International Edition,2009, 48(35):6499-6502

[59] Debe M K,Schmoeckel A K,Vernstrom G D,et al. High voltage stability of nanostructured thin film catalysts for PEM fuel cells[J]. Journal of Power Sources, 2006, 161(2): 1002-1011

[60] Blunk R,Elhamid M H A,Lisi D,et al. Polymeric composite bipolar plates for vehicle applications[J]. Journal of Power Sources,2006,156(2):151-157

[61] Mercuri R A,Capp J P,Warddrip M L,et al. Apparatus for forming a resin impregnated flexible graphite sheet[P]:US,09906281. 2015-08-02

[62] Hou M,Ming P W,Sun D Y,et al. The characteristics of a PEM fuel cell engine with 40kW vehicle stacks[J]. Fuel Cells,2004,4(1-2):101-104

[63] Yan X Q,Wang S D,Li X,et al. A 75kW methanol reforming fuel cell system[J]. Journal of Power Sources,2006,162(2):1265-1269

[64] Tawfik H,Hung Y,Mahajan D. Metal bipolar plates for PEM fuel cell—A review[J]. Journal of Power Sources,2007,163(2):755-767

[65] Brady M P,Wang H,Yang B,et al. Growth of Cr-Nitrides on commercial Ni-Cr and Fe-Cr base alloys to protect PEMFC bipolar plates[J]. International Journal of Hydrogen Energy, 2007,32(16):3778-3788

[66] Fu Y,Lin G Q,Hou M,et al. Carbon-based films coated 316L stainless steel as bipolar plate for proton exchange membrane fuel cells[J]. International Journal of Hydrogen Energy, 2009,34(1):405-409

[67] Jie X,Shao Z G,Yi B L. The effect of different valency cations on DMFC performance[J]. Electrochemistry Communications,2010,12(5):700-702

第四部分　车用燃料电池发展现状

第 1 篇　2011 年车用燃料电池进展

侯　明　衣宝廉

2011 年在各级政府、企业及科研机构的努力下,国内燃料电池技术保持着良好的发展态势。"十一五"节能与新能源汽车重大项目取得的成果,为下一阶段燃料电池技术的发展奠定了良好的基础。科技部及时启动了"十二五"重大项目:"电动汽车关键技术与系统集成",从面向示范与产品验证和发展下一代技术两方面战略布局,支持与促进车用燃料电池技术的研发。基于节能与新能源重大项目的燃料电池车进行了"后世博"运行,旨在继续进行寿命与可靠性考核,为车用燃料电池改进提供更丰富的数据。此外,国内汽车企业集团的加入,为车用燃料电池技术发展注入了生机,强化了国内燃料电池研发投入,增强了燃料电池发展实力。国际上各大汽车公司仍然持续投入燃料电池汽车,通过一系列示范,燃料电池汽车性能与安全性已经得到了验证,基本明确了 2015 年燃料电池商业化的战略目标,目前要集中解决低成本、加氢设施等问题。

1. 2011 年国内技术发展情况(包含主要技术指标描述)

2011 年,"十一五"863 计划"节能与新能源汽车"重大项目:"国产质子交换膜燃料电池电堆及关键材料的研制开发"课题(课题编号:2008AA11A105、2008AA11A106)获得了科技部的验收,分别由新源动力股份有限公司和武汉理工大学承担。通过课题的实施,在全氟磺酸树脂、复合质子交换膜、碳纸、电催化剂、膜电极组件(MEA)、双极板等国产化燃料电池关键材料及其小批量生产工艺方面取得了长足进展。新源动力股份有限公司(简称新源动力)以国产材料为基础研发的电堆质量比功率和体积比功率分别达到 814W/kg、1043W/L,成本降低约50％,寿命超过 4000h;武汉理工大学开发的燃料电池关键部件 MEA 及制备技术,形成了小批量生产能力,产品已出口国外。通过两个课题的实施,形成了包括关键材料、零部件和系统集成车用燃料电池全产业链的研发团队,为我国燃料电池产业化积累了经验。表 1 为课题验收达到的技术指标。

在此基础上,新源动力又进行了新一代电堆技术的开发,在额定功率输出、系统功率密度、额定工作点电流密度等方面都有所提升;改进了膜电极技术,使电催化剂利用率得到大幅提高;通过双极板、流场的优化以及批量化技术和质量控制环节,提高了电堆的一致性,实现了电堆性能的技术突破。目前比功率已经达到1300W/L,额定工作点的电流密度从 500mA/cm² 提升至 1000mA/cm²,在同样功率输出情况下,体积和重量分别减小了一半(见图1)。该电堆技术已用于第3代"上海牌"plug-in 燃料电池轿车上。

表1 "国产质子交换膜燃料电池电堆及关键材料的研制开发"课题验收指标

60kW 燃料电池轿车发动机模块参数		达到的指标
性能指标	持续输出功率	62kW
	电压	360~520V
	模块比功率	814W/kg,1043W/L
	效率	>50%
	氢气利用率	>90%
寿命指标	寿命	>4000h
环境适应性	低温环境	-20~-10℃储存与启动
	空气杂质允许量	$SO_2:0.1mg/m^3$,$NO_2:0.08mg/m^3$
安全性	绝缘性	>1MΩ
	氢泄漏	电堆模块机箱内部浓度<0.5%

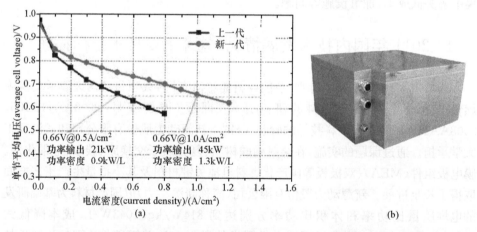

图1 (a)国内燃料电池发动机性能和(b)国内研发的车用燃料电池模块

上海汽车工业(集团)总公司(简称上汽集团)自主开发的新一代燃料电池轿车——"上海牌"plug-in 燃料电池轿车也是 2011 年一个技术亮点。它是基于 863 计划"节能与新能源汽车"重大项目的重大成果,利用的是上汽集团自主开发的国内第三代荣威 750 车型平台,集成了中等容量动力蓄电池、新一代燃料电池系统、可插电技术。该车采用高压储氢系统作为动力燃料源,最高车速为 150km/h,在城市综合工况下的续驶里程大于 350km，具有零排放、高效率、低噪声等优势。在 2011 年德国柏林举行的第十一届必比登挑战赛上，该车型在燃料电池汽车组拉力赛中逐鹿群雄（见图 2），综合成绩名列总分第三，仅次于丰田和奥迪车。

图 2　"上海牌"燃料电池轿车参加必比登挑战赛

　　为了适应燃料电池技术的发展，为燃料电池商业化做好准备，国家燃料电池标准委员会及时掌握国际发展动态，结合国内燃料电池研发实际，及时制定了相应的燃料电池国家标准。国家燃料电池标准委员会成员是以国内燃料电池研发人员为主体，基于自己的科研成果及技术积累，目前已经颁布或已立项燃料电池标准 25 项，其中自制订标准 15 项、采标 10 项，2011 年制定标准 7 项。这些标准涵盖燃料电池材料与零部件标准、电堆与模块标准、燃料电池车辆标准、低温性能标准等。表 2 列出了自制定的部分燃料电池国家标准。

表 2　自制定的部分燃料电池国家标准

标准类型	标准号/计划号	标准名称
术语	GB/T 20042.1—2005	质子交换膜燃料电池 术语
燃料电池材料与零部件标准	GB/T 20042.3—2009	质子交换膜燃料电池第 3 部分:质子交换膜测试方法
	GB/T 20042.4—2009	质子交换膜燃料电池第 4 部分:电催化剂测试方法
	GB/T 20042.5—2009	质子交换膜燃料电池第 5 部分:膜电极测试方法
	GB/T 20042.6—2011	质子交换膜燃料电池第 6 部分:双极板特性测试方法
	GB/Z 27753—2011	质子交换膜燃料电池膜电极工况适应性测试方法
电堆标准	GB/T 20042.2—2008	质子交换膜燃料电池 电池堆通用技术条件
燃料电池车辆标准	GB/T 25319—2010	汽车用燃料电池发电系统 技术条件
	GB/T 23645—2009	乘用车用燃料电池发电系统测试方法
	GB/T 23646—2009	电动自行车用燃料电池发电系统 技术条件
	GB/T 28183—2011	客车用燃料电池发电系统测试方法

续表

标准类型	标准号/计划号	标准名称
测试标准	GB/T 25447—2010	质子交换膜燃料电池测试台及活化台
电站发电系统	GB/Z 21743—2008	固定式质子交换膜燃料电池发电系统(独立型)性能试验方法
便携式电源	GB/Z 21742—2008	便携式质子交换膜燃料电池发电系统
低温性能	20100783—T-604	质子交换膜燃料电池低温特性测试方法

2. 2011 年国内产业发展情况(包含主要产业化指标描述)

2011 年上汽集团与新源动力合作启动了"上汽集团'十二五'燃料电池汽车开发"项目。该项目是国内第一个也是目前唯一一个大型汽车集团投资参与的燃料电池市场化开发项目,完全以满足车用需求为目的,不同于以往满足示范运行需求的样机开发。项目总体预算超过 2.5 亿,目标是在 2015 年实现燃料电池汽车商业化示范运行。通过核心部件技术进步的集成,使燃料电池产品的比功率密度达到上海世博会示范运行水平的 2 倍;强化工程化开发,使电堆在防水防尘、低温启动、氢安全、电磁兼容、抗振、绝缘等级等方面全面提升,达到汽车零部件产品要求;同时产品的可靠性、寿命也得到显著提升。

3. 2011 年国际相关技术及产业发展情况

国际上,燃料电池汽车仍保持着良好的发展势头,在燃料电池寿命、可使用性、安全性等方面已与传统的内燃机汽车接近。寿命方面,美国联合技术公司与 AC 运输公司合作,在加利福尼亚州奥克兰市成功地进行了燃料电池公交车示范运行,截至 2011 年 8 月,累计运行了 10000h[1],远超过美国能源部制定的 2015 年的 5000h 商业化寿命目标。联合技术公司的技术特点是采用自己独特的电堆结构,强化了水管理,使燃料电池在全工况内保持良好的水平衡状态。此外,在控制策略方面,尽量避开不利条件的影响,使燃料电池寿命有了显著的提高。另外,其他汽车公司也纷纷宣布,燃料电池汽车寿命已接近 5000h 的目标。在性能方面,日本日产(Nissan)公司展示的电堆功率密度已经达到 2~3kW/L(见图 3)[2]。德国梅赛德斯-奔驰(Mercedes-Benz)F-Cell B class 燃料电池汽车(见图 4),基于最新一代技术,燃料电池系统体积减小 40%;3 个 4kg 的 700bar 氢罐,只需 3min 加氢,最高速度 170km/h,可以在−25℃下储存与启动;车动力达到 100kW,最大扭矩 290N·m,动力性能高于 2L 的汽油车,百公里当量耗油量 3.3L;具有高安全性与舒适性。戴姆勒(Daimler)公司 3 辆 B 型梅赛德斯-奔驰燃料电池轿车 F-Cell 从 2011 年 1 月 30 日至 2011 年 6 月,环绕四大洲 14 个国家 125 天(其中 70 天驱车),行程 30000km。该公司认为燃料电池汽车技术已经趋于成熟,但加氢站网络还不具备,全程需要用加氢车跟随。通过这次环球旅行向世人展示了燃料电池汽车的可使用性,其续驶里程、最高时速、加速性能等已与传统汽油车相当,计划在2014~2015 年实现批量生产,并投放市场,价格待定[3]。此外,2011 年 5 月德国大众奥迪推出了燃料电池 Q5-HFC 型车[4](见图 5),98kW 的燃料电池与 1.3kWh 的锂离子电

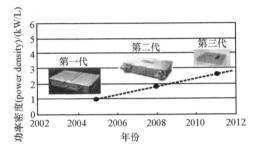

图 3　日产公司的电堆及其功率密度进展

图 4　戴姆勒公司 B 型梅赛德斯-奔驰燃料电池轿车环球旅行

图 5　奥迪 Q5-HFC 燃料电池车

池构成混合动力系统,扭矩可达 420N·m,最高车速为 160km/h,也表现出良好的动力性能。

另外,在加氢系统方面,2011 年本田公司推出了高压太阳能水电解加氢站[5](见图 6),实现了燃料电池技术与可再生能源的很好结合。为适应燃料电池商业化,据报道[6],丰田、戴姆勒、通用等 11 家国际汽车生产商将统一燃料电池汽车氢气供给系统的规格,氢气加注像加油一样方便,这是吸取了电动汽车普及缓慢的教训,各厂商从最初阶段就朝着统一规格的目标开展合作。目前,各汽车厂商已基本同意将统一由储存罐向车体注入氢气的连接器的规格,2012 年内也将完成国际标准化组织的资格认定,这将有效促进燃料电池汽车商业化步伐。

图 6 太阳能水电解制氢加氢站(本田)

4. 国内外技术水平比较及下一步攻关重点

目前,国内外车用燃料电池在性能、安全性等方面与国际水平差距不大,通过改进系统控制策略研究,燃料电池寿命可以得到大幅提升。摆在我们面前的主要任务是要继续降低燃料电池成本,尤其是要降低 Pt 用量,这是我们实现燃料电池汽车商业化前提条件。目前国内水平车用燃料电池的 Pt 用量为 1g/kW 左右,国际先进水平达到了 0.3g/kW,目标应降到 0.1g/kW 甚至更低,如果与汽车尾气净化器同一量级,燃料汽车商业化就指日可待了。降低 Pt 用量可以从三条路径同时进行。

4.1 研究低 Pt 电催化剂

由于成本与资源因素,降低车用燃料电池 Pt 催化剂用量势在必行,可通过控制形貌的制备方法提高 Pt 氧还原活性,或采用 Pt-M(M 为非 Pt 金属)催化剂,通过加入第二或第二种非 Pt 金属,利用电子或几何效应,达到低 Pt 情况下保证高活性的同时稳定性也相应提高。目前,核壳型催化剂是研究的热点,即利用非 Pt 粒子为支撑核,表面 Pt 为壳的结构。

由于电催化反应为表面过程,只有分布在纳米粒子表面的活性组分才有可能被利用,而体相中的活性组分难以参与反应过程。核壳结构纳米催化剂能使较多的贵金属原子暴露在催化剂的表面,可有效提高贵金属 Pt 的利用率,从而降低 Pt 催化剂的用量。另外,核壳双金属之间产生的电子效应促进了壳层上活性物质的催化活性,从而对发生在贵金属表面的电化学反应起到一定的促进作用。因而,核壳结构纳米催化剂是降低 Pt 用量的重要技术之一。

采用欠电位沉积方法制备的 Pt-Pd-Co/C 单层核壳催化剂[7]总质量比活性是商业催化剂 Pt/C 的 3 倍,利用脱合金(de-alloyed)方法制备的 Pt-Cu-Co/C 核壳电催化剂[8],质量比活性可达 Pt/C 的 4 倍。中国科学院大连化学物理研究所(简称大连化物所)[9]近期采用一步法合成 Pd@Pt 催化剂,在水溶液中通过一次加料制得 Pd@Pt 纳米粒子,其 Pt 外壳具有纳米枝晶结构,具有较高的电化学比表面积。通过改变金属前驱体与保护剂的种类和浓度,可调节核壳纳米金属粒子的直径、原子比以及 Pt 纳米枝晶在 Pd 核心上的致密程度,所制备的纳米催化剂对 ORR 表现出较高的面积比活性和单位质量 Pt 催化活性。

4.2 开发低 Pt 有序化电极

降低 Pt 用量的另一条途径就是通过改变电极结构,使反应物与生成物传递实现有序化,降低传质阻力。目前车用 PEMFC 操作电流密度的国际先进水平在 $1.5A/cm^2$ 左右,而国内仅限于 $0.8 \sim 1A/cm^2$,这与所采用无序的电极结构密切相关,若能实现催化剂、离子导体均有序排列,则三相界面可以实现有序化,即可能大幅度提高传递与反应效率,从而提高 Pt 的利用率,其技术难点是如何把高活性、低 Pt 的电催化剂(如核壳结构电催化剂)担载到有序结构的基底上。

美国 3M 公司采用纳米结构的晶须(nano-sized crystalline organic wisker)作为支撑体,在其表面涂上一层或多层催化剂,制作出超薄催化层的纳米结构薄膜电极(nano structured thin film, NSTF)[7],贵金属的担载量因此而大为降低,制备的担载型 Pt 合金催化剂的质量比活性比商业化 Pt/C 提高 $4 \sim 5$ 倍[8],膜电极的总 Pt 担载量降至 $0.15mg/cm^2$,且活性比表面积更加稳定,在 H_2-空气系统、$2A/cm^2$ 运行条件下没有出现明显的传质极化。

4.3 改善电堆一致性,提高电堆的功率密度

高功率密度的电堆可以在同样功率输出下使用较少的 Pt。提高燃料电池电

堆工作电流密度是提高电堆比功率的前提条件,而电堆一致性是制约电堆高功率运行的关键。车用燃料电池为了满足一定功率需求,电堆通常都是由数百节单电池组成,一致性除了与燃料电池材料、部件加工的均一性有关外,还与电堆的水、气、热分配密切相关,从设计、制备、操作三方面出发进行调控,通过模拟仿真手段研究流场结构、阻力分配对流体分布的影响,找出关键影响因素,重点研究水的传递、分配与水生成速度、水传递系数、电极/流场界面能之间的关系,研究稳态与动态载荷条件对电堆阻力的影响,保证电堆在运行过程中保持均一性,从而可以大幅提升额定点工作电流密度,提升电堆的功率密度,降低成本。

5. 相关政策建议

燃料电池发动机性能及可使用性已接近内燃机,国家、各级地方政府、企业及科研机构还要继续协力推进燃料电池商业化进程。建议:①继续加强基础研究,降低燃料电池电催化剂 Pt 用量,使车用燃料电池 Pt 用量降至 0.1g/kW 以下,与目前汽车尾气净化器所用的贵金属催化剂相当。②支持与促进加氢站技术开发,进一步降低加氢站的建设成本,逐步建立以工业副产氢为基础的加氢站,直至过渡到兼容可再生能源的制氢体系。③进一步提高燃料电池汽车与加氢站的安全性,并制定相应的标准与法规,为燃料电池汽车商业化做好前期准备。

本文第一次发表于《2011 新能源汽车年鉴》

参 考 文 献

[1] UTC Fuel Cell Transit Bus Sets Record. http://evworld. com/news. cfm? newsid=26282

[2] IIYAMA Arihiro. FCEV development at Nissan-Current status and perspective. FC-Expo 2012 Tchnical Seminar FC-2, Feb. 29, 2012

[3] Mercedes-Benz F-CELL World Drive-the finale. Succesful finish: F-CELL World Drive reaches Stuttgart after circling the globe. http://fuelcellsworks. com/news/2011/06/02/

[4] 2011 Audi Q5 HFC Hybrid Fuel Cell. http://www. topspeed. com/cars/audi/2011-audi-q5-hfc-hybrid-fuel-cell-ar109891. html

[5] Takashi Morira. Fuel cell electric vehicle development and hydrogen production development in Honda. FC-Expo 2012 Tchnical Seminar FC-2, Feb. 29, 2012

[6] 刘军国. 全球 11 家车企将统一燃料电池汽车规格. http://auto. people. com. cn/GB/17040230. html, 2012. 2. 7

[7] Shao M, Sasaki K, Marinkovic N S, et al. Synthesis and characterization of platinum monolayer oxygen-reduction electrocatalysts with Co-Pd core-shell nanoparticle supports[J]. Electrochemistry Communications, 2007, 9: 2848-2853

[8] Srivastava R, Mani P, Hahn N, et al. Efficient oxygen reduction fuel cell electrocatalysis on-voltammetrically dealloyed Pt-Cu-Co nanoparticles [J]. Angewandte Chemie International Edition, 2007, 46: 8988-8991

[9] 邵志刚, 张耕, 衣宝廉. 一种低温燃料电池用 Pd@ Pt 核壳结构催化剂的制备方法[P]: 中国, 201110300365. 2. 2011-10-30

第 2 篇　车用燃料电池技术进展(2012 年)

衣宝廉　侯　明

燃料电池汽车以其动力性能高、续驶里程长及与燃油车类似的加注方式,一直得到了各国政府、各大汽车公司的持续关注,并不断取得进展。从国际上看,燃料电池电堆的功率密度从 2005 年的 1kW/L 提高到目前的 3kW/L[1];轿车用燃料电池系统寿命从 2000h 提高到 5000h 以上,客车用燃料电池系统寿命超过 12000h[2],实现了−30℃低温环境下运行[3]。日本丰田公司车用燃料电池系统的成本预计到 2015 年再降低一半以上,届时燃料电池轿车售价在 5~10 万美元[4],具备市场竞争力。国内车用燃料电池技术在 973 与 863 项目的支持下,针对燃料电池存在的寿命与成本问题,开展了关键材料、核心部件、系统优化与控制策略方面的研究,并取得了一定的进展。

1. 车用燃料电池近期国际发展动态

燃料电池汽车是电动汽车的高端产品,各大汽车公司都在持续的投入研发力量。最引人注目的是 2013 年初汽车公司三大阵营的建立:1 月 24 日,丰田(Toyota)公司和宝马(BMW)公司签订协议[5],到 2020 前将共同组建一个燃料电池汽车基础平台,分享一系列燃料电池技术;主要涉及燃料电池电堆、系统、氢储存罐、电机和配套二次电池等。紧接着,4 天后戴姆勒(Daimler)公司、福特(Ford)和雷诺-日产(Renault-Nissan)公司又签订三方协议[6],共同出资研发燃料电池车用电堆技术,计划 2017 年量产用;主要目的是降低成本,成本问题被认为是目前量产的主要障碍。2013 年 7 月,本田(Honda)公司与通用(GM)公司也宣布结成联盟[7],共同促进燃料电池产业化进程。这是继 2009 年 9 月 7 日,多家汽车企业(Daimler、Ford、General Motors、Honda、Hyundai-Kia、Renault-Nissan 和 Toyota)联合发表声明后,国际大汽车公司对燃料电池发展的又一重要举措[8]。此外,韩国的现代汽车(Hyundai)公司的燃料电池汽车也取得了较大的进展,成为后起之秀。2013 年布鲁塞尔(Brussels)车展上,现代汽车赢得了 Futur Auto 荣誉,制造商已经确认系列生产 Hyundai ix35 燃料电池车(见图 1)。从现在到 2015 年间将会有 1000 辆车在韩国公司的 Ulsan 制造厂制造,2015 年将会达到 10000 辆的产量。Hyundai ix35 的动力系统是由 100kW 燃料电池和 24kW-Li 聚合物电池组成,最高时速达

160km/h,充一次氢气可运行 588km[9]。作为老牌的燃料电池劲旅,丰田公司也在 2012 年 9 月宣布其燃料电池电堆取得新的进展,电堆功率密度为目前 FCHV-adv 在用电堆的两倍,最高功率密度输出达到 3kW/L,但尺寸和重量仅为原来的一半, 将在 2015 年左右装配于新一代燃料电池轿车[10]。此外,该公司计划在 2014 年开始批量生产的燃料电池版普瑞斯(见图 2),从 2015 年开始在日本、美国和欧洲市场销售。目前主要挑战仍然是成本问题,估计成本在 100000 欧元以下,要达到商业化还要降低 30%~40%[11]。

图 1 现代 Hyundai ix35 燃料电池车

图 2 丰田普瑞斯燃料电池车

相比之前对 2015 年前的商业化的预期,不同公司相继制定了不同的燃料电池汽车商业化时间表,且相对 2015 年有了不同程度的推迟,主要原因有两个:城市氢基础设施的缺乏和燃料电池车成本控制的问题,其中成本问题仍是燃料电池汽车量产的主要障碍。高端轿车被认为是一个市场突破口,在燃料电池汽车早期市场中,有着更加广阔的市场空间;燃料电池汽车初期市场,可能还需要大量的政府补助以帮助其扩大市场。

2. 寿命、成本依然是商业化的瓶颈问题

燃料电池汽车已进入产业化的前夜,除了加氢等基础设施有待于逐步完善外,成本与寿命仍然是要解决的瓶颈问题,各国政府及各大汽车还将继续进行研发投入,旨在进一步降低成本、提高寿命,满足车用燃料电池商业化的需要。

2.1 寿命方面

寿命是制约商业化的一大技术难题,近年来在燃料电池延长寿命方面不断探索一些解决方案,并取得了显著的进展。主要研究工作集中在分析燃料电池衰减机理,进而从材料创新与系统控制策略等方面着手,切实可行地提高燃料电池耐久性。

研究发现,车载工况存在的高电位及电位扫描是引起燃料电池衰减的直接原因,针对不同工况采取不同的控制策略及研究高稳定性材料是提高燃料电池寿命的有效手段之一。

2.1.1 燃料电池开路、怠速及低载状态衰减及策略

针对 H_2/空气燃料电池,其开路状态单电池电压一般为 $0.9 \sim 1.0V$,且氢气与空气均为高浓度非流动滞留状态。此时,除了高阴极电位会导致燃料电池碳腐蚀加剧外,对膜的降解也会加剧,这是因为阴阳极两侧反应气的相互渗透,导致氢氧自由基的形成,使膜材料衰减速率增加。Zhao 等[12]进行了开路状态下膜衰减测试,结果表明,电极中 Pt 的存在会加速开路状态下膜的衰减。此外,怠速或低载运行也是燃料电池汽车的常见工况。此时,单电池电压常常会在 $0.85V$ 以上,会出现与开路状态类似的阴极高电位引起的膜与碳材料腐蚀。因此,在控制策略上,要尽量减少开路状态停留时间,也可给二次电池充电等办法来使电位降低 $0.85V$ 以下,从而缓解燃料电池的衰减。从膜材料方面,研究者制备了带有自由基淬灭剂的复合膜,也可有效缓解膜的降解,提高膜的化学稳定性。国内中国科学院大连化学物理研究所(简称大连化物所)Zhao 等[13]采用在 Nafion 膜中加入 1% 的 $Cs_xH_{3-x}PW_{12}O_{40}/CeO_2$ 纳米分散颗粒制备出了复合膜,利用 CeO_2 中的变价金属可逆氧化还原性质淬灭自由基,$Cs_xH_{3-x}PW_{12}O_{40}$ 的加入在保证了良好的质子传导性,同时还强化了 H_2O_2 催化分解能力。这种复合膜组装成的 MEA 在开路电压下进行了耐久性试验,结果表明,它比常规的 Nafion 膜以及 CeO_2/Nafion 复合膜在氟离子释放率、透氢量等方面都有所缓解。

2.1.2 启动/停车过程的衰减与策略

启动/停车是车辆运行另一常见工况,对于燃料电池汽车,频繁的启动/停车过

程在燃料电池阴极侧会产生高达 1.6V 的高电位。研究表明,车辆在目标寿命 5500h 内,启动/停车过程阴极暴露在 1.2V 以上时间累计可达 100h[14],这会引起燃料电池内部催化剂碳载体的氧化,导致燃料电池性能的衰减。通过启动/停车过程衰减过程研究,探明了其启动或停车时,燃料电池阳极侧形成的 H_2/空气界面是引起高电位的主要原因。

控制策略方面,要避免启动/停车过程的 H_2/空气界面。大连化物所研究的停车过程放电方法[15]对高电位起到了控制作用。美国联合技术公司披露的启动/停车过程利用辅助负载限电位法[16],也可有效地抑制高电位产生。此外,炭腐蚀速率与进气速率密切相关[15],在启动过程中快速进气可以降低高电位停留时间,达到减少碳载体损失的目的。除了通过控制策略抑制高电位外,研究高稳定性的催化剂载体也是研究的热点。综合近期研究成果,高稳定性的催化剂载体主要分为碳材料与金属化合物两大类。碳材料方面,研究人员在碳纳米管(carbon nanotube,CNT)、碳纳米球、石墨纳米纤维、富勒烯 C60、介孔炭、炭气凝胶等方面进行了有益的尝试。金属化合物作为催化剂载体材料,也得到越来越多的重视,如以 W_xC_y、氧化铟锡(indium tin oxide,ITO)等[17,18]为代表的金属氧化物与金属碳化物等得到了关注。大连化物所研制的 Pt/WO_3 金属氧化物载体催化剂表现出较高的稳定性[19],当用其作为阳极催化剂时,其电池性能与 Pt/C 接近,但其稳定性远高于 Pt/C。3M 公司公布了纳米薄膜电极(NSTF)在催化剂载体、催化层形貌、制备过程、电极结构等方面与传统的 MEA 都有的本质区别[20]。其催化剂载体是基于商品化大量使用的染色剂二萘嵌苯杂环有机物经过高温升华沉积形成定向、高密度的单层单晶须。该材料为 p-型有机光导体(organic photoconductor),带宽为 2V,因此作为催化剂的载体,不会发生电化学腐蚀,且具有高的比表面积。这种催化剂载体打破了载体必须为导电材料的传统理念,是一个创新性的概念。

2.1.3 动态工况循环电位扫描衰减与策略

车辆的加速、减速动态循环对应着燃料电池发电加载、减载过程,在此过程中燃料电池输出电压是动态变化的,相应的燃料电池催化剂等材料承受着电位动态扫描。研究表明,在电位动态扫描情况下,催化剂会发生迁移、团聚及流失,造成 Pt 流失与晶粒长大,从而导致燃料电池性能衰减。目前,控制策略方面可以采用燃料电池与二次电池或超级电容器的电-电混合模式,需要深入研究燃料电池输出功率变化速率对其性能衰减的影响,制定优化的燃料电池加载方案,为电-电混合控制策略提供依据。在材料方面,研究高活性、高稳定性的催化剂是关键。通过贵金属元素对 Pt/C 进行修饰,可提高催化剂的稳定性,如以 Au 簇修饰 Pt 纳米粒子[21]。此外,加入 Pd 也可提高 Pt 的氧还原活性、改善其抗氧化能力[22]。研究表明,Pt_3Pd/C 与 Pt/C 相比较,在循环伏安(cyclic voltammetry,CV)扫描加速衰减实验中的抗衰减能力得到较大提高[23]。采用其他过渡金属与 Pt 形成的二元合金催化剂 Pt-M/C,也是提高催化剂稳定性与降低成本的一个有效途径。利用过渡金属 M 与 Pt 之间的电子与几何效应,提高了 Pt 的稳定性及比活性,同时降低了贵金属的用量,使催化剂成本得到大幅度降低,如 Pt-Co/C、Pt-Fe/C、Pt-Ni/C 等二元合金催化剂,展示出了较好的活性与稳定性。

2.1.4 动态加载反应气不足引起的衰减与策略

研究显示[15],燃料电池在加载的瞬间,由于供气响应滞后于加载的电信号,会引起燃料电池出现短期"饥饿"现象,即反应气供应不能维持所需要的输出电流,造成电压瞬间过低,尤其是当燃料电池堆各单节阻力分配不完全均匀时,会造成阻力大的某一节或几节首先出现反极。当空气供给不足时,造成电流密度分布不均,局部会出现热点,当深度反极时会使空气侧产生氢气,严重时会发生爆炸。为了防止动态加载时的燃料电池空气饥饿现象,还可采用"前馈"控制策略,即在加载前预置一定量的反应气[15],可以减轻反应气饥饿现象。此外,在电堆的设计、加工、组装过程中保证各单电池阻力分配均匀,避免电池个别节在动态加载时出现过早的饥饿,也是预防衰减的重要控制因素。

在动态加载时除了会发生空气饥饿外,氢气供应不足会发生燃料饥饿现象。瞬间的燃料饥饿会使阳极侧的局部电位达 1.6V 以上,导致炭氧化反应的发生[24,25],造成催化剂碳载体的严重腐蚀。

此外,阳极侧积水也会发生局部燃料饥饿,产生类似启动/停车过程的 H_2/空气界面引起的阴极高电位。因此,避免阳极侧水累积,及时排除燃料电池阳极侧的水,是避免局部燃料饥饿的根本。燃料电池阳极侧的水来源于阴极生成水的反扩散,目前,燃料电池技术追求高性能,使用的膜越来越薄,随着膜的减薄,反扩散水量增加,阳极水管理带来更多的挑战。氢气系统上采用氢气回流泵或喷射泵等部件可实现尾部氢气循环,是避免燃料饥饿的最有效途径。通过燃料氢气的循环,可提高气体流速,改善水管理;同时燃料循环也相当于提高了反应界面处燃料的化学计量比,有利于减少局部或个别节发生燃料饥饿的可能。

美国联合技术动力公司水传递双极板是水管理的成功典范[26](见图 3),这种双极板与传统双极板具有相似的导电、传热能力及机械强度,不同之处在于双极板为具有合适孔径的多孔板,能够透水、阻气,工作时循环水压力低于两侧反应气,电化学生成水从水腔排出;当反应气侧增湿不足时,还可以从双极板表面通过蒸发补充水分,简化了增湿系统。水传递双极板由于排水是通过双极板微孔直接进入水腔,与传统的燃料电池依靠反应气挟带动态排水方式比较,流场不积水,有利于电流密度均匀分布,避免由于局部反应气饥饿带来的局部反极现象,使燃料电池寿命延长。

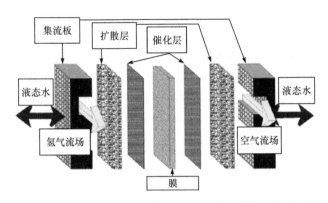

图 3　联合技术动力公司水传递双极板专利技术结构示意图

但是这种多孔的水传递双极板孔内会有残存水,在零度以下由于水冰相变带来体积变换,可能会给电池操作带来一定的问题。然而,水传递双极板快速的湿度响应及流道内不积水的优点带来燃料电池运行的长寿命是值得我们在双极板及流场设计时借鉴的。对于常规动态排水的双极板,如薄金属冲压双极板,如何能通过流场设计、调整双极板与膜电极界面亲疏水性实现流场内不积水,是决定能否达到设计预期性能的关键。

2.2　成本方面

国际先进水平燃料电池预测成本(按每年50万辆80kW系统批量)2012年已降低至47美元/kW,距离目标成本30美元/kW还有一些差距[27](见图4),而且低量产时成本仍然还会更高(见图5)。在成本控制方面要从材料、部件、系统多方面着手,降低Pt及贵金属催化剂的用量、提高电堆的功率密度、简化系统等手段是降低成本的有效途径。其中,重点和难点是降低Pt的用量。此外,有限的Pt资源

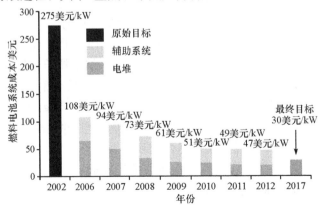

图 4　DOE公布的燃料电池系统成本

也需要低的 Pt 使用量。近些年研究者通过不断努力,使得 Pt 用量有了大幅度降低,国际先进水平从 2007 年的 0.6g/kW 降低到现在的 0.2g/kW[28]。国内在降低 Pt 用量方面也取得了较大的进步,"十一五"末期 Pt 用量达到 1.0g/kW。目前,相关研究单位通过低 Pt 核壳催化剂、MEA 结构优化的研制,Pt 用量已降至 0.4～0.6g/kW。下一步,要通过技术进步进一步降低 Pt 用量,满足商业化需求。

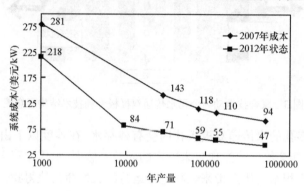

图 5　燃料电池系统成本与批量生产的关系

除了通过提升电堆功率密度手段降低 Pt 用量外,提高 Pt 催化剂的质量比活性是国际上的研究热点,研究者通过形貌控制、合金化、核壳催化剂等使催化剂活性提高或利用率提高,可有效降低 Pt 用量。

2.2.1　低 Pt 核壳催化剂

利用非贵金属为支撑核,表面贵金属为壳的结构,可降低 Pt 用量,提高质量比活性。如采用欠电位沉积方法制备的 Pt-Pd-Co/C 单层核壳催化剂[29]总质量比活性是商业催化剂 Pt/C 的 3 倍,利用脱合金(de-alloyed)方法制备的 Pt-Cu-Co/C 核壳电催化剂[30],质量比活性可达 Pt/C 的 4 倍。国内 Zhang 等[31]采用了连续还原法在水溶液中制备了 Pd 核@Pt 壳结构的二元金属催化剂。在两亲性的嵌段共聚物同时作为还原剂、稳定剂和晶面保护剂的条件下,Pt 选择性地沉积在 Pd 纳米粒子的表面,得到粒径小于 10nm 的 Pd 核@Pt 壳结构纳米粒子,制备的 $Pd_2@Pt_1$ 催化剂则表现出较高的质量比活性,是商业化 20%Pt/C 催化剂的 2.3 倍。全电池测试表明,使用 $Pd_2@Pt_1$ 作为阴极催化剂,Pt 担量为 0.12mg/cm²,电池性能与商业化 Pt/C 催化剂担量为 0.26mg/cm² 的电池性能相当,并表现出了良好的电化学稳定性:经过 30000 圈动电位扫描后活性面积仅衰减了 13%,而相应的 Pt/C 催化剂的衰减则超过 50%。此外,大连化物所目前正在研究中空结构的 Pt 合金壳催化剂,有望进一步降低催化剂的贵金属含量。

2.2.2 纳米铂薄膜催化层

3M 公司 NSTF 电极催化层为 Pt 多晶纳米薄膜,结构上不同于传统催化层的分散孤立的纳米颗粒,氧还原比活性是 2~3nm Pt 颗粒的 5~10 倍,催化剂包裹的晶须比纳米颗粒具有较大的曲率半径,Pt 不易溶解,降低了活性面积对电位扫描动态工况下催化剂发生团聚和流失的敏感性,使稳定性得到大幅提高。电极厚度比传统催化层薄 20~30 倍,在低 Pt 载量下,电极厚度只有 $0.25~0.4\mu m$,负载催化层的晶须一端直接与质子交换膜相连,建立了从催化层表面到膜表面非常短的质子传递路径。采用该技术制备的燃料电池性能在 Pt 载量为 $0.15mg/cm^2$ 下 $1A/cm^2$ 达到 0.7V,而且进一步增大电流密度也没有明显的传质极化增大现象,$2A/cm^2$ 下接近 0.6V,Pt 用量仅为 $0.18g/kW$ 并表现出较高的耐久性。大连化物所利用阳极氧化法在 Ti 基底生长成有序的二氧化钛纳米管阵列(TNT)[32],为提高 TNT 的电导率,采用氢气气氛退火处理,产生较多的氧空位,有利于 TNT 结构上自由电子的传输,从而提高了 TNT 的电导率;同时有利于 Pt 的担载,降低 Pt 用量,组装成膜电极进行全电池测试,功率达 $0.37g/kW$。

2.2.3 非 Pt 催化剂

非贵金属催化剂的主要包括过渡金属原子簇合物、过渡金属螯合物、过渡金属氮化物与碳化物等[33]。近年来,氮掺杂的非贵金属催化剂显示了较好的应用前景。Lefèvre 等[34]以乙酸亚铁(FeAc)为前驱体通过吡啶制备了碳载氮协同铁电催化剂 Fe/N/C,以担载量为 $5.3mg/cm^2$ 的非贵金属 Fe/N/C 电催化剂制备的电极,在电压不小于 0.9V 时,与 Pt 载量为 $0.4mg/cm^2$ 的 Gore 电极性能相当。大连化物所 Jin 等[35]采用简单的聚合物碳化过程,合成了氮掺杂碳凝胶催化剂。该催化剂价格低廉,氧还原活性优良,最大功率密度达到商业化 20%Pt/C 的 1/3。加速老化测试表明,该催化剂具有优良的稳定性,成为 PEMFC 阴极 Pt 基催化剂有力竞争者。华南理工大学 Peng 等[36],以 $FeCl_3$、三聚氰胺和苯胺为前驱体,通过聚合、热解等过程,制备了 Fe-PANI/C-Mela 性催化剂。该催化剂具有清晰的石墨烯结构和较高的比表面积($702m^2/g$),在酸性介质中表现出较高的 ORR 活性,半波电位仅比商业化的 Pt/C 催化剂(担量 $51\mu g/cm^2$)低 60mV,单电池初性能达到 $0.33W/cm^2$,但是电池的稳定性还有待于提高。

3. 结 束 语

成本、寿命仍然是燃料电池商业化的瓶颈问题,发展低 Pt 和非 Pt 燃料电池是降低成本的核心问题。车用燃料电池以低 Pt 为主,从载体、催化层结构的创新出发,提高催化剂利用率,改善传质极化,提高大电流输出下电池性能。非 Pt 质子交换膜燃料电池,由于催化剂载量较高,高电流密度下传质极化较大,可以用于低电流密度操作,如用于民用发电等领域。透水的静态排水双极板或氢循环,解决了增湿与排水问题,适应动态工况水管理,延长了燃料电池使用寿命,提供了电堆设计新思路,可以通过膜电极与电堆结构设计,使燃料电池阳极不积水,达到提高燃料电池寿命的目的。总之,我们需要通过技术进步提高燃料电池寿命、降低成本,尽快缩小与国际先进水平的差距,推进我国燃料电池商业化步伐。

本文第一次发表于《2012 新能源汽车年鉴》

参 考 文 献

[1] Towards a future of FCEV (fuel cell electric vehicles) where CO_2 emissions are zero while travelling. http://www. nissan-global. com/EN/TECHNOLOGY/OVERVIEW/fcv_stack. html

[2] Patterson T,Darling R,et al. Fuel Cells for Transportation with Commercially-Viable Reliability and Durability. http://ma. ecsdl. org/content/MA2013-01/27/1033. full. pdf

[3] 小型轻量化燃料电池堆"V Flow FC Stack. http://www. honda. com. cn/corporate/technology/auto/fcx

[4] Toyota 2015 fuel cell vehicle to cost between $50,000 and $100,000. http://www. autonews. com/article/20130430/OEM06/130439981♯axzz2Xr26JjIA

[5] Toyota and BMW to Jointly Develop New Fuel Cell Vehicle Platform for 2020. http://www. fuelcelltoday. com/news-events/news-archive/2013/january/toyota-and-bmw-to-jointly-develop-new-fuel-cell-vehicle-platform-for-2020

[6] Daimler,Ford and Renault-Nissan to Develop Common Fuel Cell System for 2017. http://www. fuelcelltoday. com/news-events/news-archive/2013/january/daimler,-ford-and-renault-nissan-to-develop-common-fuel-cell-system-for-2017

[7] Honda and GM Join Forces on Fuel Cell Development. http://www. fuelcelltoday. com/news-events/news-archive/2013/july/honda-and-gm-join-forces-on-fuel-cell-development

[8] Fuel Cell Electric Vehicles:The Road Ahead. http://www. fuelcelltoday. com/analysis/surveys/2012/fuel-cell-electric-vehicles-the-road-ahead

[9] Hyundai ix35Fuel Cell receives prestigious innovation award. http://www. fuelcelltoday. com/news-events/news-archive/2013/january/series-production-of-hyundai-ix35-fuel-cell-vehicle-to-begin-later-this-month

[10] Toyota Announces Fuel Cell Vehicle Progress; Plans to Launch Fuel Cell Bus. http://www. fuelcelltoday. com/news-events/news-archive/2012/september/toyota-announces-fuel-cell-vehicle-progress-plans-to-launh-fuel-cell-bus

[11] Toyota to Begin Production of Fuel Cell Prius in 2014. http://www. fuelcelltoday. com/news-events/news-archive/2012/october/toyota-to-begin-production-of-fuel-cell-prius-in-2014

[12] Zhao D,Yi B L,Zhang M H,et al. The effect of platinum in a Nafion membrane on the durability of the membrane under fuel cell conditions[J]. Journal of Power Sources,2010,195: 4606-4612

[13] Zhao D,Yi B L,Zhang H M,et al. Cesium substituted 12-tungstophosphoric($Cs_x H_{3-x} PW_{12} O_{40}$)loaded on ceria-degradation mitigation in polymer electrolyte membranes[J]. Journal of Power Sources,2009,190:301-306

[14] Perry M L,Darling R M,Kandoi S,et al. Operating requirements for durable polymer-electrolyte fuel cell stacks//Polymer Electrolyte Fuel Cell Durability[C]. New York:Springer Science+Business Media,2008:399-417

[15] Shen Q,Hou M,Liang D,et al. Study on the processes of start-up and shutdown in proton exchange membrane fuel cells[J]. Journal of Power Sources,2009,189:1114-1119

[16] Reiser C A. Homogenous gas in shut down fuel cells[P]:US,WO2010056224. 2010-05-06

[17] 张生生,朱红,俞红梅,等. 碳化钨用作质子交换膜燃料电池催化剂载体的抗氧化性能[J]. 催化学报,2007,28:109-110

[18] Chhina H,Campbell S,Kesler O. An oxidation-resistant indium tin oxide catalyst support for proton exchange membrane fuel cells[J]. Journal of Power Sources,2006,161:893-900

[19] Dou M,Hou M,Zhang H M,et al. A highly stable anode carbon-free catalyst support based on tungsten trioxide nanoclusters for polymer electrolyte membrane fuel cells[J]. ChemSusChem,2012,5:945-951

[20] Debe Mark K. Nanostructured thin film electrocatalysts for PEM fuel cells-A tutorial on the fundamental characteristics and practical properties of NSTF catalysts[J]. ECS Transactions,2012,45(2):47-68

[21] Zhang J,Sasaki K,Sutter E,et al. Stabilization of platinum oxygen-reduction electrocatalysts using gold clusters[J]. Science,2007,315:220-222

[22] Lin H Q,Sun G Q,Li N,et al. Design and preparation of highly active Pt-Pd/C catalyst for the oxygen reduction reaction[J]. Journal of Chemical Physics C,2007,111:5605-5617

[23] Zhou Z M,Shao Z G,Qin X P,et al. Durability study of Pt-Pd/C as PEMFC cathode catalyst[J]. International Journal of Hydrogen Energy,2010,35:1719-1726

[24] Liang D,Shen Q,Hou M,et al. Study of the cell reversal process of large area proton exchange membrane fuel cells under fuel starvation[J]. Journal of Power Sources,2009,194: 847-853

[25] Perry M L,Patterson T W,Reiser C. System strategies to mitigate carbon corrosion in fuel cells[J]. ECS Transactions,2006,3:783-795

[26] Adam Z W,Robert M D. Understanding porous water-transport platesin polymer-electrolyte fuel cells[J]. Journal of PowerSources,2007,168:191-199

[27] Fuel Cell System Cost-2012,DOE Fuel Cell Technologies Program Record. https://www1. eere. energy. gov/hydrogenandfuelcells/accomplishments. html

[28] Dimitrios Papageorgopoulos,Fuel Cell-Session Introduction. 2013 Annual merit review and

peer evaluation meeting,May 14,2013

[29] Shao M,Sasaki K,Marinkovic N S,et al. Synthesis and characterization of platinum mono-layer oxygen-reduction electrocatalysts with Co-Pd core-shell nanoparticle supports[J]. Electrochemistry Communications,2007,9:2848-2853

[30] Srivastava R,Mani P,Hahn N,et al. Efficient oxygen reduction fuel cell electrocatalysis on-voltammetrically dealloyed Pt-Cu-Co nanoparticles[J]. Angewandte Chemie International Edition,2007,46:8988-8991

[31] Zhang G,Shao Z,Lu W,et al. Aqueous-phase synthesis of sub 10 nm Pdcore@ Pt shell nanocatalysts for oxygen reduction reaction using amphiphilic triblock copolymers as the reductant and capping agent [J]. Journal of Physical Chemistry C, 2013, 117 (26): 13413-13423

[32] Zhang C,Yu H,Li Y,et al. Supported noble metals on hydrogen-treated TiO$_2$ nanotube ar-rays as highly ordered electrode for fuel cells[J]. ChemSusChem,2013,6:659-666

[33] Vante N A,Tributsch H. Energy-conversion catalysis using semiconducting transition-metal cluster compounds[J]. Nature,1986,323:431-432

[34] Lefevre M,Proietti E,Jaouen F,et al. Iron-based catalysts with improved oxygen reduction activity in polymer electrolyte fuel cells[J]. Science,2009,324:71-74

[35] Jin H,Zhang H,Zhong H,et al. Nitrogen-doped carbon xerogel:A novel carbon-based elec-trocatalyst for oxygen reduction reaction in proton exchange membrane(PEM)fuel cells[J]. Energy & Environmental Science,2011,4:3389-3394

[36] Peng H,Mo Z,Liao S,et al. High performance Fe-and N-dopedcarbon catalyst with gra-phenestructure for oxygen reduction[J]. Scientific Reports,2013,3:1765

第3篇　车用燃料电池技术进展(2013年)

侯　明　侯中军　衣宝廉

随着纯电动汽车特斯拉在中国的首秀,人们对电动汽车的未来市场充满了期待,然而,丰田公司却坚持自己的发展路线,大手笔地押宝燃料电池汽车。众所周知,与纯电动汽车比较,燃料电池汽车具有续驶里程长、动力性能高、可以快速加氢等优点,丰田公司宣布2015年12月燃料电池汽车将正式投放市场,预计售价为800万日元(约合人民币48万元)。此外,韩国现代第一批途胜燃料电池车在2014年5月也如期登陆美国洛杉矶港,消费者可以通过租赁的方式驾驶燃料电池车,同时租用期间还可以享受无限期的免费加气及上门维修服务。国内上海汽车工业(集团)总公司(简称上汽集团)也把氢燃料电池作为新能源汽车的终极目标,早在2011年就制定了《上汽"十二五"燃料电池汽车发展规划》。目前,新源动力股份有限公司(简称新源动力)与上汽集团联合开发的新一代燃料电池发动机系统性能与可靠性得到全面提升,开创了中国燃料电池系统开发的新局面。此外,国内在关键材料、电堆技术方面取得突破性进展,催化剂、复合膜、碳纸等关键材料在性能上已达到商品化水平,需要加大力度建立生产线,尽快投入批量生产,实现关键材料的国产化,降低燃料电池成本。燃料电池电堆在解决了金属双极板技术难题后,功率密度得到大幅提升,体积与质量比功率均已超过2kW/L,接近国际先进水平。车用燃料电池技术链的建立将为产业链的发展奠定有力的基础。

1. 燃料电池关键材料批量生产蓄势待发

1.1 耐久性强化的复合膜

针对现有商品膜存在的燃料电池车辆工况下物理与化学衰减问题,中国科学院大连化学物理研究所(简称大连化物所)研制的Nafion/PTFE复合增强膜[1],利用多孔PTFE骨架上填充全氟磺酸树脂,使机械性能得到显著增强。此外,大连化物所还研究了$Cs_xH_{3-x}PW_{12}O_{40}/CeO_2$掺杂的带有自由基淬灭功能Nafion复合膜[2],该技术利用了变价金属可逆氧化还原性原位淬灭自由基。实验结果表明,氟离子释放率得到明显控制,提高了膜的化学稳定性。新源动力在此基础上,开发了CeO_2-PTFE/PFSA复合膜的批量制备技术与工艺(其生产线见图1),通过物料控制、工艺优化和设备升级，使得复合膜的性能得到进一步提升，并且实现了放大生产[3]，制备的 $CeO_2/Nafion/PTFE$ 复合膜，在尺寸稳定性、机械性能、化学稳定性方面有所增强，其性能与商业化膜的对比，以及 CeO_2-PTFE/PFSA 复合膜的批量制备设备如表 1 所示。

表 1 复合膜与商品膜性质比较

性能	商品膜 NR211	一代复合膜 PFSA/PTFE	二代复合膜 CeO_2-PTFE/PFSA
EW/(g/mol) 交换当量	1050	1120	1160
吸水率/%	21.7	19.4	12.6
溶胀率(MD/TD)/%	6.3/7.3	0.0/3.0	0.5/2.5
质子传导率/(S/cm)	0.133	0.086	0.077
拉伸强度(MD/TD)/MPa	22.3/24.3	28.1/32.1	31.2/32.8
氢气渗透率	$14×10^{-10}$	$5.9×10^{-10}$	$4.2×10^{-10}$

图 1 CeO_2-PTFE/PFSA 复合膜及 CCM 膜电极生产线(新源动力)

1.2 高活性抗毒催化剂

电催化剂是 PEMFC 的核心材料之一，其高成本和低耐久性直接制约了 PEMFC 系统的成本和使用寿命。如何在保持或提高活性的前提下，制备低 Pt 载量、高耐久性的电催化剂是目前研究的一个热点。目前，常采用的技术路线是制备 PtM 催化剂，即制备 Pt 与过渡金属合金催化剂，通过过渡金属催化剂对 Pt 的电子与几何效应，在提高稳定性同时，质量比活性也有所提高。大连化物所开发的 Pt_3Pd/C 催化剂已经在燃料电池电堆得到了验证，其性能可以完全替代商品化催化剂，下一步需要与企业融合建立批量生产设备，进行规模生产。催化剂另一个研究热点是核壳催化剂，是下一代催化剂的发展方向，大连化物所以 Pd 为核、Pt 为壳制备了 Pd@Pt/C 核壳催化剂[4]，利用非 Pt 金属 Pd 为支撑核，Pt 为壳的核壳结构,可降低 Pt 用量,提高质量比活性。测试结果表明,氧还原活性与稳定性好于商业化 Pt/C 催化剂(见图 2),其性能在电堆中的验证还在进行中。

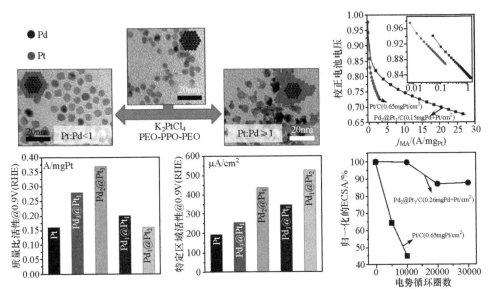

图 2　Pd@Pt/C 核壳催化剂质量比活性与稳定性与商业化催化剂比较

此外,抗毒催化剂也是燃料电池发展必须解决的关键问题,因为,燃料电池反应所需氧化剂是从空气中直接获取的,空气污染物对燃料电池催化剂带来了严峻的考验,尤其是所含的硫化物会直接影响 Pt 的催化活性。重庆大学[5]采用 DFT 方法,从理论上计算分析比较了 Pt、PtMo 对抗 SO_x、NO_x 毒性性能,掌握了毒性物种使催化剂失活的本质原因,探索了催化剂抗毒性-催化剂构型间的制约关系。Mo 掺杂不仅有效提高了 PtMo 的抗 SO_x、NO_x 中毒性,还提高了 PtMo 催化剂的稳定性。利用 MoO_3 与 Pt 之间的协同效应来改变 Pt 的电子构型,使铂具有较高的抗硫化物中毒能力。该催化剂能承受的 SO_2 的浓度最高可达 2ppm,该成果还需进一步的实际应用考核。

1.3　国产高导电性碳纸

碳纸在质子交换膜燃料电池中是作为气体扩散层的材料。长期以来,碳纸材料基本依赖于进口。国内中南大学在燃料电池碳纸研究方面有一定的技术基础与研发团队,目前取得较大的进展。他们采用长碳纤维无纺布改性碳纸坯体,在有效改善碳纸的强度和韧性的基础上,提高了碳纸的导电能力,并在一定范围内满足了燃料电池对碳纸透气性的要求[6]。首次提出了化学气相沉积(CVD)热解炭改性碳纸的新技术,显著提高碳纸的电学、力学和表面等综合性能。根据燃料电池服役环境中碳纸的受力变形机制,发明了与变形机制高度适应的异型结构碳纸,大幅提高了异型碳纸在燃料电池服役中的耐久性、稳定性。采用干法成型、CVD、催化炭化和石墨化相结合的连续化生产工艺,显著提高了生产效率,其研制的碳纸各项指标已经达到或超过商品碳纸水平。表2为其国产碳纸与进口商品碳纸比较,电阻率降低、透气性增大,有利于燃料电池性能的提高。目前碳纸的实验室级制备设备如图3所示,下一步需要建立批量生产设备,真正实现碳纸的国产化供给。

表2 国产碳纸与进口商品碳纸比较

性能	自制碳纸	商品碳纸 TGP060
孔隙率/%	78.7	78
透气率/(mL・mn/cm^2・h・Pa)	2278	1883
石墨化度/%	82.2	66.5
电阻率/mΩ・cm	2.17	5.88
拉伸强度/N・cm	30.2	50

图3 碳纸制备部分设备(中南大学)

1.4 低 Pt 膜电极组件

膜电极(MEA)是集膜、催化层、扩散层于一体的部件,是燃料电池的核心部件之一,其性能除了与所组成的材料自身性质有关外,还与组分、结构、界面等密切相关。目前,国际上已经发展了三代 MEA 技术路线:一是把催化层制备到扩散层上(GDE),通常采用丝网印刷方法,其技术已经基本成熟;二是把催化层制备到膜上(CCM),与第一种方法比较,在一定程度上提高了催化剂的利用率与耐久性;三是有序化的 MEA,把催化剂(如 Pt)制备到有序化的纳米结构上,使电极呈有序化结构,有利于降低大电流密度下的传质阻力,进一步提高燃料电池性能,降低催化剂用量。需要固化 GDE 技术、发展 CCM 技术,而第三代技术国内外还处于研究阶段。3M 公司研制的 Pt 担载量可降至 $0.15\sim0.25mg/cm^2$ 的纳米结构薄膜(nano-structured thin film,NSTF)MEA 显示了较好的性能[59]。大连化物所开发了催化层静电喷涂工艺[7],与传统喷涂工艺的 CCM 进行比较,静电喷涂工艺制备的催化层,其表面平整度得到改善,所制备的催化层结构更为致密,降低了界面质子、电子传递阻力,并进行了放大实验,在常压操作条件下单池性能可达 $0.696V@1A/cm^2$,加压操作条件下可提高至 $0.722V@1A/cm^2$,其峰值单位面积功率密度达到$895\sim942mW/cm^2$(见图 4)。图 5 为静电喷涂 CCM 制备设备。此外,还探索了以二氧化钛纳米管阵列作为有序化模板,将所制备的 Pt@Ni-TNTs-3 纳米阵列作为电池阳极测试,与普通膜电极相比,所制备的有序化膜电极体现出较高的质量比活性[8]。

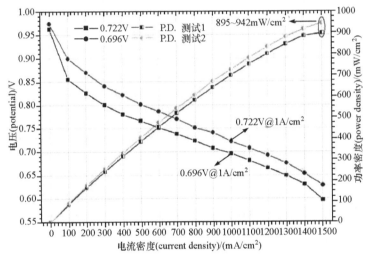

图 4　新型 MEA 及性能

图 5　静电喷涂 CCM 制备设备（大连化物所）

2. 燃料电池电堆技术已达到国际先进水平

2.1　冲压金属双极板技术取得突破进展

金属薄冲压双极板是提高燃料电池电堆功率密度的优选方案，目前，主要解决两方面的技术难题：一是不锈钢基材的表面改性技术，作用是降低接触电阻、提高燃料电池环境下的耐腐能力；二是薄板的加工技术，包括冲压成型及焊接技术。大连化物所进行了金属双极板表面改性技术的研究，采用了脉冲偏压电弧离子镀技术制备多层膜结构[9]，结果表明多层结构设计可以提高双极板的导电、耐腐蚀性（见图 6）。大连化物所、新源动力及联合相关单位开发了金属双极板激光焊接技术、薄板冲压成型技术，建立了相应的加工设备（见图 7），目前，采用金属双极板的电堆已经组装运行。

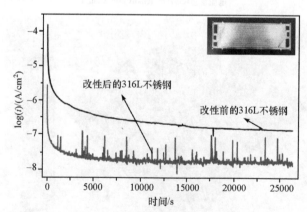

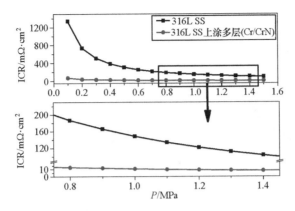

图 6　金属双极板耐腐蚀与导电性能

图 7　金属双极板加工设备

2.2　电堆比功率超过 2kW/L

车用燃料电池为了满足一定功率需求,电堆通常都是由数百节单电池组成,电堆内单电池间的一致性是保证燃料电池能够高功率运行的关键。一致性除了与燃料电池材料、部件加工的均一性有关外,还与电堆的水、气、热分配密切相关。大连化物所研究团队从设计、制备、操作三方面出发进行调控,通过模拟仿真手段研究流场结构、阻力分配对流体分布的影响,找出关键影响因素,重点研究了水的传递、分配与水生成速度、水传递系数、电极/流场界面能之间的关系,掌握了稳态与动态载荷条件对电堆阻力的影响,保证电堆在运行过程中保持均一性,额定点工作电流密度从原来的 $500mA/cm^2$ 提升至 $1000mA/cm^2$,使电堆的功率密度得到大幅提升,燃料电池极化曲线及功率密度曲线测试结果如图 8 所示。由图可见,在 $1000mA/cm^2$ 电流密度下,体积比功率达到 2736W/L,质量比功率达到 2210W/kg。目前,大连化物所已建立了从材料、MEA、双极板部件的制备到电堆组装、测试的完整技术体系,图 9 为燃料电池堆组装与测试设备。

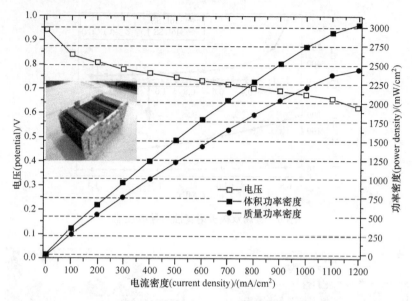

图 8　燃料电池电堆极化曲线及功率密度曲线

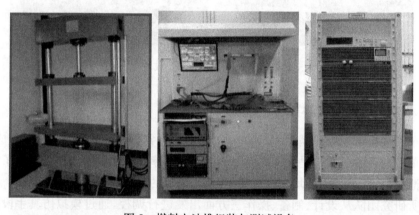

图 9　燃料电池堆组装与测试设备

　　耐久性是燃料电池解决的首要问题。大连化物所对车用燃料电池停车、启动、动态载荷、低载急速等运行过程形成的高电位、电位动态扫描、操作参数频繁变化过程引起的电堆衰减机理进行了实验研究,并提出了可行的控制策略缓解燃料电池的衰减[10];采用可视化方法,对阳极水管理进行了研究;采用实验与 CFD 数值模拟方法,分析了电堆一致性的影响因素,优化了电堆流场结构设计,制定新型 PEMFC 电堆技术方案;确定了燃料电池电堆寿命加速测试方法,完成电堆寿命评测实验,预计电堆寿命可超过 5000h。

　　此外,大连化物所还进行了杂质耐受性与低温储存启动等环境适应性研究,建

立了空气中 SO_2 电化学外净化方法,创新设计了基于电化学原理的 SO_2 空气过滤器[11],应用空气过滤器后,有效地抵抗污染空气中所含的 SO_2 对燃料电池的毒化,提高了燃料电池的空气杂质耐受性,研究了电堆低温保存与启动过程,成功地进行了 $-40℃$ 储存,$-20℃$ 启动。

3. 燃料电池系统已具有明显的产品化特征

燃料电池发动机是以燃料电池电堆为核心部件并配以气、水、热、电辅助管理单元的集成体系,"十五"、"十一五"期间国内完成了第一代燃料电池发动机的研发,新源动力、神力科技(上海神力科技有限公司)的发动机驱动的燃料电池汽车于 2006～2010 年期间在"2008 年北京奥运会"和"2010 年上海世博会"成功地进行了示范,发动机性能和稳定性基本满足运行的技术要求[12]。

"十二五"以来,新源动力在第一代发动机的基础上,一方面通过提高燃料电池操作电流密度,提高整个发动机功率密度,另一方面则通过优化系统设计和控制策略,提升整机寿命;现已完成了第二代燃料电池发动机工程样机开发定型,目前正在进行寿命验证考核。两代燃料电池系统性能比较如表 3 所示,相对于第一代系统,系统功率密度有所提升,Pt 用量降低,并针对车用工况下导致燃料电池性能快速衰减的车载工况(反复启停、怠速条件、负载波动剧烈等),进行了第二代系统的优化设计,通过改进系统控制策略,减缓了燃料电池在车载工况下的衰减,提升了发动机寿命。采用典型的车载工况对第二代发动机进行了性能稳定性考核,截至目前已进行了 1038 次工况循环,累计 750h 的循环测试,性能没有明显的下降(见图 10),该技术已小批量应用于上汽集团的燃料电池轿车。

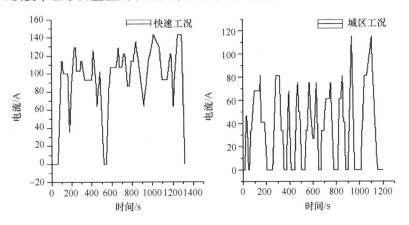

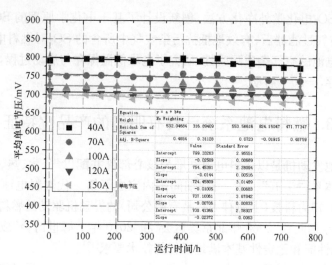

图10　第二代燃料电池发动机系统测试工况图及单堆不同电流下电压衰减曲线

目前,结合大连化物所及国内其他单位开发的关键材料与电堆技术,新源动力正在进行第三代发动机的开发,目标是进一步提高发动机功率密度及关键材料的国产化,其预期指标如表3所示;同时通过实现发动机系统由"阴极水管理"向"阳极水管理"的转变,减少阴极增湿组件,降低系统体积重量,并进一步提升整机寿命,以期实现低成本、高集成度的燃料电池发动机商业化原型开发,促进燃料电池电动汽车的规模示范运行。

表3　两代燃料电池系统性能比较表

参数	Gen1-2008FCE	Gen2-2010FCE	Gen3
设计			
功率/电池数	40kW/520 片	40kW/300 片	50kW/220 片
功率密度(系统/模块)/(W/L)	139/680	156.8/1103	300/1900
比功率(系统/模块)/(W/kg)	167/420	232/645	450/1300
效率/%	45～60	41～53	40～60
额定工作点	0.68V@0.5A/cm^2	0.68V@0.8A/cm^2	0.65V@1.0A/cm^2
温度/℃	0～60	−10～70	−20～80
Pt用量/(g/kW)	2.8	<1.0	<0.6

4. 结 束 语

车用燃料电池催化剂、复合膜、碳纸、MEA 及双极板技术从性能上已经能够满足商业化需求，未来需要国家的支持与企业的参与，以尽快建立批量化生产线，促进关键材料国产化。此外，还要继续深入开展寿命实验研究，进一步提高燃料电池发动机的可靠性与耐久性；坚持开发低 Pt 用量的燃料电池技术，达到降低成本的同时解决 Pt 资源问题；积极推进加氢站建设，促进燃料电池汽车大规模示范运行。

本文第一次发表于《2013 新能源汽车年鉴》

参 考 文 献

[1] Liu F Q, Yi B L, Xing D M, et al. Nafion/PTFE composite membranes for fuel cell applications[J]. Journal of Membrane Science, 2003, 212: 213-223

[2] Zhao D, Yi B L, Zhang H M, et al. Cesium substituted 12-tungstophosphoric($Cs_x H_{3-x} PW_{12} O_{40}$) loaded on ceria-degradation mitigation in polymer electrolyte membranes[J]. Journal of Power Sources, 2009, 190: 301-306

[3] 侯中军, 明平文, 邢丹敏, 等. 一种燃料电池用膜-催化剂涂层膜电极的集成化制备方法[P]: US, 13394142. 2010-06-03

[4] Zhang G, Shao Z, Lu W, et al. Aqueous-phase synthesis of sub 10nm Pdcore@Ptshell nanocatalysts for oxygen reduction reaction using amphiphilic triblock copolymers as the reductant and capping agent[J]. Journal of Physical Chemistry C, 2013, 117(26): 13413-13423

[5] 魏子栋, 柳晓, 陈四国, 等. 一种抗硫化物中毒燃料电池阴极催化剂的制备方法[P]: 中国, CN201110251492. 8. 2012-02-22

[6] 张敏, 谢志勇, 黄启忠, 等. 长炭纤维网对 PEMFC 用炭纸性能的影响[J]. 中南大学学报(自然科学版), 2011, 42(9): 2606-2612

[7] 宋微, 俞红梅, 邵志刚, 等. 一种燃料电池膜电极的制备方法[P]: 中国, 201310090903. 9. 2013-10-09

[8] Zhang C K, Yu H M, Li Y K, et al. Supported noble metals on hydrogen-treated TiO_2 nanotube arrays as highly ordered electrodes for fuel cells[J]. ChemSusChem, 2013, 6(4): 659-666

[9] Zhang H, Lin G, HouM, et al. CrN/Cr multilayer coating on 316L stainless steel as bipolar plates for proton exchange membrane fuel cells[J]. Journal of Power Sources, 2012, 198: 176-181

[10] 侯明, 梁栋, 郑利民, 等. 一种燃料电池系统及停车控制方法与应用[P]: 中国, 201210260388. x. 2012-10-26

[11] Zhai J, Hou M, Liang D, et al. Investigation on the electrochemical removal of SO_2 in ambi-

ent air for proton exchange membrane fuel cells[J]. Electrochemistry Communications, 2012,18:131-134

[12] 侯中军,江洪春,王仁芳,等. 轿车用燃料电池发动机示范应用稳定性[J]. 吉林大学学报, 2011,41(增刊2):131-136

第4篇　车用燃料电池

侯　明　衣宝廉

1. 2016 年车用燃料电池技术总体进展

2016 年是"十三五"开局之年,国家出台了一系列相关政策,如《中华人民共和国国民经济和社会发展第十三个五年规划纲要(2016—2020 年)》《中国制造 2025》《能源技术革命创新行动计划(2016—2030 年)》等,意在鼓励包括燃料电池汽车在内的新能源汽车的发展,并制定了燃料电池汽车补贴条例,明确了《中国燃料电池汽车发展路线图》,适时颁布了"新能源汽车专项"实施规划与项目指南。这些都极大地激发了地方政府、企业、科研院所对燃料电池汽车的研发热情,燃料电池汽车迎来了新的发展机遇。燃料电池乘用车、商用车、轨道交通车等都有不同程度的进展,尤其是燃料电池客车的发展表现突出。相应地,车用燃料电池技术有所提升,形成了国内技术与国外引进技术两大阵营,在完善技术链的同时,产业链也逐步开始建立,从燃料电池零部件、系统、整车都有企业在投入。另外资本市场也异常活跃,纷纷在寻求新的商机,这也从另一侧面对燃料电池技术发展起到了促进作用。

国内燃料电池技术方面,催化剂、膜、碳纸等关键材料技术已经达到国际先进水平,需要建立批量生产线,促进材料的逐步国产化;燃料电池电堆的比功率得到大幅提升,接近国际先进水平,还需要进一步在提高性能同时进行工程化开发。燃料电池关键部件,如空压机、氢气循环泵、氢瓶等还需深入进行研发,以缓解燃料电池汽车发展的瓶颈问题。

国际上,FCV 已经从技术开发阶段进入到市场导入阶段,建立生产线、降低成本和铂用量、加快加氢站建设为焦点。燃料电池发动机功率密度大幅提升,达到传统内燃机的水平。基于 70MPa 储氢技术,续驶里程达到传统车水平,燃料电池寿命已可以满足商用要求,低温环境适应性提高,可适应 −30℃,车辆适用范围达到传统车水平。

2. 2016 年燃料电池技术发展特点

2.1　燃料电池膜电极及关键材料进展

针对燃料电池催化剂贵金属 Pt 用量及催化剂车载工况下稳定性问题,研究人员更深入进行了低(非)Pt 高稳定性催化剂探索。

Pt 与过渡金属的合金催化剂近些年来得到普遍关注,中国科学院大连化学物理研究所(简称大连化物所)开发的 Pt_3Pd/C 催化剂已经在燃料电池电堆得到了验证,其性能可以完全替代商品化催化剂。国际上,丰田公司的 Mirai 燃料电池汽车采用的是 Pt_3Co/C 催化剂,性能可以比传统的 Pt/C 提高 1.8 倍。但 Pt-M 催化剂在燃料电池工况下存在过渡金属溶解问题,金属溶解不但降低了催化剂活性,还会产生由于金属离子引起的膜降解。因此,制备高稳定性的 Pt-M 催化剂是一个发展趋势,如结构稳定的核壳型、纳米笼、纳米线 Pt 基合金催化剂等。Chen 等[1]利用铂镍合金纳米晶体的结构变化,制备了 Pt_3Ni 纳米笼结构高活性与高稳定性的电催化剂,与商业铂碳相比,Pt_3Ni 纳米笼催化剂的质量比活性与面积比活性分别提高36 倍与 22 倍。Li 等[2]制备了锯齿状表面超精细铂纳米线(J-Pt NW)催化剂,其质量比活性高达 13.6A/mgPt@0.90V,在 6000 圈的加速衰减测试中,其活性基本没有损失。大连化物所 Pd@Pt 核壳催化剂通过两步还原法制备,所制备的催化剂粒径小于 10nm,Pt 在 Pd 核上形成致密 Pt 层,有效提高了催化剂的稳定性[3]。

针对薄的质子交换膜在燃料电池环境下的稳定性问题,基本形成了复合膜发展路线,以多孔聚四氟乙烯增强的复合膜已经得到实际验证,并投入到商品化中。这方面新源动力股份有限公司(简称新源动力)、大连化物所、武汉理工大学取得了成功的案例。为了防止由于电化学反应过程中自由基引起的化学衰减,加入自由基淬灭剂是有效的解决办法,可以在线分解与消除反应过程中的自由基,提高膜的寿命。在继大连化物所采用 CeO_2 自由基淬灭剂取得显著成果后,南京大学研究团队[4]在质子交换膜中加入抗氧化物质维生素 E,其主要成分 α-生育酚不仅能够捕捉自由基变为氧化态,而且能够在渗透的氢气帮助下,重新还原,从而提高了燃料电池寿命。在膜的国产化方面,国内山东东岳集团长期致力于全氟离子交换树脂和含氟功能材料的研发,建成了年产 50t 的全氟磺酸树脂生产装置、年产 $1.0 \times 10^5 m^3$ 的氯碱离子膜工程装置和燃料电池质子交换膜连续化实验装置,产品的性能达到商品化水平。

膜电极方面,已经发展了 GDE 型、CCM 型、有序化型三代膜电极制备方法,前两种技术已经趋于成熟。大连化物所开发的催化层静电喷涂工艺,与传统喷涂工艺的 CCM 进行比较,其表面平整度得到改善,所制备的催化层结构更为致密,降低了界面质子、电子传递阻力,大面积膜电极功率密度可以达到 $0.942W/cm^2$。有序化膜电极方面,3M 公司纳米结构薄膜电极催化层为 Pt 多晶纳米薄膜,结构上不同于传统催化层的分散孤立的纳米颗粒,氧还原比活性是 2~3nmPt 颗粒的 5~10 倍,催化剂包裹的晶须比纳米颗粒具有较大的曲率半径,Pt 不易溶解,降低了活性面积对电位扫描动态工况下催化剂的流失,使稳定性得到大幅提高。大连化物所近期通过水热法和磁控溅射技术制备了基于裂管式 PtCo 纳米管阵列的纳米结构化超薄催化层(见图1),得益于其连续化的 Pt 薄膜和开放式的垂直孔道结构,催化剂的稳定性和利用率得到了大幅度的提升[5]。

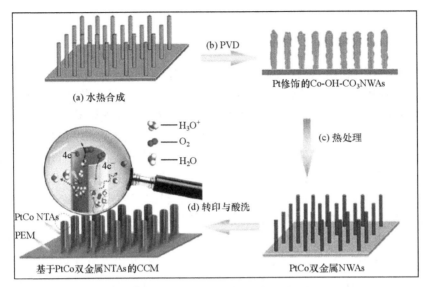

图1　PtCo 纳米管阵列的有序化膜电极

在 MEA 产业化方面,武汉理工大学研制的膜电极已经形成产品销售,功率密度已经达到 1.35W/cm²[2],接近国际先进水平 1.4W/cm²,Pt 用量达到 0.22g/kW,MEA 在美国一公司使用寿命已超过 1.8 万小时。新源动力具有完整的膜电极开发体系和生产能力,目前拥有 3000m²/年的膜电极生产能力,已累计生产膜电极产品超过 17 万片,2016 年度,约 60 台燃料电池车采用了新源动力的膜电极产品。

双极板是燃料电池的另一关键材料,通常包含有石墨碳板、复合双极板、金属双极板三类材料。由于车辆空间限制(尤其是轿车),要求燃料电池具有较高的功率密度,因此薄金属双极板成为目前的热点技术,几乎各大汽车公司都采用金属双极板技术。其中以非贵金属(如不锈钢、Ti)为基材,辅以表面处理技术是研究的热点。国内,大连化物所、新源动力、上海交通大学、武汉理工大学等单位已成功开发了金属双极板技术,大连化物所研制的基于薄金属双极板电堆功率密度达到 3kW/L (见图2)。

额定功率	50kW
额定点	1.5A/cm²
电堆比功率密度	3.0kW/L
工作压力	~0.2MPa
环境温度	−20~40℃

图2　大连化物所燃料电池电堆

与双极板匹配的流场对提高燃料电池性能也是起到了关键作用,日本丰田燃料电池电堆采用 3D 流场设计,强化了传质,降低了传质极化,电堆功率密度可达 3.1kW/L。3D 流场是一个重要的发展方向。

2.2 燃料电池系统与部件进展

燃料电池系统包括燃料供应子系统、氧化剂供应子系统、水热管理子系统及监控子系统等,其主要系统部件包括空压机、氢气循环泵、高压氢瓶、阀件、增湿器等。燃料电池发电系统性能与耐久性除了与电堆本身有关外,还与系统部件与系统控制策略密切相关。燃料电池车载空压机还是一个瓶颈技术之一,丰田公司的空压机是专有技术,并没有对外销售,国内广东佛山市广顺电器有限公司开发的车载空压机,流量、出风压力能满足燃料电池系统要求,功耗小、环境适应性较好,可以用于燃料电池系统,但其可靠性还需进一步提高。目前国内也有一些企业开始布局这方面的研发,国家在新能源汽车专项中已经明确给予支持。

氢气回流泵可以把反应气尾气的水分带入电池起到增湿作用,同时可以提高氢气在燃料电池阳极流道内流速,防止阳极水的累积,并提高氢气利用率。回流泵包括喷射器与电动回流泵两种,通常可以把两种回流技术结合起来使用,即大电流时用喷射器,低电流时采用电动回流泵,使氢气回流能力响应功率变化。国际上一些燃料电池车上采用了该技术,配合流体的逆流布局,可以取消增湿器,简化系统。国内正在开始布局开发,今年的新能源汽车专项已经包括这部分内容,期待早日研制出可实用的成果。

非金属内胆纤维全缠绕气 70MPa 的氢瓶(IV 型瓶),是国际上车载储氢的主流技术,具有轻质、廉价的特点。国内目前还没有 IV 型高压氢瓶的相应法规标准,70MPa III 型瓶标准正在起草中,预计 2017 年会推出。35 MPa III 型氢瓶在国内有成熟供应商,如斯林达、科泰克等。同济大学对 70MPa 氢瓶及加氢系统方面进行了开发,他们依托 863 课题的燃料电池 35/70MPa 加氢站在新源动力已初步落成。

合适的燃料电池系统控制策略可以提高耐久性。大连化物所等单位通过机理研究发现,动态循环工况、启动/停车过程、连续低载或怠速等工况是引起燃料电池衰减的主要原因,通过电-电混合控制策略、氢循环改善阳极水管理、启停流动控制、限电位等方法,可以大幅提高燃料电池寿命,这些控制策略需要在系统中逐步实施。目前,通过车载交流阻抗可以实现燃料电池水含量在线监控,丰田燃料电池系统通过 DC/DC 在直流负载上叠加一个交流负载,在线测量交流阻抗,从而估计水含量,作为判断膜干和水淹的依据,通过控制策略调整膜的干湿度,提高运行稳定性。例如,可以通过调整空气、冷却水流量等手段,调整膜的干湿状态。低温储存与启动时,也可以根据阻抗值,监控膜的状态。清华大学汽车研究所正在从事这方面的研究,预期在下一代燃料电池汽车中可以应用,届时,将会使燃料电池寿命延长。

2.3 燃料电池汽车示范运行

在国家政策的鼓励下,2016 年中国燃料电池汽车示范掀起了新的热潮。以大型客车为代表的燃料电池商用车异军突起,国内近十家公司纷纷推出燃料电池大型客车示范样车。宇通客车厂、福田汽车厂是起步比较早的车企,目前已经获得生产与销售资质,尤其宇通客车厂,更是把燃料电池汽车列入企业未来几年的重要发展方向,技术方面不断进取,进行了电-电混合动力系统匹配与仿真、整车控制策略开发及验证、整车控制网络开发,面向城市、团体等细分市场,基于宇通成熟纯电动平台,完成 12m 公交和 8m 团体燃料电池客车开发,获得三款燃料电池客车产品公告(见表 1)。此外,广东国鸿氢能公司联合加拿大巴拉德、清华亿华通、佛山飞驰等公司,成功研制出 11m 城市燃料电池客车。2016 年底,首批 28 台氢燃料电池 11m 城市客车,在示范线试运营。

表 1 宇通燃料电池客车

项目	2009年第一代	2013年第二代	2016年第三代	
造型				
外形尺寸	11990mm×2550mm×3150mm	12000mm×2550mm×3550mm	12000mm×2550mm×3500mm	8245mm×2500mm×3840mm
整车控制器	自制	KeyPower KPV13	自制	自制
燃料电池系统	额定功率,20kW	额定功率,50kW	额定功率,30kW	额定功率,30kW
氢系统	4只氢瓶,顶置	8×140L氢瓶,顶置	8×140L氢瓶,顶置	4×140L氢瓶
动力电池	168.9kWh动力电池系统	607V 60Ah动力电池系统	120Ah动力电池系统	120Ah动力电池系统
整车通信	整车CAN总线	整车CAN总线,整车控制器至DC/DC和IDICO采用FlexRay总线	整车CAN总线	整车CAN总线
电机驱动形式	集中驱动	两轮边电机驱动	集中驱动	集中驱动

燃料电池乘用车方面,国内上汽集团仍然处于引领地位,继荣威 750 燃料电池轿车完成 2014 年创新新征程万里行之后,又在此基础上,进行了荣威 950 的开发,采用新源动力的 HyMOD-50 电堆产品(见图 3),并在黑龙江漠河实地成功地完成了−20℃低温启动,2016 年 10 月获得工信部第 289 批次公告认证。此外,大通 V80 燃料电池轻型客车搭载的是新源动力的 HyMOD-36 模块(见图 4),正在公告申请中,预计 2016 年 7 月份开始小批量销售。

轨道交通车方面,中国中车股份有限公司推出全球首台燃料电池大型物流车和世界首列商用型燃料电池/超级电容混合动力 100% 低地板现代有轨电车。这

功率/kW	42(con)/50(max)
电压/V	180~260
低温启动/℃	−20
寿命/h	≥4000@10%损失
MTBF/h	>1000

图 3　新源动力 HyMOD-50 燃料电池模块及上汽荣威 950 燃料电池汽车

Hy-Mod-36	
额定功率	36kW
额定电流	250A
空气入口压力	14~70kPa
冷却介质	−10~70℃
储存温度范围	−20~45℃
海拔	≤3000m
防护等级	IP65
震动	SAE J2380
控制界面	CAN Bus

图 4　新源动力 Hy-Mod-36 模块、上汽荣威 750、大通 V80 燃料电池汽车

列商用型有轨电车采用多套燃料电池、多套储能系统设计,动力系统冗余度高,启动加速快,安全可靠,一次快速加氢只需 15min,可持续行驶 40km 以上,最高运行时速 70km。

3. 未来车用燃料电池技术发展建议

第一,加速实现关键材料的批量生产。国内的催化剂、复合膜、碳纸等从技术水平上已经达到或超过国外商业化产品,急需产业界投入建立批量生产线,实现国产化。需尽快实现燃料电池关键材料与部件的批量生产,建立健全燃料电池的产业链。

第二,进一步提高燃料电池与电堆系统可靠性和耐久性。燃料电池系统的寿命不完全是由电堆决定的,还依赖于系统的配套,包括燃料供给、氧化剂供给、水热管理和电控等,希望研究车用工况下燃料电池衰减机理的科研单位与生产电堆和电池系统的单位真诚合作,开发控制电堆衰减的实用方法,大幅度提高电堆与电池系统的可靠性与耐久性。此外,促进开发氢侧循环泵、MEA 在线水监测等措施,可以有效地改善阳极水管理,提高燃料电池耐久性。

第三,加快车用燃料电池系统用空压机与 70MPa 氢瓶的研发和加氢站建设。加大科研投入,联合攻关。鉴于我国在燃料电池车载空压机技术方面比较薄弱,建议采用引进技术与自主开发相结合,尽快推进。高压氢瓶方面,建议加快 70MPa

非金属内胆碳纤维全缠绕氢瓶（Ⅳ型瓶）的研发，进一步降低氢瓶成本。加氢站方面，尽管国家有补贴政策，但成本还是比较高，近期，可以根据燃料电池商用车或轨道交通车区域或固定线路运行的特点，建立区域性加氢站，满足示范运行需求。

第四，进一步提高燃料电池综合性能。开发长寿命的薄金属双极板，大幅度提高燃料电池堆的重量比功率与体积比功率；开发有序化的纳米薄层电极，大幅度降低电池的铂用量和提高电池的工作电流密度；采用立体化流场，减少传质极化，提高性能。

第五，加强整车的示范运行与安全实验。扩大燃料电池电汽车示范运行。

最近联合国环境开发署三期"促进中国燃料电池汽车商业化发展"示范项目已经启动，计划在北京、上海、郑州、佛山、盐城五个城市进行燃料电池汽车示范。此外，广东省云浮市等地方政府也在积极推动示范运行项目，但这些还远远不够，还要加大示范力度。再就是安全性问题，氢气在封闭空间的安全性要引起足够重视，要尽快完善燃料电池汽车运行、停放等场所的安全法规标准

目前我国政府非常重视新能源汽车的发展，燃料电池汽车迎来了好的发展机遇。科研院所与企业界要联合攻关，继续完善燃料电池技术链，发展燃料电池产业链，加快促进我国燃料电池汽车商业化发展。

本文第一次发表于《2016 新能源汽车年鉴》

参 考 文 献

［1］Chen C, Kang Y, Huo Z, et al. Highly crystalline multimetallic nanoframes with three-dimensional electrocatalytic surfaces［J］. Science, 2014, 343(6177): 1339-1343

［2］Li M F, Zhao Z P, Cheng T, et al. Ultrafine jagged platinum nanowires enable ultrahigh mass activity for the oxygen reduction reaction［J］. Science, 2016, 354(6318): 1414-1419

［3］Zhang G, Shao Z G, Lu W, et al. Aqueous-phase synthesis of sub 10nm Pdcore@Ptshell nanocatalysts for oxygen reduction reaction using amphiphilic triblock copolymers as the reductant and capping agent［J］. Journal of Physical Chemistry C, 2013, 117(26): 13413-13423

［4］Yao Y F, Liu J G, Liu W M, et al. Vitamin E assisted polymer electrolyte fuel cells［J］. Energy & Environmental Science, 2014, 7(10): 3362-3370

［5］Zeng Y C, Shao Z G, Zhang H J, et al. Nanostructured ultrathin catalyst layer based on openwalled ptco bimetallic nanotube arrays for proton exchange membrane fuel cells［J］. Nano Energy, 2017, 34: 344-355

第五部分 氢　　源

第1篇　化学制氢技术研究进展

吴　川　张华民　衣宝廉

1. 引　言

人类能源体系的结构在不断地变化,经历了一个以煤、植物体等固体燃料为主,到以石油、烃类等液体燃料为主的转变,目前正向以天然气、氢气等气体燃料为主的方向进行转变[1]。这种变化表明,从 21 世纪中期开始,人类社会将逐渐步入氢经济时代。作为一种可再生的二次能源,氢的热值高,反应速度快,可通过多种反应途径制得,能以气态或液态储存,并可储存于固体化合物中,因此可采取各种经济的方式有效地运输,适应各种工业需求。氢在释放能量后的副产物是水,这是个环境友好的过程。虽然氢能距离广泛应用还有较长时间,但对其的研究和开发对于解决人类可持续发展中所面临的能源问题却具有重要意义。

目前,氢能正得到越来越多的研究和应用。通过燃料电池这种发电方式,能够将氢高效地转化为电能,可以驱动机车和电动工具,给家庭、工厂、社区等各种场合提供固定电源或不间断电源。日本早在 1993 年就花大量资金启动了一个预期持续 28 年的长期能源项目—"世界能源网"(WE-NET)。这一项目采取国际合作的方式,对清洁能源,尤其是氢能进行研究和开发。其第一阶段从 1993 年到 1998 年,主要致力于建立储运和供给氢能的基础设施网络;第二阶段已经于 2002 提前年完成,主要是进行制氢技术的开发和制定相关政策;第三阶段则将进行实用技术的开发和加氢设施的推广,以促进氢能的广泛应用。欧洲联盟(欧盟)也已经计划在 2003 年到 2006 年投资 20.9 亿美元用于可再生能源的开发,其中大部分技术与氢能相关。同时,欧盟还宣布进行氢源基础设施建设。与此相比,欧盟在 1999 年到 2002 年之间总共只为相关项目投资了 1.24 亿美元。

制氢的方式是多种多样的,既可通过化学方法对化合物进行重整[2~12]、分解[13~16]、光解[17~23]或水解[24,25]等方式获得,也可通过电解水制氢,或是利用产氢微生物进行发酵或光合作用来制得氢气。其中,电解水制氢是一种完全清洁的制氢方式,可以用作发电站的调峰储能,即在用电的低谷期,将发电站多余的电能用于水电解制氢;而在用电高峰期,通过化学或电化学方法,将氢气中储存的化学能转变为电能。但这种方法能耗量较大,在现场制氢方面的应用受到了一些限制,目前还在进一步地研究和开发。生物制氢法采用有机废物为原料,通过光合作用或细菌发酵进行产氢。其关键技术是培养高效率、高选择性的生物菌种。但目前对这种方法的产氢机理了解得尚不深入，在菌种培育、细菌代谢路径、细菌产氢条件等方面的许多问题还有待研究，总的说来还不成熟。因此，目前主要的大规模产氢方式仍是化学制氢。

2. 催化重整制氢

2.1 烃类重整

目前，世界上大多数氢气通过天然气、丙烷或者石脑油重整制得。经过高温重整或部分氧化重整，天然气中的主要成分甲烷被分解成 H_2、CO_2、CO。这种路线占目前工业方法的 80%，其制氢产率为 70%～90%。烃类重整制氢技术已经相当成熟。从提高重整效率、增强对负载变换的适应能力、降低生产成本等方面考虑，催化重整技术不断得到发展，产生了不少改进的重整工艺，其中包括可再生重整[2]、平板式重整[3]、螺旋式重整[4]、强化燃烧重整等[5]。近来 Johnson Matthey 公司设计的"hot-spot"反应器具有自热重整的功能[6]，如图 1 所示。首先是将甲醇或是含 H_2 量大于 40% 的燃料气通入反应器中，与耐高温支撑体上的 Pt 或铬氧化物进行接触，发生燃烧反应，将整个反应器温度提高；然后将天然气与空气的混合物通入其中，在高温下进行重整，得到合成气。

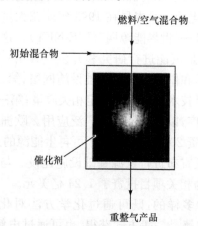

图 1 Johnson Matthey 公司的"hot-spot"天然气重整反应器

Rampe 等[7]采用自热重整方式对丙烷进行重整。在这个体系中，由一种蜂巢结构的催化剂来催化两种不同的反应：第一步是 30%～40% 的丙烷被注入的空气氧化，产生热量；第二步是利用前面产生的热量，对剩余的丙烷进行蒸气重整反应。通过这种方式，丙烷的重整效率可以达到 75%。

2.2 醇类重整

醇类重整主要集中于甲醇[8~10]、乙醇[11,12]等低级醇的重整,其中又以甲醇重整最为广泛。甲醇的分解制氢一般有三种途径[10]。一种是甲醇的直接加热分解,如方程(1)所示。这种方法生产的氢气中带有大量的CO。对于质子交换膜燃料电池(PEMFC)而言,氢气中几十个ppm(10^{-6})的CO就能在电极催化剂上造成不可逆吸附,使催化剂中毒,从而引起电极性能的持续下降。因此这种方法不适合给PEMFC提供氢源。

$$CH_3OH(l) \longrightarrow 2H_2(g) + CO(g) \qquad \Delta H_0 = 128kJ/mol \qquad (1)$$

另一种途径是甲醇的部分氧化,如方程(2)所示。这种方法经历的是放热反应途径,可对外提供热量,其主要副产物为CO_2,可降低CO含量。在以氧气作氧化剂时,所产生的氢气浓度可达66%;但在以空气为氧化剂时,氢气浓度仅为41%。

$$CH_3OH(l) + 1/2O_2(g) \longrightarrow 2H_2(g) + CO_2(g) \qquad \Delta H_0 = -155kJ/mol \quad (2)$$

第三种途径是甲醇的蒸气重整。这种方法制备的氢气浓度比部分氧化重整要高,主要副产物也为CO_2,适宜于PEMFC的使用,但该方法需要从外部接受能量。

$$CH_3OH(l) + H_2O(l) \longrightarrow 3H_2(g) + CO_2(g) \qquad \Delta H_0 = 131kJ/mol \qquad (3)$$

目前已经商业化的甲醇重整制氢催化剂多为铜基催化剂,如$Cu/Zn/Al_2O_3$、$CuO/ZnO/Al_2O_3$等。事实上,由于这些催化剂对CO_2的选择性还不够高,从而导致在催化重整的过程中,产生的合成气中仍存在少量的CO。Lindström等[10]通过在铜基催化剂中引入Cr、Zn、Zr等其他金属,形成二元或三元合金,可以有效地改善催化剂对CO_2的选择性。其中,加入少量Zr的铜基合金对CO_2的选择性可以达93%。

为了对重整氢气进行进一步的纯化,Han等[8]采用$25\mu m$厚的Pd-Cu合金薄膜来对氢气进行选择性透过。由甲醇重整得到的混合气被薄膜阻挡,其中的氢气吸附于合金膜上,分解为氢原子,然后扩散到膜的另一面,再复合成氢分子;其他的杂质气体则不能透过,由此达到纯化的目的。通过这种方式纯化得到的氢气,其纯度可以达到99.9995%以上。在这一过程中,75%的氢气通过金属膜被纯化,剩下的25%的氢气则用作重整反应器的燃料来提供热量。这种反应器已经可以用于给混合动力车中的25kW PEMFC进行供氢[26],其外形如图2所示。

随着燃料电池在电动车、可移动电源等方面的应用,需要制氢设备能够方便灵活地在线供氢。由此产生了一种由甲醇部分氧化和蒸气重整结合在一起的重整方式,即采用甲醇在线制氢时,可首先进行式(2)所示的氧化重整反应。由于反应本身放热,可以实现氢气生产的冷启动,迅速释放氢气,实现即时供给[9]。当系统温度升高以后,采用式(3)所示的蒸气重整方式,可使氢气产率迅速提高。由于式(2)、式(3)分别为放热和吸热反应,可以互补,从而使体系的热量得到充分利用,

图 2　混合动力车中为 25kW 燃料电池供氢的甲醇重整器照片

达到热平衡。在这一过程中,75％的氢气被收集,剩下 25％的氢气则返回重整器,用作燃料来提供热量[8,26]。而当这一重整方式与 PEMFC 联用时,PEMFC 的尾排氢气也可以返回重整器进行再利用,通过燃烧的方式来提供蒸气重整所需的一部分热量,从而使总的氢气利用率得到大幅度提高。

3. 生物质制氢

生物质制氢可以将低能量密度的生物质能转化为储运方便的高品质氢能。这种方法虽然采用生物质作为制氢原料,但与生物制氢不同的是,所用的制氢方法是化学方法。这种方法利用亚临界或超临界水强大的溶解力,将生物质中的各种有机物溶解,生成高密度、低黏度的液体,再经高温高压处理,可使生物质气化率接近 100％。

虽然高浓度的生物质在生产中更具有经济性和吸引力,但在气化过程中容易发生分解产物的聚合,因此低浓度的生物质比前者更容易气化。为了解决高浓度生物质的气化问题,采用活性炭[13]或 Ni 催化剂[14]都可以提高生物质的气化率,但气化后甲烷的产率得到提高,而氢气的产生却受到抑制。进一步的研究发现[15],由于碱的存在可促进气体的转化反应(4),因而在有少量碱存在的情况下,氢气的产率可比没有碱时提高 3 倍。

$$CO + H_2O \longrightarrow CO_2 + H_2 \tag{4}$$

但是,当采用强碱作为催化剂时,其回收再利用存在着很大的不便,增加了反应的成本,而采用固体催化剂则可以方便地实现回收。Watanabe 等[16]发现 ZrO_2 等氧化物可以于超临界水中稳定地存在,并且具有良好的催化性能,生物质的气化效率为不使用催化剂时的两倍。

　　不过,如图3所示,生物质制氢的氢气产率还比较低,而且由于超临界水具有极强的腐蚀性,对生物质制氢设备的材质提出了很高的要求;要使超临界水进行气化又必需高温高压的反应条件。这些都对生物质制氢的规模应用提出了挑战。

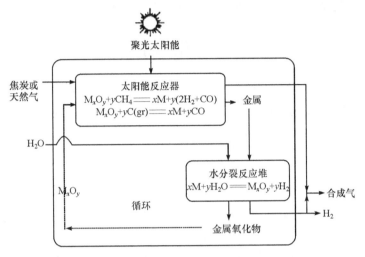

图3　以太阳能为热源、金属为载体的制氢方式

4. 金属置换制氢

　　当金属与水或酸反应时,就可以置换出氢气。新鲜切割的金属表面具有很高的反应活性,可以与水反应产生气泡。Uehara 等[27]的研究表明,当铝或铝合金在水中被切割或碾碎的时候,可以持续地释放出氢气,反应主要按照式(5)、式(6)所示的两种方式进行。由反应的吉布斯自由能可以看出,式(5)、式(6)均为自发反应。当机械切割行为停止时,放氢反应也会立刻终止,从而实现氢气的即时供应。为了使金属能够完全参与反应,需要在水中用高速旋转的飞轮将金属块磨得很细。

$$2Al+3H_2O \longrightarrow Al_2O_3+3H_2 \qquad \Delta G=-435.2kJ/mol \qquad (5)$$

$$2Al+6H_2O \longrightarrow 2Al(OH)_3+3H_2 \qquad \Delta G=-444.1kJ/mol \qquad (6)$$

　　当以燃料电池发动机来驱动轿车的时候,行使 250km 需要消耗 2kg 的氢,所需要的制氢原料消耗量分别为:汽油 20L,或甲醇 13kg,或铝 18kg。因此,从成本上看,采用金属铝给燃料电池车供氢并不占优势,但这种制氢方法具有安全、可控、反应器成本低、无污染、可回收等特点,使其得到一定的关注。如果要将金属置换制氢成功地应用到燃料电池车中,还需要解决金属还原再利用的问题。Otsuka 等[28]利用天然气重整所得到的 CO、H_2 混合气对金属氧化物进行还原;然后将金属与水进行反应,释放出氢气,由此达成一个良性循环。他们利用 Fe 和 Fe_3O_4 的氧化还原反应来实现这种过程,并希望以此为燃料电池车提供新的储存和供应氢气的办法。不过反应需要在 300～400℃ 的温度下进行,经过 3 次循环后,放氢速度明显减慢。通过在 Fe_3O_4 中添加 Ga、V、Cr、Mo、Al、Ti、Zr 等其他金属的氧化物,可以有效地增大其比表面,使放氢反应保持较高的速度。

5. 太阳能制氢

将太阳能转化为氢能可以形成一种良性循环的能源体系。科学家已经描绘出了一种理想的氢能体系:利用太阳能分解水,再通过燃料电池将产生的 H_2 和 O_2 进行电化学反应,产生电能;副产物水又可作为太阳能制氢的原料。整个体系实现了完美的循环,而且对环境没有任何污染。

5.1 光解水制氢

目前,利用太阳能制氢主要有光解水制氢和氧化物还原制氢两种方式。水是一种稳定的化合物,其分解是非自发的,因此利用光能分解水必须要有催化剂的参与。作为一种很有吸引力的制氢方式,光解水制氢还存在着一些问题:①可见光的利用。相当多的研究使用以 TiO_2[17,18]、ZrO_2[19,20]、$SrTiO_3$[21] 等为主的氧化物催化剂,但激发光源主要为紫外光,且光解效率不高。为了能够利用可见光进行光解水,一些研究者采用 CdO[22]、CdS[23] 等对层状氧化物进行修饰。修饰后的复合催化剂不仅光催化活性得到提高,而且将其光谱影响扩大到了可见光范围。另外,Cu_2O 在可见光范围内分解水的稳定性很好,并且由于压电现象的存在而具有机械助催化的性质。②催化剂的光腐蚀。CdS 修饰虽然能明显提高催化剂性能,但 CdS 属于窄禁带半导体材料,具有光腐蚀作用,尤其是对可见光敏感,因此其应用受到了限制。③能量转化效率不高。采用氧化物催化剂产生光活性电荷的效率往往不高,难以达到足够的电荷浓度来引发水的分解。这是由于半导体材料在光的激发下产生的自由电子和空穴很容易进行再复合,从而使光催化活性下降。一种解决办法是在保证活性的前提下,增大活性点之间的距离。Liu 等[20]采用高比表面的多孔 MCM-41 分子筛作为载体,担载 ZrO_2 作为活性物。由于将催化剂高度分散,降低了光激发电子和空穴再复合的概率,其光催化效率比未担载的 ZrO_2 提高了 2.5 倍。另一种办法是在光解过程中引入电子给体,使之与空穴或者 O_2 结合,发生不可逆反应,从而保证光活性的电荷不被消耗。Li 等[18]利用有机废水中的草酸等作为电子给体进行了实验探索。④逆反应的存在。为降低制氢过程中的过电势,可将 Pt 等金属担载于 TiO_2 等氧化物半导体上。但由于产生的 H_2 和 O_2 很容易在金属 Pt 上化合,而且 H_2 和 O_2 生成 H_2O 反应在常温常压下就能达到热力学平衡,因此 Pt-TiO₂ 催化剂很难直接将纯水转变为 H₂ 和 O₂。Abe 等[29]发现,IO₃⁻ 或 I⁻ 能够阻碍逆反应的进行,从而保证正反应的顺利进行。Lee 等[30]将适量 KI 加入到 KOH 碱性水溶液中,研究了 KI 和 KOH 浓度对光解过程的影响,并将优化后的铂担量定为 0.7%。

5.2　氧化物还原制氢

　　另一种利用太阳能制氢的方法是将金属氧化物还原,再将金属与水反应产生氢气。金属可以通过燃烧产生热量,或通过燃料电池和化学电源产生电能,或通过水分解反应产生氢气,因而是一种很有潜力的储存和运输能量的方式。然而,经历上述途径产生能量后,金属都会变成氧化物的形式,需要被重新还原才能循环使用。传统的还原方式是碳热还原或电化学还原,耗能较高,而利用太阳能还原则既能降低能源消耗,又能减少对环境的污染。

　　采用两步反应的回路模式[31],就可以更好地利用太阳能来产生氢能,从而减少化石燃料的消耗和污染物的排放。首先在焦炭和天然气等还原物质的作用下,利用太阳能产生的热量,通过吸热反应,将金属氧化物还原到更低的氧化态或是金属;然后再经历一个放热过程,使低氧化态的金属氧化物或金属与水反应,产生氢气。副产物金属氧化物作为能量载体,经回收后参与下一次的还原反应;所产生的氢气中,大部分被储存起来,一小部分可以用作下一次循环的还原气,如图 3 所示。由此,以金属的氧化-还原反应为桥梁,实现了太阳能到氢能的转化。

6. 金属氢化物制氢

　　具有储氢作用的金属氢化物按结构可分为三类:①储氢合金。这类合金本身并不含有氢元素,但却可以跟氢结合生成氢化物,并且能够可逆地释放出氢气。目前的氢镍二次电池中普遍采用的是这类合金。②离子氢化物。碱金属或碱土金属直接与氢键合,生成离子型的化合物,如 LiH、NaH 、CaH₂ 等。这类氢化物的结构类似于相应的卤化物,其反应活性受到样品状态、纯度和分散度的影响,与水接触时能够产生氢气并释放出热量。③配位氢化物。第三主族元素的氢化物 BH₃、AlH₃ 的单体是缺电子物种,倾向于形成负氢离子 H⁻ 的电子对受体,生成 MH₄⁻ 型的正四面体离子,其碱金属盐即为配位氢化物,也就是通常所说的硼氢化物和铝氢化物。硼氢化钠是最重要的一种硼氢化物,已经有相当成熟的大规模工业生产。其水溶液的稳定性可以由溶液温度和 pH 来进行调节。当加入特定催化剂的时候,硼氢化钠可以迅速地发生水解反应,释放出大量高纯度的氢气,其反应按式(7)进行:

$$NaBH_4 + 2H_2O \longrightarrow NaBO_2 + 4H_2 \tag{7}$$

采用 $NaBH_4$ 制氢具有以下一些特点：①储氢容量高。硼氢化钠的饱和水溶液浓度可达 35％，此时的储氢量为 7.4％。②$NaBH_4$ 水溶液具有阻燃性，并且在加入稳定剂后能够稳定存在于空气中。③溶液需要特定的催化剂来进行引发，可快速释放出氢气。④反应的引发可以在低温下进行，不需要外部提供额外能量。⑤反应的副产物 $NaBO_2$ 对环境无污染，并且可以作为合成 $NaBH_4$ 的原料进行回收再利用。⑥产生的氢气纯度高，不含其他杂质，只有少量的水分。⑦氢气产率高，$NaBH_4$ 基本可以完全反应。另外，由于 $NaBH_4$ 水解是一个放热反应，在 25℃时的标准焓变为 $-217kJ/mol$[24]。通过热和功的换算关系，我们计算出每 1mol $NaBH_4$ 进行水解反应，可以使 1kg 水升高大约 52℃。所制得的氢气中不含 CO，不会引起电极催化剂中毒；氢气中含有的水分，可以起到给 PEMFC 增湿的作用。当然，只有当氢气的供给达到一定的速率，才能够满足燃料电池的需要。Amendola 等[25]的计算表明，当氢气利用率按 50％计的时候，$1LH_2/min$ 的速率即可满足一个 81W PEMFC 的需要。而采用 $NaBH_4$ 水溶液来制氢时，可以很方便地调节产氢量和产氢速率。当溶液与催化剂不再接触时，就会终止供氢，这样可以实现现场制氢和即时供氢。目前，Wu 等[32]已经利用 Pt/C 催化剂成功地实现了快速、高效地现场制氢，可给数百瓦的 PEMFC 供氢，并且发现催化剂性能与铂担量、铂颗粒的大小和分布、载体及催化剂的孔结构等因素有关。考虑到 $LiBH_4$ 的储氢量更大，也有一些研究人员尝试采用 $LiBH_4$ 为原料进行水解制氢[33]，但实际的氢气产量与理论值相比还有较大差距。

7. 结 束 语

综上所述，氢能作为一种高效、清洁的替代能源已经越来越受到重视。21 世纪中期将逐步进入氢能时代。化学制氢是目前应用最为广泛的制氢方式，其中催化重整制氢仍然是大规模制氢的主流。随着燃料电池这一环境友好的发电方式在技术上的不断突破，以及燃料电池在固定电站、电动汽车、电子产品等方面日益增多的应用，对制氢的方便性和灵活性提出了新的要求。诸如生物质制氢、金属制氢、太阳能制氢、金属氢化物制氢等许多其他的化学制氢技术得到了迅速的发展，并展现出其独特的生命力。

目前的化学制氢方法大多需要催化剂的参与。催化剂的活性与选择性制约了制氢反应的速率和产率，其寿命的长短则关系到生产成本的高低。开发性能优良的长寿命制氢催化剂是化学制氢中的关键问题之一。此外，制氢反应器的设计和工艺路线的改进也对制氢效率的提高和能源的综合利用有着重要影响。当然，在实际应用的过程中，制氢系统与用户系统的匹配也是必须要考虑的问题。多种多样的化学制氢技术将伴随着燃料电池、氢燃料发动机等技术的发展和应用，一同步入氢能时代。

本文第一次发表于《化学进展》2005 年 03 期

参 考 文 献

[1] Hefner III RA. Toward sustainable economic growth: the age of energy gases[J]. International Journal of Hydrogen Energy, 1995, 20(12): 945-948

[2] Cohen R, Olesen O, Faintani J, et al. Fuel cell power plant reformer[P]: US, 4870511. 1989-04-11

[3] Jang H Y, HuddlestonR R, Krische M J. Reductive generation of enolates from enones using elemental hydrogen: catalytic C—C bond formation under hydrogenative conditions[J]. Journal of the American Chemical Society, 2002, 124(51): 15156-15157

[4] Astanovsky D L, Astanovsky L Z, Raikov B S, et al. Reactor for steam catalytic hydrocarbon conversion and catalytic CO conversion in hydrogen production[C]; Hydrogen Energy Progress IX, Proceeding of 9th World Energy Conference. 1992[C]. Paris

[5] Wertheim R, Sederqui st R. Integrated fuel cell and fuel conversion apparatus[P]: US, 4816353. 1989-05-14

[6] Dicks A L. Hydrogen generation from natural gas forth fuel cell systems of tomorrow[J]. Journal of Power Sources, 1996, 61(1/2): 113~124

[7] Rampe T, Heinzel A, Vogel B. Hydrogen generation from biogenic and fossil fuels by auto-thermal reforming[J]. Journal of Power Sources, 2000, 86(12): 536-541

[8] Han J, Kim Il S, Choi K S. High purity hydrogen generator for on-site hydrogen production[J]. International Journal of Hydrogen Energy, 2002, 27(10): 1043-1047

[9] Edwards N, Ellis S R, Frost J C, et al. On-board hydrogen generation for transport applications: the HotSpot™ methanol processor[J]. Journal of Power Sources, 1998, 71(12): 123-128

[10] Lindström B, Pet tersson L. Hydrogen generation by steam reforming of methanol over copper-based catalysts for fuel cell applications[J]. International Journal of Hydrogen Energy, 2001, 26(9): 923-933

[11] Klouz V, Fierro V, Denton P, et al. Ethanol reforming for hydrogen production in a hybrid electric vehicle: process optimisation[J]. Journal of Power Sources, 2002, 105(1): 26-34

[12] Mariño F J, Cerrella E G, Duhalde S, et al. Hydrogen from steam reforming of ethanol. characterization and performance of copper-nickel supported catalysts[J]. International Journal of Hydrogen Energy, 1998, 23(12): 1095-1101

[13] Xu X, Matsumura Y, Stenberg J, et al. Carbon-catalyzed gasification of organic feed stocks in supercritical water[J]. Industrial & Engineering Chemistry Research, 1996, 35(8): 2522-2530

[14] Minowa T, Ogi T. Hydrogen production from cellulose using a reduced nickel catalyst[J].

Catalysis Today,1998,45(14):411-416

[15] Kruse A,Meier D,Rimbrecht P,et al. Gasification of pyrocatechol in supercritical water in the presence of potassium hydroxide[J]. Industrial & Engineering Chemistry Research, 2000,39(12):4842-4848

[16] Watanabe M,Inomata H,Arai K. Catalytic hydrogen generation from biomass(glucose and cellulose)with ZrO_2 in supercritical water[J]. Biomass and Bioenergy,2002,22(5):405-410

[17] Fujishima A,Honda K. Electrochemical photolysis of water at a semiconductor electrode[J]. Nature,1972,238:37

[18] Li Y,Lu G,Li S. Photocatalytic hydrogen generation and decomposition of oxalic acid over platinized TiO_2[J]. Applied Catalysis A:General,2001,214(2):179-185

[19] Sayamak K,Arakawa H. Photocatalytic decomposition of water and photocatalytic reduction of carbon dioxide over zirconia catalyst[J]. Journal of Chemical Physics, 1993, 97(3): 531-533

[20] Liu S H,Wang H P. Photocatalytic generation of hydrogen on Zr-MCM-41[J]. International Journal of Hydrogen Energy,2002,27(9):859-862

[21] Domen K,Kudo A,Onishi T. Mechanism of photocatalytic decomposition of water into H_2 and O_2 over $NiO/SrTiO_3$[J]. Journal of Catalysis,1986,102(1):92-98

[22] Shangguan W,Zhang M,Yuan J,et al. Synthesis and interlayer modification of $RbLaTa_2O_7$[J]. Solar Energy Materials & Solar Cells,2003,76(2):201-204

[23] Shangguan W,Yoshida A. Synthesis and photocatalytic properties of CdS-intercalated metal oxides[J]. Solar Energy Materials & Solar Cells,2001,69(2):189-194

[24] Kojima Y,Suzuki K,Fukumoto K,et al. Hydrogen generation using sodium borohydride solution and metal catalyst coated on metal oxide[J]. International Journal of Hydrogen Energy,2002,27(10):1029-1034

[25] Amendola S C,Binder M,Kelly M T,et al. Advances in Hydrogen Energy[M]. New York: Kluwer Academic Plenum Publishers,2002. 69-86

[26] Han J,Lee S M,Chang H. Metal membrane-type 25kW methanol fuel processor for fuel-cell hybrid vehicle[J]. Journal of Power Sources,2002,112(2):484-490

[27] Uehara K,Takeshita H,Kotaka H. Hydrogen gas generation in the wet cutting of aluminum and its alloys[J]. Journal of Materials Processing Technology,2002,127:174-177

[28] Otsuka K,Yamada C,Kaburagi T,et al. Hydrogen storage and production by redox of iron oxide for polymer electrolyte fuel cell vehicles[J]. International Journal of Hydrogen Energy, 2003,28(3):335-342

[29] Abe R,Sayama K,Arakawa H. Significant effect of iodide addition on water splitting into H_2 and O_2 over Pt-loaded TiO_2 photocatalyst:suppression of backward reaction[J]. Chemical Physics Letters,2003,371(34):360-364

[30] Lee K,Nam W S,Han G Y. Photocatalytic water-splitting in alkaline solution using redox mediator. 1:Parameter study[J]. International Journal of Hydrogen Energy,2004,29(13):

1343-1347

[31] Steinfeld A, Kuhn P, Reller A, et al. Solar-processed metals as clean energy carriers and water-splitters[J]. International Journal of Hydrogen Energy, 1998, 23(9): 767-774

[32] Wu C, Zhang H, Yi B L. Hydrogen generation from catalytic hydrolysis of sodium borohydride for proton exchange membrane fuel cells[J]. Catalysis Today, 2004, 93/95: 477-483

[33] Kojima Y, Kawai Y, Kimbara M, et al. Hydrogen generation by hydrolysis reaction of lithium borohydride[J]. International Journal of Hydrogen Energy, 2004, 29(12): 1213-1217

第六部分　燃料电池示范
及产业化的相关回答

第1篇 衣宝廉院士:氢燃料电池大巴车、物流车应开始大规模示范

韩 喻

中国新能源汽车发展步伐加速,氢燃料汽车趋势日益明朗。2017年10月20日,科技部部长万钢来到北京亿华通科技股份有限公司,参观了配套亿华通技术的福田欧辉全系列氢燃料电池客车。万钢表示,他十分看好氢燃料电池客车在远程公交领域的发展前景。

无独有偶,就在前一天,10月19日举行的2017(第四届)燃料电池汽车产业高峰论坛暨中国国际氢能及燃料电池技术应用论坛上,中国工程院院士衣宝廉表示:应当选择大巴车、物流车开始大规模示范氢燃料电池汽车。

衣宝廉:关于燃料电池车大规模示范的建议

2016年冬季,中国客车网第一次采访衣院士(详见《衣宝廉院士详解氢燃料电池汽车的发展现状和问题》http://www.chinabuses.com/tech/2016/1128/article_75542.html)的时候,业界大多数专家的观点都认为,氢燃料电池汽车刚渡过技术开发阶段,开始进入到市场导入阶段。然而不到一年的时间里,国内氢燃料汽车的研发、制造、运营已经一浪高过一浪,尤其是在客车、物流车方面,市场应用和产业发展有目共睹。

　　一年以前,衣宝廉院士认为,中国当下发展氢燃料汽车的焦点就是降低车辆成本和加氢站的建设,同时着手示范运行。

　　一年之后的现在,衣宝廉院士认为,中国应该开始大规模示范运行氢燃料电池汽车,重点首先要从客车和物流车开始。

　　他表示,要想开展燃料电池的大规模示范运行,要具备以下四个条件:第一要解决的是发动机(相当于内燃机的燃料电池)的可靠性和耐久性问题,要建立健全各种安全标准。第二,车辆的售价扣除补贴以后,应该跟电动汽车相差不大,可以比燃油车稍贵一点。第三,要有足够氢能燃料供给。第四,初期政府给予一定补贴,中后期燃料电池产业链的企业都应该盈利。

燃料电池汽车与传统内燃机汽车有一定的相似性

　　衣宝廉在接受中国客车网采访时,指出燃料电池汽车在结构和性能方面,与传统内燃机汽车有一定的相似性,但两者相比的优越性在于,传统汽车排放是含有污染物的尾气,而燃料电池汽车排放的是氢氧结合物——水(H_2O)。而燃料电池汽车与纯电动或混动汽车相比,不但具备续驶里程长、动力性能高的优势,还在于其燃料加注时间短,方便快捷。

　　综合这些优点,衣宝廉院士认为,氢燃料电池汽车才是新能源汽车的未来方向,至少,在不远的将来,它会在长途、重载方面取代燃油汽车,同时弥补电动汽车的不足。衣院士对中国客车网表示,希望借助媒体的力量,呼吁更多的人了解氢燃料电池汽车,使用氢燃料电池汽车。他说:要让大巴车、物流车的用户了解我们的优势——在相同行驶里程和工况下,当依靠副产氢和弃风等电解水制氢时,车用氢的价钱会低于汽油或柴油。

　　要让整车制造企业了解,虽然我们的燃料电池发动机目前比国际先进水平略有差距,但国产燃料电池发动机在耐久性和低温启动等方面已满足国内使用要求。

　　要让配套和研发机构了解,加速加氢站、空压机、氢循环泵、储氢瓶等研发,降低成本。

　　要让各级政府了解到,除了组织、协调外,还要有一定的经费支持产业链中的薄弱环节,如在加氢站的建设、储运等环节,政府给以一定的补贴。

要让社会各界了解,氢燃料电池汽车需要整车和配套技术同步发展,需要相适应的规模效益,要搞官产学研,要做好组织、协调和参与工作。

这是一个完整的产业链体系,这个体系产生的经济价值和长远意义甚至有可能超过电动汽车,但衣宝廉院士认为,其中存在的难度也不会低于电动汽车推广时遇到的问题,所以需要更多的人能正确理解和认识。

衣宝廉:燃料电池车已迎来新的发展机遇

衣宝廉告诉中国客车网,他从事燃料电池车的研究和开发已有逾四十年的历史,这些年来,国家对氢燃料电池汽车发展的,态度越来越积极明朗,政策支持力度越来越大,研发和生产企业要抓住时机,不可错过。

据中国客车网了解,早在2001年,科技部发布"十五"国家863计划重大专项,将电动汽车研究开发列入其中,确立了"三纵三横"的国家新能源汽车研发布局:"三纵"即燃料电池汽车、混合动力汽车、纯电动汽车,"三横"则是指多能源动力总成系统、驱动电机、动力电池三种关键技术。衣宝廉院士是当时的专家组成员和燃料电池发动机责任专家。

2006年国务院发布《国家中长期科学和技术发展规划纲要(2006—2010年)》,将"低能耗与新能源汽车"和"氢能及燃料电池技术"分别列入优先主题和前沿技术;2012年国务院在发布《节能与新能源汽车产业发展规划(2012—2020年)》时提出,到2020年,燃料电池汽车、车用氢能源产业与国际同步发展;2015年到2016年,国务院、发改委、工信部、财政部、科技部连续发文,明确了氢燃料电池汽车的发展路线和补贴政策。

2017年,工信部、发改委、科技部联合印发《汽车产业中长期发展规划》,燃料电池技术发展路线以2020年、2025年及2030年为三个关键时间节点,依据产品研发—制造验证—批量应用的规划思路,使车用燃料电池电堆的性能、寿命、成本三个关键指标依次达到商业化要求,并且完成电堆及关键材料的批量制造能力建设,满足燃料电池汽车发展需求。

2016年12月30日,四部委联合发布了"2017年新能源汽车推广补贴政策",其中动力电池客车补贴缩水,然而氢燃料电池客车补贴标准不变,轻型客车30万元/辆,大中型客车50万元/辆。目前各地政府也出台相应的补贴政策,多数地方燃料电池车补贴维持与国家补贴1:1的额度。在加氢站建设上,对符合国家技术标准且日加氢能力不少于200kg的新建燃料电池车加氢站,每站奖励400万元。加氢站建设补贴不退坡。

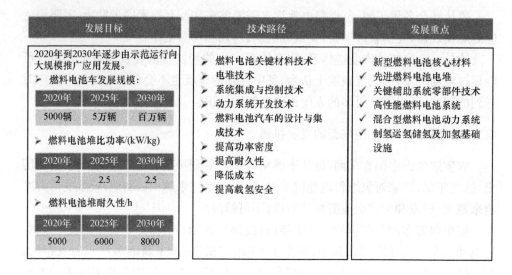

发展目标	技术路径	发展重点
2020年到2030年逐步由示范运行向大规模推广应用发展。 ➤ 燃料电池车发展规模： | 2020年 | 2025年 | 2030年 | | 5000辆 | 5万辆 | 百万辆 | ➤ 燃料电池堆比功率/(kW/kg) | 2020年 | 2025年 | 2030年 | | 2 | 2.5 | 2.5 | ➤ 燃料电池堆耐久性/h | 2020年 | 2025年 | 2030年 | | 5000 | 6000 | 8000 |	➤ 燃料电池关键材料技术 ➤ 电堆技术 ➤ 系统集成与控制技术 ➤ 动力系统开发技术 ➤ 燃料电池汽车的设计与集成技术 ➤ 提高功率密度 ➤ 提高耐久性 ➤ 降低成本 ➤ 提高载氢安全	✓ 新型燃料电池核心材料 ✓ 先进燃料电池电堆 ✓ 关键辅助系统零部件技术 ✓ 高性能燃料电池系统 ✓ 混合型燃料电池动力系统 ✓ 制氢运氢储氢及加氢基础设施

衣宝廉：大规模示范运行有极大优势和盈利条件

正如万钢部长6月份在长春所说，燃料电池从国际上来看，寿命、可靠性、使用性上达到了车辆使用的要求，我国初步掌握了相关的核心技术，基本建立了具有自主知识产权的燃料电池动力系统平台，所以应该加强协同创新，推进燃料电池全面应用。

基于当前技术和资源等条件，衣宝廉院士表示，目前我国开展燃料电池车大规模示范运行的技术基础已经具备，并趋于成熟，尤其是氢燃料电池客车和物流车这两种车型对加氢站的依赖度较低，可以率先示范。

（1）国内氢燃料电池可靠性与耐久性基本达到要求，如寿命达到5000～10000h，通过结构、电和氢安全的检测等基本的安全规范。

（2）国内燃料电池车的售价在扣除政府补贴后，与锂电池车或燃油车基本接近，略高一点。

（3）我国有充足的廉价氢燃料供给，加氢站能满足车加氢的需求，消除或尽量减少加氢焦虑。

（4）计入政府补贴后，燃料电池车生产企业和燃料电池车大规模示范运营单位均应盈利！

据统计，我们国家每年约有副产氢1000万吨，价格每公斤13元左右，这意味着，燃料电池在十年之内仅用副产氢就足够了。此外，利用弃风、弃光、弃水的电一年可制氢约300万吨，两项合计，一年就是1300万吨。这是欧美、日本所不具备的两大优势。

众所周知，我国可再生能源发展非常快，导致目前国内弃风、弃光、弃水现象严重,2016 年,仅仅四川、云南两省弃水超过 400 亿千瓦时;陕北地区弃风达 497 亿千瓦时;西北五省平均弃光率 20%,约为 70 亿千瓦时。这些能源如果用于电解,可制氢达 300 万吨。

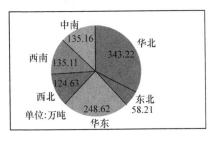

全国副产氢近千万吨(焦炉煤气、合成氨、甲醇、氯碱)
每吨液氨驰放气为150~250标方(取中值),氢气含量约60%
每吨甲醇,驰放气量约780标方,氢气含量约70%
每吨氯碱驰放气副产氢量为200~300标方

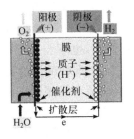

弃水:>400亿千瓦时(仅四川、云南)
弃风:497亿千瓦时(三北地区)
弃光:平均弃光率20%,70亿千瓦时(西北五省)
若用于电解,可制氢300万吨

因此,衣宝廉建议,要选择靠近副产氢或弃风、弃光、弃水的地点进行大规模示范,减少氢远运输距离;对碳水电解、纯水电解、高温蒸气电解这三种氢的运输路线进行考核,通过大规模示范运行,从运行成本的角度,提出三种氢的储运的优缺点,找到各自适合的范围;通过大规模示范运行,与电动车、汽油车从运行成本的角度进行对比,证明氢燃料电池车商业化的可行性;对燃料电池车的可靠性、耐久性进行考核,提出改进意见,确保燃料电池车的出勤率达到燃油车或锂离子电池动车的水平。

	碱水电解(Alkali)	纯水电解(SPE)	高温蒸汽电解(SOE)
电解质/隔膜	30% KOH/石棉膜	纯水+质子交换膜	固体氧化物(YSZ)
电流密度	1~2A/cm²	1~10A/cm²	0.2~0.4A/cm²
工作效率	耗4.5~5.5度电/Nm³H₂	≤耗4.0度电/Nm³H₂	预期效率约100%
工作(环境)温度	≤90℃(0~45℃)	≤80℃(0~45℃)	≥800℃
产氢纯度	≥99.8%	≥99.99%	
设备体积	1	约1/3	
操作特征	温度区间决定启停便利		启停不便
	洗脱雾沫夹带碱液		
可维护性	强碱介质蚀强		
环保性	石棉危害呼吸道		
产业化程度	充分产业化	特殊应用,商业化起步	实验室材料基础
单机规模	1000Nm³H₂/h	200Nm³H₂/h	
成本	10千元/(Nm³H₂/h) 约2千元/kW装机	为碱性电解的2~3倍	

衣宝廉指出,根据人群聚居和交通出行特点,产氢与用氢不在同一地方,将廉

价的副产氢和弃风等电解水制氢的氢储存和运输到用氢地点——加氢站,是燃料电池车大规模示范的关键环节,也是大规范示范运行要从大巴车、物流车开始的主要原因之一。

他继而解释,当采用副产氢或弃风等电解水制氢,每标方的氢生产费用将低于1.5元;加上鱼雷车的运氢费用,每公斤氢的费用在20元左右;即使考虑加氢站的折旧费和运营费,也不会高于30元/kg氢。轿车一公斤氢的运行里程100km与6~7L油相当,按现在的油价需40~45元。

也就是说,从市场规律来讲,如果氢的价格低于40元,必然会有盈利;如果超过45元则竞争不过传统燃油车。现在我们国家氢的价格在30元左右,竞争力明显,符合市场规律,这就是在我国有大量副产氢的优势下,燃料电池车大规模示范运行的运行费用的优势和盈利条件!

但是,优势背后也有不足,现在建设一个日加氢能力大于200kg的加氢站费用超过1000万元,即使国家补贴400万,但仍旧需要深入研发,大幅度降低建设成本。

目前加氢站全世界有270几个,其中加利福尼亚州有30个,已经进行了商业运行。我国只有8.5个,包括上海2个,北京2个,广州1个,深圳1个,1个移动加氢站(0.5),大连新源动力股份公司还有一个加氢站并可以做各种实验。宇通客车公司自己建立一个,国家补贴400万已到位。

加氢站的不足是燃料电池车大规模示范要从对加氢站依赖度低的公交车和商用车开始的原因之一。

衣宝廉:我国车用燃料电池技术的现状

据中国客车网了解,工信部第301批公告显示,截止到2017年10月,已经通过工信部产品公告的客车企业有宇通、福田、金旅、申龙、南京金龙、青年、飞驰等;轻客品牌有上海大通;物流车品牌有东风、青年。

此外,中植、中通、申沃、扬子江、五洲龙、陆地方舟、沂星等客车企业的氢燃料电池样车先后亮相,青年、重汽、联孚等客车企业也都纷纷宣布有相关样车问世。

衣宝廉介绍说,目前车用燃料电池发展有两条技术路线,一条以新源动力股份公司为代表的自主研发,另一条则是以广东国鸿氢能科技有限公司为代表的引进国外技术。这两种代表目前都做出了显著成绩,尤其在示范运营方面,带给整个行业很多宝贵经验。

据此,衣宝廉院士针对整车的示范运行与安全实验提出以下四点技术要求和建议:

(1)自主研发的企业和科研机构,应当进一步提高电池系统的可靠性与耐久性,并降低电堆成本和铂用量。引进国外先进技术的企业,希望能消化吸收并再创新,如解决引进技术的电堆不能在低温储存和启动问题。

（2）加速研发并降低电池系统的空压机,氢循环系统和高压储氢瓶成本,进而降低电池系统成本。

（3）加速制定燃料电池大巴车,各种专用车用的燃料电池系统安全标准,为大规模示范运行奠定基础。

（4）加强各种燃料电池车的安全实验。

衣宝廉院士告诉中国客车网:氢燃料电池汽车技术已经成熟,这个技术并不神秘,但它需要政府、研究机构、企业和用户共同学习、共同了解;在氢燃料方面,我们国家具有其他国家不能比拟的优势,但如何把它用好,产生利国利民的价值,还需要所有的人共同努力。

本文第一次发表于《中国客车网》,时间:2017.11.6

第 2 篇　衣宝廉院士详解氢燃料电池汽车的发展现状和问题

韩　喻

能源无疑是当今全世界共同关注的一大话题,受全球能源消费量不断增长和能源消耗导致的气候问题,越来越多的有识之士认为,氢燃料电池汽车作为一种真正意义上的"零排放,无污染"载运工具,是未来新能源清洁动力汽车的必然方向,氢燃料电池汽车研发与量产,必将成为全球汽车工业领域的一场新革命。而衣宝廉,正是这方面的专家。

氢燃料电池汽车专家衣宝廉

衣宝廉,中国工程院院士,原 863 计划"电动汽车"重大科技专项专家组成员和燃料电池发动机责任专家,中国科学院大连化学物理研究所(大连化物所)研究员,新源动力股份有限公司名誉董事长。

衣宝廉所在的大连化物所是国内最早开展燃料电池技术的科研机构,从事燃料电池的研究和开发已有逾四十年的历史。经过四十年多年特别是最近几年的快速发展,大连化物所在燃料电池领域有了很好的技术积累和人才储备,是公认的国内一流的燃料电池研发单位,并在国际同行中具有相当的地位。在长期的研发过程中,大连化物所形成了较完整的燃料电池和电解池知识产权体系,在催化剂、离子交换膜、膜电极、双极板、电堆、燃料电池系统、检测与控制等方面申报国家发明专利 200 余项,形成了燃料电池自主知识产权体系。

经过四十多年的研究,衣宝廉院士越来越深刻地认识到,我国车用氢燃料电池产业化必须解决的一系列问题需要更多人了解,为此,他对中国客车网详细解释了氢燃料电池的原理和历史沿革,以及他的研发团队的成果,并指出了燃料电池商业化必须要解决的技术问题。

氢燃料电池的原理

衣宝廉院士告诉中国客车网,燃料电池之所以叫"电池"两个字,因为它的发电原理是电化学的,跟锂电池、锌锰干电池是完全一样的。它是用一张隔膜把一个氧化还原反应分为两部分,一部分发生氧化反应,一部分发生还原反应,就构成了一个电池。

但是燃料电池的工作方式跟日常使用的干电池是不一样的,燃料电池是一个能量转化系统,它要供给氢气、空气,作为电化学反应产物的水要排出来,就跟传统内燃机一样,工作是要有汽油和空气供给,要排出来二氧化碳,因此氢燃料电池的工作方式是内燃机式的。氢燃料电池的一节工作电压小于 1V(一般额定输出电压为 0.6～0.7V),航天设备使用电压一般为 28V,乘用车一般为 300V 左右,大客车 600V 左右,为了满足实际应用需求,燃料电池需要成百、千节单电池串联起来形成电堆,其中一致性是非常关键的。

据衣宝廉院士介绍,从国际上来看,氢燃料电池车到现在分三个发展阶段。

第一阶段为 1990 年到 2005 年。1990 年美国能源署开始制订氢能和燃料电池研发和示范项目,世界发达国家(地区)纷纷加紧氢能与燃料电池的研发部署。当时人们对这项技术的攻关难度理解不够,以为燃料电池车可能在 1995 年左右实现产业化,以至于巴拉德公司股票涨到 190 多美元,实际上做出的三辆氢燃料电池车在试验阶段稳定运行很好,放在芝加哥上路运行不到一个月全部垮掉,大家这才意识到燃料电池不适用于汽车的工况。

第二阶段是 2005 年到 2012 年。用了 7 年时间终于解决了燃料电池的工况适应性问题,燃料电池比功率达到了 2kW/L,在零下 30℃ 也能储存和启动,基本上满足了车用要求。

第三阶段是 2012 年到现在。丰田燃料电池比功率达到了 3.1kW/L,并在 2014 年 12 月 15 日宣布,"未来"氢燃料电池车实现商业化,进入了商业推广阶段。其后,本田与现代也推出了燃料电池商业化车。因此,从商业化角度,有人把 2015 年誉为燃料电池汽车的元年。

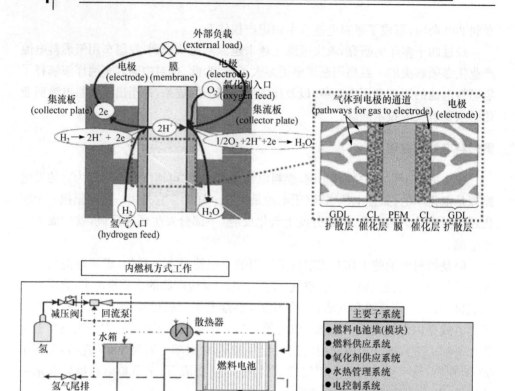

内燃机方式工作

散热器

主要子系统

●燃料电池堆(模块)
●燃料供应系统
●氧化剂供应系统
●水热管理系统
●电控制系统

电堆结构

燃料电池发电系统

国际燃料电池汽车及车用燃料电池技术进展

FCV可用性验证　　FCV性能提升-功率密度、寿命进步　　商业化推广-降低成本、推进氢设施

据中国客车网了解,当前国际氢燃料电池汽车的现状为:氢燃料电池汽车已经渡过技术开发阶段,进入到市场导入阶段。燃料电池发动机功率密度大幅提升,已经达到传统内燃机的水平;基于 70MPa 储氢技术,续驶里程达到传统车水平(燃料填充<5min);燃料电池寿命满足商用要求(5000h);低温环境适应性提高,可适应−30℃气候,车辆适用范围达到传统车水平。通过技术进步降低成本、批量制造的开发以及加氢站的建设成为下一步研发重心;铂用量的降低,特别是采用非铂催化剂是长期而艰巨的任务。

衣宝廉院士认为,现在产业化的关键问题是进一步建立生产线、降低成本和加氢站的建设,这是目前全球燃料电池汽车发展的共同问题。从燃料电池发动机来看,它现在可以做到跟内燃机互换,就是体积可以跟内燃机进行互换。从寿命来看,大巴车已经达到了 1.8 万小时,小车也超过了 5 千小时,功劳主要是采用了"电-电"混合方式,即二次电池与燃料电池混合驱动策略,使燃料电池在相对平稳状态工作,大幅提高了燃料电池的耐久性。

从成本来看,目前如果按年产 50 万辆计,燃料电池每千瓦成本大约是 49 美元,这个价格是可以接受的。业内有种看法是燃料电池汽车受铂(Pt)资源的限制,现在氢燃料电池铂用量国际先进水平能做到 0.2g/kW,国内目前水平是 0.4g/kW左右,产业化的需求是要降低到小于 0.1g/kW。小于 0.1g/kW 是什么概念? 据衣宝廉院士介绍,就是跟汽车尾气净化器用的贵金属量相当,这是需要依靠技术进步逐步实现的。

衣宝廉院士透露,现在国际各大汽车公司竞争的技术水平都是在燃料电池小轿车上体现,而小轿车对加氢站的数量依赖度较高,当加氢站不能够达到像加油站那么普及时,选择大巴车、物流车或轨道交通车发展是比较实际的做法。也就是对加氢站依赖度越低,越容易首先实现燃料电池车产业化,不会让用户产生加氢焦虑。

衣宝廉说,从全球发展来看,燃料电池车现在已经进入商业化导入期,当下的焦点就是降低成本和加氢站的建设。燃料电池发动机从性能、体积上可以实现与传统内燃机互换,低温适应性可以达到−30℃,行驶里程可以达到 700km,一次加氢小于 5min,跟燃油车效果完全是一样的。随着企业界的参与,产品工艺的定型,批量生产线的建立,以及关键材料与部件国产化,相信燃料电池成本会得到大幅度降低。此外,要加大力度推进加氢站的建设,目前,国内一些能源公司、工业副产氢公司及地方政府对加氢站建设表现了极大的兴趣,纷纷制定规划投入开发,开始从事加氢站的建设,从数量上逐渐满足区域性加氢(如公交运营线、物流区等)需求。

国内燃料电池汽车发展

据中国客车网了解,国内目前用于示范的氢燃料电池汽车已达 200 余辆,累计运

燃料电池成本逐步降低

成本

燃料电池成本预测(DOE)

按每年50万辆批量生产计算，
2011年49美元/kW，目标降到30美元/kW

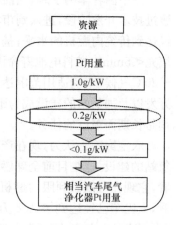

资源

Pt用量

1.0g/kW

0.2g/kW

<0.1g/kW

相当汽车尾气
净化器Pt用量

行里程十余万公里，虽然性能已经与国际水平接近，但成本、耐久性等方面亟待改善。

据衣宝廉院士介绍，我国的氢燃料电池车已经进行了十几年的研发，从"九五"开始，现在进入"十三五"，是第20个年头。

2008年北京奥运会23辆车，其中3辆大巴、20辆轿车。2009年有16辆车到美国加利福尼亚州进行了试验。2010年上海世博会，一共是196辆燃料电池车参加了运营。燃料电池功率是50kW，锂电池的功率是20kW。此外，还参加了新加坡的世青赛。北京奥运会用的公交车在北京801路上进行了示范运行，燃料电池的功率是80kW。

在这之后，上汽集团进行了2014创新征程万里行，燃料电池车、纯电动车和插电式混合动力车三种车型参加了示范，燃料电池汽车在全国14个省市自治区25个城市运行，超越10000km，接受了沿海潮湿、高原极寒、南方湿热、北方干燥的考验。客车方面，宇通推出了第三代燃料电池客车，氢燃料加注时间仅需10min，测试工况下续航里程超过600km，尤其是成本下降了50%。此外，福田燃料电池客车也亮相北京奥运会和上海世博会，近年来技术又得到提升。近期，上海大通V80氢燃料电池版轻客，采用新源动力电堆驱动，最高车速可达120km/h。

| 2007年上海比比登赛 | 2008年北京奥运示范 | 2009年美国加利福尼亚州示范 | 2010年新加坡世青赛 | 2010年上海世博会 |

国家公布的《中国制造2025》重点技术领域技术路线图中，关于新能源汽车发展规划里面提到，到2020年要实现燃料电池关键材料批量化生产的质量控制和保

证能力;在 2025 年之前,我国氢能汽车方面的制氢、加氢等配套基础设施基本完善,燃料电池汽车实现区域小规模运行。为了推行氢能燃料电池汽车,国家出台了相应的补贴政策,同时国务院办公厅提出:对符合国家技术标准且日加氢能力不少于 200kg 的新建燃料电池车加氢站每个站奖励 400 万元。相信沿着这个目标,中国的氢燃料电池汽车,尤其是氢燃料电池客车必定会有一个大的发展机会。

五大建议促氢燃料电池汽车产业化

针对中国氢燃料电池汽车发展问题,衣宝廉院士结合多年研发和实践工作,着重讲了他的五个建议,分别是:

一,实现关键材料的批量生产。希望有志于燃料电池事业的企业家,投资建立燃料电池关键材料与部件的批量生产线,实现燃料电池关键材料与部件的批量生产,建立健全燃料电池的产业链。

二,提高燃料电池电堆和系统可靠性和耐久性。希望研究车用工况下燃料电池衰减机理的科研单位与生产电堆和电池系统的单位真诚合作,开发控制电堆衰减的实用方法,大幅度提高电堆与电池系统的可靠性与耐久性。

三,加快车用燃料电池系统用空压机与 70MPa 氢瓶的研发和加氢站建设。加大科研投入,联合攻关;空压机也可采用引进技术,合资建厂。

四,加速轿车用燃料电池技术的开发。开发长寿命的薄金属双极板,大幅度提高燃料电池堆的重量比功率与体积比功率;开发有序化的纳米薄层电极,大幅度降低电池的铂用量和提高电池的工作电流密度;采用立体化流场,减少传质极化。

五,加强整车的示范运行与安全实验。扩大燃料电池汽车示范运行。

针对国内氢燃料电池汽车市场化上述五个建议,衣宝廉院士详细解释如下:

第一是关于实现关键材料的批量生产。

目前,我们国产发动机为什么比国外贵? 其中一个因素就是我们的材料都是进口,这些材料,包括催化剂、隔膜、碳纸等。其实这方面国内已经取得了一定的研发成果,如国内的催化剂、复合膜、碳纸等从技术水平上已经达到或超过国外商业化产品,急需产业界投入建立批量生产线,实现国产化。

第二是提高电堆与系统的可靠性和耐用性。

现在我国的氢燃料电池车整体而言其实不比德国的、美国的、日本的车差,但可靠性和耐用性还有待于提高。所以我希望研究车载工况下燃料电池衰减机能的科研单位与电堆和电池系统生产单位真诚合作。

燃料电池系统的寿命不完全是由电堆决定的,还依赖于系统的配套,包括燃料供给、氧化剂供给、水热管理和电控等,系统内部关系搞不好,电堆在里边生活环境就不好。就像现在国人讲养生,首先是身体基因,更重要的是生活环境、个人保健等一系列事情,电池的寿命也是一样的。

我们大连化物所在燃料电池衰减机理及控制策略方面已经开展了一些卓有成效的工作。研究表明,采用限电位控制策略,可以显著降低燃料电池启动、停车、怠速等过程引起的高电位的衰减。采用"电-电"混合策略,可以平缓燃料电池输出功率的变化幅度,对延长燃料电池的寿命起到了决定性的作用。此外,氢侧循环泵、MEA 在线水监测等措施可以有效地改善阳极水管理,可以提高燃料电池耐久性。

第三是关于燃料电池系统用的空压机与 70MPa 氢瓶的研发及加氢站的建设。

这是涉及燃料电池示范运行的一个大问题。希望我们国家能够加大科研投入,联合攻关。鉴于我国在燃料电池车载空压机技术方面比较薄弱,建议采用引进技术与自主开发相结合,尽快推进。高压氢瓶方面,建议尽快建立 70MPa Ⅳ 型瓶的法规标准,氢瓶成本还要进一步降低。加氢站方面,尽管国家有补贴政策,但成本还是比较高。近期,可以根据燃料电池商用车或轨道交通车区域或固定线路运行的特点,建立区域性加氢站,满足示范运行需求,随着燃料电池汽车数量的增大,加氢站也会逐步增多,这是市场发展的必然趋势。

第四,就是加速轿车燃料电池的开发。

商用车看重的是可靠性和耐久性,对质量比功率和体积比功率没有太高的要求;轿车是各大汽车公司比拼的地方,因为车辆内空间有限,轿车要求重量比功率和体积比功率较高,现在都要达到 3kW/L 以上。国内,大连化物所电堆体积比功率已经达到了 2.7kW/L,接近国际先进水平。还要在高活性催化剂、低 Pt 电极、有序化 MEA、3D 流场方面做些研究工作。

第五就是加速燃料电池汽车示范及安全实验。

最近联合国环境开发署三期"促进中国燃料电池汽车商业化发展"示范项目已经启动,计划在北京、上海、郑州、佛山、盐城 5 个城市进行燃料电池汽车示范。此外,广东省云浮等地方政府也在积极推动示范运行项目。这是个好事,但还远远不够,还要加大示范力度。

再就是安全性问题是老百姓比较关注的事情。一听说燃料电池带高压氢,大家都害怕。其实氢气比较轻,它的扩散系数是汽油的 22 倍,氢气漏出来以后很快就向上扩散了,不像汽油,漏出来以后就滞留在车的旁边。汽油着火是围绕车烧的,氢气的火是在车辆上方的,所以氢气在开放空间里是非常安全的。但氢气在封闭空间的安全性要引起足够重视,如家用氢燃料电池车在车库里,这个车库要加氢传感器,而且要加上通风装置,以防发生危险。现阶段建议载有氢燃料的车最好露天停放。

总之,目前我国政府非常重视新能源汽车的发展,燃料电池汽车迎来了好的发展机遇。科研院所与企业界要联合攻关,继续完善燃料电池技术链,发展燃料电池产业链,加快促进我国燃料电池汽车商业化发展。

本文第一次发表于《中国客车网》,时间:2016.12.2

第3篇　我国车用燃料电池技术的研发与应用
——访中国工程院院士衣宝廉

王圣媛

在大力倡导节能环保的今天,新能源汽车的出现既满足了人们日常出行的刚性需求,又有效降低了以石油为燃料的普通汽车尾气排放造成的雾霾等环境污染。《关于加快培育和发展战略性新兴产业的决定》明确提出,现阶段将重点培育和发展新能源汽车产业,开展燃料电池汽车相关前沿技术研发,大力推进高能效、低排放节能汽车发展。可见,燃料电池技术的开发为新能源汽车的发展开辟了新方向。今年"中国科协年会"期间,本刊记者就我国新能源汽车发展的关键环节——燃料电池技术的发展情况采访了中国工程院衣宝廉院士。

燃料电池的工作原理

记者:广大读者对燃料电池还相当陌生,请您谈谈燃料电池的工作原理。

衣宝廉:好! 我来介绍一下燃料电池的发电原理。我们平时说的燃料电池,指的就是氢燃料电池,是使用氢这种化学元素制造成储存能量的电池。它利用电化学原理发电,与锂离子电池的发电原理一样:氢在阳极氧化生成氢离子和电子,电子经外电路做功后到达阴极,氢离子通过膜也从阳极到阴极,在阴极氧与氢离子和电子反应生成水。燃料电池的工作方式跟普通蓄电池不一样,它的工作方式就是个发电机,把燃料和氧化剂送进去就可以发出电,其跟内燃机的工作方式是一样的,送进去燃料和氧化剂就可以做功。所以它是一个系统,有供氢系统、供氧系统、排水系统、排热系统。据此,它就兼有电池和内燃机两者的优点,当然也有它们的缺点,比如优点是发电过程是电化学的,效率比较高,由于它是利用氢和氧的化学反应产生电流及水,不但完全无污染,也避免了传统电池充电耗时的问题;在燃料价格上涨、环境污染日益严重和全球气候变暖的背景下,人类对更清洁、更安全、效率更高的能源的需求越来越迫切,需求量越来越大,燃料电池正是目前最具发展前景的新能源。其缺点是因工作方式与内燃机相同,系统比较复杂。一节单池输出的电压仅 0.7V 左右,要几十、几百节单池串接起来,构成电堆,才能使电压达到几十或几百伏,所以各节单池性能一致性是电堆的关键问题。

国际车用燃料电池技术的现状

记者:请您介绍一下国际上车用燃料电池技术的研发情况。

衣宝廉：1839 年英国发明了燃料电池，此后其长期被用于电力、航天等领域。车用发电跟民用发电不一样，汽车行驶状态是一会儿开一会儿停。在 15 年的时间里，研究人员和企业家通力合作，解决了燃料电池的工况适用性问题，结论是燃料电池可以作为汽车发动机。接下来又用了 7 年左右的时间，解决了燃料电池寿命问题，从原先的几百小时，上升到轿车 5000h，大巴车 10000h 以上。通过电堆功率密度的提高和关键材料的技术进步，降低了电池系统成本。2014 年 12 月 15 日，丰田公司宣布它的未来车商业化，一辆车销售价约为 38 万元，比锂电池车稍贵一点。国际上称 2015 年为燃料电池车商业化元年；我国今年将开始大规模的燃料电池大巴车示范运行，有人也称今年是我国燃料电池车产业化元年。

国际上，燃料电池发动机现在已经做到能与内燃机互换，体积功率密度达到每升 3000W 左右，寿命在大巴车上使用已经接近 20000h，小轿车大于 5000h。通过前边 15 年和后来 7 年的工作，铂用量现在已经大幅度下降，国际水平达到每千瓦 0.2g 左右。丰田公司在 2014 年宣布未来车的商业化，它的专利可以无偿使用。丰田未来车有两点比较突出：一是它的膜厚度大幅度减薄，现在是十几个微米，用的是增强膜，所以性能大幅度提高了；再一个用了 3D 流场，降低传质极化，在这方面国内技术还有差距。现在各大公司表面上都是在小轿车上进行竞争，都有样车，但是真正上市的只有丰田一家，本田是刚刚开始。本田公司一个大的行动是与通用公司联合宣布投资 4000 多万美元建设燃料电池堆生产线。倘若建成，生产能力会大幅度提高。

总的来看，国际上燃料电池车已经进入一个市场导入期，就是 S 型曲线的起始阶段，影响燃料电池成本的主要是空压机和氢循环泵。氢气瓶也是比较贵的，丰田公司的技术，是用低强度的碳纤维，绕制储氢瓶，所以储氢瓶是比较便宜的。从长远来看，核心问题还是建立一个电堆和电池系统的生产线，另外加氢站要大幅度开始建设，更长远的任务是发展非铂催化剂，将来不用铂。

我国车用燃料电池技术的进展

记者：我国车用燃料电池技术的研发和应用情况如何？

衣宝廉：从催化剂角度看，我们做出了现在世界上最流行的合金催化剂，已经开始使用。还有核壳催化剂，这是上海交通大学研发的，用钯镍做核，用铂做皮，比丰田公司的性能还好。从膜角度看，国内已经做了自由基淬灭膜，把自由基淬灭，膜寿命就延长了，我们是用过渡金属氧化物来淬灭它。从碳纸角度看，国内生产的碳纸性能已经超过日本，但这些还都没有商业化。在膜电极的制备方面，我们已经使用电喷涂技术，性能比现在用喷枪喷涂有所提高。武汉理工大学研发的 MEA 的性能已经接近最好的膜电极的性能。我们国家从关键材料到关键部件的性能不比国际上落后。大连化物所研发的有序化电极，接近 3M 公司产品的性能。从金属双极板角度看,我们已经解决了冲压成型和激光焊问题。我们用金属双极板装出来的电堆,体积比功率达到 3.0kW,重量比功率达到 2.2kW,比国际水平稍低一点。低在什么地方呢? 我认为差距主要是由于丰田公司采用了 3D 流场,通用公司采用了有序化薄膜电极,我们也正在发展这些技术,用于提高电池的工作电流密度。从关键材料来看,国内的研究水平、小批量试样已经达到了国际先进水平,现在问题是没有生产线,所以我们希望有志于发展燃料电池事业的企业家进行投资,建立这些关键材料和部件的生产线,打通燃料电池的产业链,为大幅度降低燃料电池的成本奠定基础。我国现在与国际的差距主要是没有生产线,所以在大量生产时,关键材料还得到国外去买。另外研究单位要加速有序化电极和 3D 流场研发,尽快实现产业化。

从电池系统上来看,由于车用工况一会儿加速,一会儿减速,一会儿停车,所以输出电流和输出功率就形成一个波动,这样会对电池造成很大的影响,使电池寿命缩短。我国在 2001 年开始研制燃料电池车的时候,因为燃料电池技术没有国外那么先进,所以就提出研发混合动力车,当时我国的纯电动车已经比燃料电池车好多了,就是人们俗称的"电电混合"。延长燃料电池寿命的最主要的一个措施就是电电混合,把功率快速变化的压力加到锂离子电池上,大幅度延长燃料电池的寿命。

延长燃料电池寿命的第二个办法是限制高电位。铂的工作电压超过 0.85V 就要氧化成氧化铂,因此最好限制工作电压低于 0.85V。车怠速,燃料电池可以给水箱加热,也可以把电池里的空气进行循环,降低氧含量,确保单节电池电压低于 0.85V,延长电池寿命。停车时空气会进入氢腔,形成氢空气界面,产生高电位,导致碳氧化使铂流失。最好的解决办法是把电放掉。采用这种措施以前,每个启动、停车循环,大概每节电池降 0.37mV 左右;采用这个办法以后,电池在启动停车时就不衰减了。

还有一个是电堆阳极水管理。研究发现,阳极水的累积会使电池寿命大幅度下降,在低电流的时候更容易出现这种情况,所以现在要搞阳极水管理,要把阳极氢气循环起来。这样做以后电堆寿命可以延长 1000～2000h。丰田公司在这方面有一个措施就是能够在线测量 MEA 的水含量,我们已经开始在做这方面的工作。我希望搞燃料电池衰减机理研究的科研单位,与生产电池系统的科研单位深度合作,把在实验室已经认识到的能够减少衰减的办法运用到实际当中,使我们的发动机尽快地达到 5000～10000h,满足车用的要求。另外研究单位要加速研究 MEA 在线的水测量,为低温启动和延长电池寿命打好科学基础。

燃料电池用空压机技术,我们比较落后,因此可在这方面引进技术,合作建厂,降低空压机成本,否则整个燃料电池车的成本还是降不下来,现在氢瓶加上空压机的费用就是几十万元了。

燃料电池汽车在国内的示范运行

记者:我国自主研发的燃料电池车示范运行情况怎样？取得了哪些成果？

衣宝廉:我国燃料电池车的研发始于"十五"期间,2002年科技部启动了"十五"电动汽车重大专项,燃料电池车得到了重点资助。在"九五"中国科学院和科技部燃料电池攻关项目的基础上,车用燃料电池研发得到快速发展。后来,由于以锂离子电池为动力的纯电动汽车取得飞速进展,实现了批量生产和运行,而燃料电池车售价高,可靠性与耐久性尚在攻关解决中,因此国内燃料电池车在"十五""十一五"期间的研发和示范受到一定影响。经过多年努力,国内车用燃料电池的研发和生产取得了长足的进步,国家在"十三五"期间也进一步加大了对燃料电池车的支持力度。

近年来,燃料电池汽车进行了大量的示范运行。2007年"上海"牌燃料电池轿车亮相上海国际汽车工业博览会,2008年在北京奥运会,2010年在上海世博会示范运行。在北京奥运会上有20辆燃料电池小轿车运行,燃料电池功率50kW;上海世博会,一共有196辆燃料电池车运行,100辆观光车,90辆轿车。其中有30辆是通用公司生产的,有60辆是我国生产的,运行得都很好,中国制造与通用制造运行的性能并无差别。在公交车示范上,一期是北京801路公交车,二期在上海,三期是五个城市。新源动力做的电堆用于上汽汽车运行,试验已经超过4000h,荣威950就是用这个发动机装的。还有上汽大通V80,实现−20℃的启动,寿命可以达到4000~5000h。上汽荣威马上要投入小批量生产。在大客车方面,宇通已经生产三款燃料电池客车,获得了工信部的销售许可。它一共研发三代,自己还建了一个加氢站,在郑州已经具备了大客车的试验条件。亿华通燃料电池发动机已经用在了飞驰的客车上。广州国鸿氢能科技公司引进巴拉德公司电堆生产技术,已经装了11m的大客车,大概30辆,进行示范运行。示范运行结果证明了我国的燃料电池车可以满足我国环境下的需求。

合作、竞争,共同发展

记者:在燃料电池的开发与应用上,我们既要立足于自主研发,又要引进国外的先进技术。在与国际的合作与竞争中,我们应注意哪些问题？

衣宝廉:从目前来看,国内燃料电池车使用的发动机有两条路线,一个是以新源动力为代表的自主研发,建议进一步提高电池系统的可靠性与耐久性,并降低电堆的成本和铂用量;另一条是以广州国鸿氢能科技公司为代表的引进加拿大的巴拉德技术,希望能消化吸收再创新,如解决引进技术的巴拉德电堆在零下低温储存和启动问题。最近荷兰的技术也被引进国内。随着国际技术引进到我国企业的越来越多,政府要出台一些相关政策进行引导。如引进的电堆技术在他们自己国家装没装过车,运行寿命如何? 在我们国家装一辆车开一开、看一看跑得怎么样? 要眼见为实。无论是国内还是国外,我们是合作来发展,共同来发展,大家相互交流,共同提高,尽快推进氢能和燃料电池产业化。这里既有合作还有竞争。我国的燃料电池汽车现在处于发展中国家领先、国际一流稍靠后的位置,国内外的差距不是太大。在跑车上的,国内燃料电池寿命数据是 4000～5000h,国外的是大于 5000h,我们落后的地方是空压机,现在有一条路线就是用汽车增压器改装。另外我们要尽快出台一些标准,如燃料电池大客车的标准,加速示范运行。

燃料电池车的安全问题

记者:现在大家十分关注燃料电池汽车的安全问题。您认为燃料电池汽车安全问题的关键是什么? 应如何解决?

衣宝廉:燃油车安全问题就是结构安全,到了电动车安全就是结构安全和电安全,到燃料电池车就是三个安全:结构安全、电安全和氢安全。燃料电池车门槛比较高,最大的安全问题是碰撞问题。结构安全现在好像比较好一点,在开放空间氢着火也比汽油要好得多,但是在密闭空间就不是那么回事了,所以车库就要比较复杂。有一个电安全问题要充分注意,比如撞车时,自动将氢氧气截断了,电堆 200 多伏电压还在,一旦导线碰到底盘,就是电的安全问题,要想办法解决。或者给电堆放电,这是最快的方法,电堆坏就坏了,但这样人就安全了。另外氢的管道,特别是有接头的部分绝对不允许通过乘客室,这方面要出强制标准,以提高氢燃料电池车大量进入市场以后的安全性。

总之,人命关天,安全问题比天大。作为一名负责任的科技工作者,在氢燃料电池车的研发和应用上,无论是驾车人的安全,还是乘坐者的安全,都必须是我们优先考虑的问题,都必须放在重中之重的位置上,绝不能掉以轻心,这是我们的职责所在。

本文第一次发表于《中国国情国力》,时间:2017.08

第4篇 "举氢若重"还需技术给力

李惠钰

新年伊始,氢燃料电池好消息频现。

日本丰田汽车表示,其氢燃料电池客车——丰田FC客车计划于今年正式上路运营;日本本田汽车和美国通用汽车也宣布,将合作生产氢动力燃料电池车的新一代系统,力争2020年左右开始投入量产。

我国新能源客车也杀出黑马,进入市场仅三年的行业新兵——中植汽车,近日发布了一款氢燃料电池城市客车,拟于今年上市销售,并争取当年销售额突破1.5万辆。

氢燃料电池被看做是新能源汽车的"终极模式"。中国工程院院士、中国科学院大连化学物理研究所研究员衣宝廉就曾公开表示,未来汽车市场可能呈三分天下、三国争霸的局面,氢燃料电池汽车便是其中之一——氢燃料电池汽车跑长途,发挥大功率优势;锂离子电动汽车用于市内近郊交通;混合动力燃油车份额较小但不会终结。

"氢燃料电池已进入产业化前夜,不久的将来会在大巴汽车、城际轻轨和高铁优先获得应用和产业化,并逐渐在可移动电子设备及航天与水下领域获得应用。"在接受《中国科学报》记者采访时,衣宝廉对氢燃料电池的应用前景深信不疑。

但就目前而言,昂贵的质子交换膜、用贵金属铂作为催化剂等,都导致氢燃料电池成本居高不下,在多位专家看来,降成本是氢燃料电池商业化的前提,而这就需要攻克多道技术难关。

未来或将"举氢若重"

衣宝廉表示,氢燃料电池有三大优势:与热机过程相比,能量转化效率高,可达60%以上;比能量高,包括燃料和氧化剂,如航天用氢氧燃料电池,比能量大于1kWh/kg;环境友好,排出的产物是水或水蒸气。正是凭借多种优势,氢燃料电池或将在国民经济中起到"举氢若重"的作用。

目前,氢燃料电池最标志性的应用就是氢燃料电池汽车,特别是大型客车。中国电池工业协会会长王敬忠告诉《中国科学报》记者,氢能源电池可根据每辆车设计储氢容器的大小,大客车储氢容器的容量相对较大,从而使得续航里程更长。

"目前,国内已进入燃料电池大巴车产业化的前夜。"衣宝廉表示,北京、上海、佛山、郑州、如皋五个城市在联合国环境开发署的支持下，已经开展了百辆级燃料电池大巴车的第三期示范运行。未来，氢燃料电池汽车在新能源汽车产业竞争中具有很大的优势。

而除了车用电池领域，燃料电池载人低空飞机目前也已试飞成功，特殊应用的再生氢氧燃料电池系统已完成样机研制和验收。

值得一提的是，随着技术逐渐成熟，氢燃料电池还有望在分布式电站等领域发挥作用，但目前尚处于研发和示范阶段。

衣宝廉表示，为确保可再生能源上网，又不影响电网的稳定性，就要大力发展不受规模、地域限制的各种储能电池。但目前应用的各种方法，如抽水储能、压缩空气储能等物理储能和各种电池的化学储能，只能解决每天或几天的可再生能源的存储，无法解决季节性不均（如冬天风能丰富、夏天太阳能丰富）的问题。

"要解决可再生能源季节性不均问题，就需要将可再生能源转化为可长时间存储的化学能，如燃料氢。所以，利用可再生能源电解水制备氢气成为国际开发和示范的重点。"衣宝廉进一步解释道，燃料电池用于储能，先是用燃料电池的逆过程"电解水"制成氢气，氢气可现场应用于燃料电池再发电，或进入附近天然气管道送达需要的地方。

目前，各国正在大力发展氢燃料电池的逆过程——质子交换膜型水电解槽。2015年，美国 Proton Onsite 公司就推出了适合于储能要求的 M 系列产品，M1 和 M2 产品每小时产氢能力分别达到 $200m^3$ 和 $400m^3$，成为世界首套兆瓦级质子交换膜水电解池。

中国科学院大连化学物理研究所此前也开发出产氢气量为 $1m^3/h$、输出压力为 1.0MPa 的水电解制氢机，单机能耗氢气 $4.2kWh/m^3$，优于国外产品，但这种电解槽成本高，需要继续降低成本进行示范，从而推进产业化进程。

"电解槽的商业化再与氢燃料电池组合，构成再生氢氧燃料电池，可以很好地解决季节性不均导致的弃风、弃光问题。从这种意义上看，再生型氢氧燃料电池还是一种有前途、很重要的储能电池。"衣宝廉说。

降成本是产业化的前提

虽然氢燃料电池是公认的"零排放"绿色能源，但经过多年研究却仍未规模化应用，成本高昂是其主要原因。

"金属铂是氢燃料电池最重要的催化剂，目前，全球金属铂的产量十分有限，也就仅够制造几百万辆氢燃料电池车，成本较高，因而减少金属铂的用量以及寻找可替代的催化剂十分重要。"王敬忠说。

"国内要实现关键材料与部件如质子交换膜、电催化剂、碳纸与双极板的批量生产，为降低成本奠定坚实基础。"衣宝廉表示，还要加强超低铂和非铂电催化剂、电极结构与制备工艺、流场结构与传质关系等基础研究,特别是要将贵金属铂的用量大幅度下降,车用铂降到每千瓦仅用 0.1g 左右。

衣宝廉还提出要提高电池的工作电流密度,"如将电池的工作电流密度提高一倍,电池输出功率就提高一倍,原材料减少近一半,成本可下降 30%～40%。"而从氢燃料电池汽车的角度来讲,成本下降还牵涉到规模化发展的问题,但目前加氢站的布局却成为规模化的"拦路虎"。

"丰田推出的燃料电池轿车'未来'售价五万美元,比锂离子电池车稍贵,要建立生产线,实现批量生产,成本还会下降,但目前受加氢站数量的限制,轿车还不可能大量投放市场。"衣宝廉说,对加氢站依赖度低的大巴,以及有固定运行线路的各种专用车和轻轨,应是氢燃料电池优先实现产业化的最佳选择。

仍需攻克多道难关

除了成本控制难题,氢燃料电池商业化仍有多道关卡亟待攻破。

衣宝廉称,氢燃料电池还需要提高可靠性与耐久性。要加强电堆和电池系统可靠性与耐久性研究和实验,达到车用燃料电池系统——轿车 5000h、大巴 10000h、民用发电 40000h 的寿命,并发展快速评价方法。

另外,他还建议强化电堆和电池系统评价实验室的建设,大力开展电堆和电池系统的实验研究与评价,发现电堆衰减机理并提出解决对策,提高电池寿命。

而在王敬忠看来,氢燃料电池对储氢容器要求较高,安全性问题也值得重视。"大客车速度慢,碰撞损害低,但如果是速度较快的小客车,碰撞就会存在巨大隐患,氢燃料电池防撞装置是一个亟待解决的问题。"

目前,国家对氢燃料电池的扶持政策十分给力。未来 5 年,氢燃料电池车国家补贴分别为:燃料电池客车 50 万元,燃料电池中重型物流车 50 万元,燃料电池轻型物流车 30 万元,燃料电池轿车 20 万元;在加氢站建设上,对符合国家技术标准且日加氢能力不少于 200kg 的新建燃料电池车加氢站,每站奖励 400 万元。

同时,《"十三五"国家战略性新兴产业发展规划》也明确提出,2020 年实现燃料电池车批量生产和规模化示范应用,燃料电池将从"研究开发、示范应用"阶段向"产业化"阶段转折。在业界看来,这一规划或是氢燃料电池产业化的起点。

为加快氢燃料电池的产业化应用,衣宝廉还建议要鼓励企业进入燃料电池产业化领域,如建立关键材料生产线,进行燃料电池车的示范运行和燃料电池轻轨的实验研究。

在配套设施建设方面,武汉理工大学教授潘牧提出,可以考虑在加油站旁边建加氢站,将来随着加油站逐渐减少,加氢站扩大,最后加油站转变成加氢站。

清华大学教授李建秋则希望各个地方发展氢燃料电池要因地制宜,不要在没有氢气的地方推广,而是要在氢气富余、氢基础设施比较好的地方来推广。

总之，憧憬未来，专家表示，氢燃料电池"三分天下有其一"的景象，或许为期不远。

凭借多种优势，氢燃料电池或将在国民经济中起到"举氢若重"的作用。

本文第一次发表于《中国科学报》，时间：2017.2.16

第5篇　氢能源:车用能源结构转型的生力军
——专访中国工程院院士衣宝廉

徐晨曦　王圣媛

近日,国家发展和改革委员会公布了《战略性新兴产业重点产品和服务指导目录》2016版,在新能源汽车产品方面,着重提出发展燃料电池系统及核心零部件,站用加氢及储氢设施,以及燃料电池系统测试设备等。

几年前多数人对丁氢燃料电池可能相当陌生,但在去年,随着丰田、木田等汽车厂商陆续宣布投产氢燃料电池汽车,除了锂离子电池汽车,氢燃料电池汽车也走进了我们的视线。

在全球能源结构向清洁、低碳转型的过程中,及时掌握氢能源,无疑会在交通和储能等领域掌握战略的制高点。为了解我国氢燃料电池和氢燃料电池汽车的发展近况,以及业界当如何抢抓能源结构转型机会从而实现可持续发展,本刊记者特别专访了中国工程院院士、燃料电池专家衣宝廉。

虽曾陷低迷 如今巨头瞩目

《中国战略新兴产业》:我国燃料电池汽车的研发在2007年左右快速发展,并在北京奥运会、上海世博会等重要场合示范,为何其后又步入低迷?

衣宝廉:2002年科技部启动了"十五"电动汽车重大专项,总体组组长万钢提出三纵三横方案,燃料电池车是其中一纵并得到重点资助。在"九五"中科院和科技部燃料电池攻关项目的基础上,车用燃料电池得到快速发展。同时又确定了电电混合(蓄电池与燃料电池共同提供动力)的可行的技术路线,"十五"承担任务各单位密切配合,组装的燃料电池与锂离子电池电电混合的燃料电池客车和轿车初性能达到国际一流水平,为顺利完成北京奥运会和上海世博会的大规模示范运行奠定坚实的技术基础。

由于锂离子电池快速进展并已有电池的生产线,在"十五"期间以锂离子电池为动力的纯电动汽车取得飞速进展,实现批量生产和运行。而燃料电池由于其高售价,如一辆大巴车,售价达几百万美元,可靠性与耐久性也在攻关解决过程中,还要用大量的贵金属铂;同时加氢站建设费用也高达1~2百万美元,当时预计燃料电池车的产业化还遥遥无期。因此在科技部"十五""十一五"电动汽车的重大专项中,尽管还是依据三纵三横方案制订计划,但燃料电池车的资助力度减小,社会投入也减少了,因此国内燃料电池车的研发和示范陷入低迷状态。仅上汽还在坚持进行燃料电池轿车的研发和示范。

《中国战略新兴产业》:《"十三五"国家战略性新兴产业发展规划》中提到,要系统推进燃料电池汽车研发与产业化。在明确锂离子纯电动汽车成为我国未来汽车的主要方向后,为何又强调未来还要发展燃料电池汽车?毕竟目前燃料电池实现商业化的门槛比锂电池高得多。

衣宝廉:用氢气作燃料的燃料电池车辆非常环保,其运行时排放废气是低氧含量的空气和水。当前工业制备氢气主要采用水电解法,另外氢气也是氯碱和炼焦工业的副产物。虽然我国目前风电、光电发展迅速,但也伴随着不少"弃风弃光"现象。若是能够利用这些无法上网的可再生能源来制备氢气,可以让氢气的价格变得很廉价,还可以消除"弃风弃光",实现可持续发展。因此这种车很有吸引力,国际上的大汽车公司如丰田、通用、宝马等形成三大联盟进行燃料电池发动机的研发和车的示范。车用燃料电池的一些基本技术问题基本得到解决,比如燃料电池寿命,在大巴车超过10000h,在轿车大于5000h。铂用量降到每千瓦0.2g多,成本实现近百倍的下降,如2015末丰田销售的燃料电池车"未来"仅五万美元左右。

燃料电池车续驶里程、加氢时间、乘坐的舒适性等均可与燃油车比好,因此,世界各国均将燃料电池车作为一个重要方向在推进。在今年的达沃斯论坛上,有包括法国液化空气集团、丰田集团、戴姆勒集团、皇家壳牌石油、英美资源集团、林德集团等13家在能源、交通和工业领域的巨头签署协议,联手推动氢气与氢气动力车的开发与应用,并成立氢动力联盟(Hydrogen Council)。

通过多年发展,国内车用燃料电池也取得长足的进步,在这种燃料电池车大好形势下,国家在"十三五"期间加大了燃料电池车的支持力度。

我认为未来汽车应是锂离子电池车在市区运行,而燃料电池车更适宜城间长途或大功率车辆。另外油电混合动力也有它的优点和市场,而且燃油可由二氧化碳加氢制备,做到零或低排放。去年大众就宣布用二氧化碳成功制备燃油。该技术关键是二氧化碳加氢高效制合成气,现在南非就有合成气制燃油过程的工厂。可以相信,未来燃料电池汽车三分天下有其一。

《中国战略新兴产业》:我国燃料电池研发方面当前都取得了哪些主要成就,在国际上处于什么水准?

衣宝廉:"十五"期间,863计划"电动汽车"重大科技专项总体组在国际首次提出研发燃料电池和锂离子电池电电混合的燃料电池电汽车,两种电池优势互补,使我国开发的燃料电池汽车初性能(不包括可靠性与耐久性)进入世界一流行列。在数届"比必登清洁能源汽车挑战赛"上均取得优秀成绩。

进行大规模的燃料电池车示范运行,取得丰富数据,为进一步研发、改进奠定坚实基础。2008年北京奥运会有20辆燃料电池轿车,3辆大巴参加示范运行。

2010 年上海世博会有 196 辆燃料电池车参加示范运行,包括 6 辆大巴、90 辆轿车和 100 辆场地观光车。有 3 辆国产大巴参加北京 801 路载客示范运行。运行总里程十万多公里,单车达到 10191km。示范证明国产燃料电池车的性能接近国际先进水平,但可靠性与耐久性仍需大幅度提高。

2015 年,上汽对锂离子电池、燃料电池和混合动力三种新能源车开展"创新征程"考核。创新征程分南北二路运行,南线从临安出发,收官于昆明。北线西藏预热,收官北京。历时 3 个月,行程经过 14 个省,25 个城市,一万多公里。燃料电池等三种新能源车经受多种气候,如沿海潮湿、高原的极寒、南方的湿热、北方的干燥考验,证明燃料电池等新能源车适应性与可靠性。

综上所述,我国燃料电池汽车处于发展中国家领先、国际一流靠后的位置,主要是车的可靠性与耐久性还需大幅度提高,成本需降低。

应用的关键:降成本和提高可靠性与耐久性

《中国战略新兴产业》:当前燃料电池汽车工作的重点、发展的难点主要都有什么?对于燃料电池汽车相关政策支持,以及推广方式,您有什么建议。

衣宝廉:当前的工作重点首先是要提高燃料电池系统特别是电堆的可靠性和耐久性。第二是实现关键材料和部件,如质子交换膜、电催化剂、碳纸、膜电极三合一(MEA),各种类型的双极板等批量生产,进一步降低电池成本。第三是强化加氢站关键部件的国产化率,进一步降低加氢站成本,加快加氢站的建设。最后是强化车用燃料电池系统的寿命考核和燃料电池车的示范运行。

希望政策进一步鼓励支持企业建立燃料电池关键材料和部件的批量生产线,给予税收优惠。民营企业发展可给以税收优惠,和国有企业享有一样补贴,并在技术上与科研院所或高校密切合作。

建议设立专项研究解决燃料电池电堆和燃料电池系统可靠性和耐久性,赶超国际先进水平,并发展电池寿命的快速评价方法;设立专项支持研发兆瓦级燃料电池电堆和系统用于城市间的轻轨和分散电站并进行示范;基金委设立以降低燃料电池铂用量和非铂电催化剂为中心的基础研究专项,调动更多的科技力量解决这一世界性难题;加强燃料电池用空压机研究,鼓励引进国外先进技术,合资建厂。

《中国战略新兴产业》:《2016 节能与新能源汽车技术路线图》中提出,2020 年燃料电池堆技术要达到最高效率 60%。冷启动温度 $-30℃$,材料成本 1000 元/kW 等相关目标,达到这些指标压力大吗?

衣宝廉:同心协力应能达到。难度大的主要有三项:

一是成本指标,要能实现关键材料与部件的国内小批量生产,促进这一指标的完成。

二是−30℃冷启动。现在国内燃料电池车已实现−10℃的冷启动,正在开发−20～−30℃的储存和启动,整车与电池研发单位通力合作,有希望实现这一指标。

还有一个难点是电池寿命,目前国内电堆寿命在车用工况下已达3000～5000h。对大巴车要求的电池寿命大于10000h,还需研究电池衰减单位与发动机生产单位密切合作。

多场景应用,实现可持续发展

《中国战略新兴产业》:燃料电池的应用场景除了汽车还有哪些适合?

衣宝廉:燃料电池适合与轨道交通相结合,比如作为轻轨的动力。当电池的可靠性与耐久性进一步提高,还可作为高铁的动力,那时轻轨和高铁均不用架设高压供电线了。

分布式电站是提高供电安全和提高发电效率的发展方向,正如之前说的,燃料电池可以帮助消除"弃风弃光"现象,是分布式电站的重要组成部分。

在移动电子设备领域,手机、笔记本电脑、可穿戴设备等发展迅速,需求的电池容量越来越大,燃料电池具有高比能量的优势,可达1kWh/kg,在这方面应用有广阔前景,目前直接甲醇燃料电池已进入移动电子设备领域。

另外,在航天领域(如载人飞船)、水下领域(如AIP潜艇等),对于燃料电池也有重要应用需求(AIP潜艇指的是使用不依赖空气推进发动机作为动力的潜艇,特点是可以更长时间的潜伏水下,隐蔽性较普通常规潜艇更优秀)。

《中国战略新兴产业》:能否透露您当前的研究方向和主要工作内容?

衣宝廉:我们目前的工作主要集中在三个方面。首先是以提高车用燃料电池功率密度为目标,研发新型结构的MEA和流场结构(流体运动所占据的空间),为大幅度降低电池成本奠定基础,让燃料电池汽车更快被市场所接受。其次是以燃料电池高能量密度为基础,研发各种小型移动动力源,可以广泛应用于各种小型电子设备。第三就是以适应水下要求为目标,开发新型适应密闭环境的燃料电池系统。

《中国战略新兴产业》:您如何看待未来能源结构的发展,燃料电池会扮演怎样的角色?

衣宝廉:全球能源结构正在向绿色化转型,多种形式的新能源综合利用将成为趋势。今年《"十三五"国家战略性新兴产业发展规划》提出,系统推进燃料电池汽车研发与产业化。加强燃料电池基础材料与过程机理研究,推动高性能低成本燃料电池材料和系统关键部件研发。加快提升燃料电池堆系统可靠性和工程化水平,完善相关技术标准。推动车载储氢系统以及氢制备、储运和加注技术发展,推进加氢站建设。到2020年,实现燃料电池汽车批量生产和规模化示范应用。

我们通过掌握燃料电池核心关键技术，建立完备的燃料电池材料、部件、系统的制备与生产产业链，实现大规模推广应用，氢燃料电池将会是在全球能源结构转型过程中的生力军。

本文第一次发表于《科学网》，时间：2017.2.15

第6篇　氢燃料电池：三分天下有其一
——访中国工程院院士衣宝廉

王　伟

2016年12月19日，国务院印发《"十三五"国家战略性新兴产业发展规划》，提出要系统推进燃料电池汽车研发与产业化，到2020年，实现燃料电池汽车批量生产和规模化示范应用。日前，本刊采访了中国工程院院士、国家863"电动汽车"重大科技专项专家组成员和燃料电池发动机责任专家衣宝廉，请他分析作为真正零排放的清洁能源，氢燃料电池在未来能源版图上，应占据什么地位。在交通和储能领域，业界应当如何抢抓机会实现持续发展，抢占战略制高点。

《能源评论》：未来的能源结构将呈现清洁多元的特征。在汽车动力领域，氢燃料电池被视为最清洁的技术，您如何评价其应用和前景？

衣宝廉：现代社会需要两种能源系统，一种是固定能源，比如现代电网，另一种是移动能源，如交通领域的汽柴油、天然气、LNG以及燃料电池等。燃料电池在代替油气提供移动动力源方面，大有作为。原因是，其在拥有高比能量的同时，对环境非常友好，反应后的产物仅仅是水，所以尽管门槛高难度大，人们对燃料电池的预期也很高。据日经BP绿色技术研究所预测，以氢气为能源基础的全球市场规模2020年将达到1000亿美元，2030年接近4000亿美元，2050年接近16000亿美元。

在应用方面，除航天、消费电子，最主要的标志性应用就是氢燃料电池汽车，而且因行驶里程长、加氢速度快以及驾乘舒适性、操控习惯和燃油车完全一样，在未来新能源汽车产业竞争中具有很大的优势。

《能源评论》：既然氢燃料电池汽车优势这么突出，能在交通领域一统江湖吗？

衣宝廉：这需要统筹考虑燃油车、纯电动车的发展才能下结论。搭载锂电池的纯电动汽车的主要问题是，因续航不足引发里程焦虑症。锂电池的能量密度要从每千克160Wh提升到300Wh甚至500Wh，是基础材料的系统工程，短时间突破非常困难。而氢燃料电池汽车面临的问题是加氢站不普及、成本需继续下降，这个是规模问题。以丰田"未来"售价为例，扣除政府补贴折合人民币28万元，只比纯电动车贵一点，已经看到了商业化的曙光。

未来，氢燃料电池会在国民经济中会起到一个"举氢若重"的作用，至少它可以代替大部分燃油和一部分电池，汽车市场可能是三分天下、三国争霸：氢燃料电池汽车跑长途,发挥大功率优势;市内近郊交通,用锂离子电动汽车;搭载少量电池的混合动力燃油车,可能份额比较小,但也不会终结。

《能源评论》:在氢燃料电池应用的另一个重要领域,储能行业是否也存在三分天下的格局?

衣宝廉:从大的分类来看,储能技术路线可以分为三种:物理储能、化学储能、电磁储能。在产业格局上,包括氢燃料电池在内的化学储能,是整个储能行业的重要组成部分,而且也是三种路线中市场化程度较高的领域。对氢燃料电池而言,目前尚处在研发和示范阶段,未来随着技术逐渐成熟,将在分布式电站等领域发挥应有作用。

《能源评论》:有业内人士对于电化学储能的前景并不乐观,认为其规模和经济性不足,您如何评价?

衣宝廉:要全面来看,不能听一面之词,化学储能是一个大型工业体系,从欧美经验来看,化学储能一定要发展,主要是与分布式太阳能电站配套使用,可以小到家庭,大到一栋大楼或者一个厂区,以提供晚间备用能量为主。所以化学储能的优势在于其不受地域限制、灵活方便,其他物理储能技术,不管是飞轮储能、压缩空气储能,还是抽水蓄能,都不可能因地制宜做到小而精、小而美。

实现盈利,还需 5 年

《能源评论》:再回到交通领域,有机构认为,因锂电池的技术在逐渐提升,如果氢燃料电池技术无法在 20~25 年摆脱试水阶段,将可能永远无法成为主流。您如何判断目前氢燃料电池汽车所处的市场阶段?

衣宝廉:目前国外主流车企如丰田、本田、奔驰、通用、福特、宝马等虽然不断推出新车型,但氢燃料电池汽车仍处于市场导入期的临界点,尚未进入 S 型曲线的上升期,实现盈利估计还需要 5 年左右,上升时点要到 2020~2025 年,大幅度提高要在 2025~2030 年。

即使是推出"未来"的丰田,也在观望,因为目前的氢燃料电池汽车用户,遇到的焦虑比纯电动汽车还要多。原因就在于加氢站建设成本较高,要大规模铺开不是小事情,所以我们要结合中国的特点考虑发展路径问题。

《能源评论》:您认为,比较适宜我国的推广路径是什么?

衣宝廉:总体普及推广思路是循序渐进、以大代小。中国的突破路径应首选公交大巴车,其次是轻轨,因为作为公共交通站点,只需在起点和终点各布置一个加氢站,就可以比较少的加氢站先稳定运行起来,达到四两拨千斤的效果。燃料电池轿车,也不能全面布开,可以在特定区,比如北京或者上海选取一个区,进行实验。基础设施方面,可以考虑在加油站旁边建加氢站,将来随着加油站逐渐减少,加氢站扩大,最后加油站转变成加氢站。

《能源评论》：《中国制造 2025》提出，到 2020 年要生产 1000 辆左右的燃料电池汽车，并进行示范运行，其实现路径也是大巴突破？

衣宝廉：国内目前用于示范的氢燃料电池汽车已达 200 余辆，基本都是大巴，累计运行里程十余万公里。《中国制造 2025》提出来的 1000 辆进行示范，也主要是大巴车。原因就在于，大巴对加氢站的依赖较低，1000 辆车只需几十个加氢站，而且不集中在一个城市，投资资金也有保证。

产业做大，三种精神

《能源评论》：在产业化方面，国外有哪些经验值得我们学习？有哪些需要政策层面支持？

衣宝廉：国外的体制一般是大企业大投入，一个从事氢燃料电池汽车开发的公司，至少要有 10 台发动机同时在运行测试。反观国内的情况，几家科研机构都是仅有一套实验装置，还无法实现 24h 运行。由于氢燃料电池汽车在短期内不赚钱，无论是私营企业还是国有企业都不想在关键技术上投资建厂。未来应坚持研发与产业化同步推进，一是国家要动员私营企业或国有企业在关键材料领域投资建设生产线，实现原材料自给自足，让成本能大幅度下降。二是要尽快进行可靠性和耐久性实验，把产品寿命提升到国际水平。

《能源评论》：日本丰田公司声称公开相关专利之后，又表示可出售燃料电池汽车的关键零部件；此前，美国特斯拉公司也宣布公开专利。您认为，他们采取这一策略对国内相关企业有何意义？

衣宝廉：不管是特斯拉还是丰田，公开专利肯定是好事，反映出领先企业希望其技术和产品在世界上能够普及的心态，体现了企业家的全球视野和境界，我们大力欢迎。此举确实对产业起到了促进作用，对国内企业而言，一是搞清楚方向，知道要"向东走还是向西走"。二是能躲过路上的"坑坑洼洼"。但专有技术还要靠自己去解决，对有经验的企业，判断起来就比较容易，进展会很快，不会走更多弯路。

这也体现了工程和理论的差别。现在中央提出理论、工程和工匠精神，三者要有机结合，理论和工匠是两个极端，工程介于二者之间，工程既要有理论指导，也要有工匠基础，对工程技术国外企业是不会告诉你的，也是学不来的，得靠自己去摸索，能不能做成，取决于工匠精神的高低，与工业基础、行业积累关系密切。

本文第一次发表于《能源评论》，时间：2017.1.18

第7篇 燃料电池：电动汽车的另一个未来

王圣媛 杜 莹

燃料电池车的使用方式与燃油车相近，如燃料的加注、续驶里程等，而且燃料电池车环境友好，排放物仅仅是水，与可再生能源兼容。但燃料电池车的普及还面临着加氢站的建设与电堆铂用量的进一步降低等诸多难题。丰田销售燃料电池车则向人们展示了纯电动车的另一种选择——燃料电池车的前途是光明的！

燃料电池曾在阿波罗登月等载人航天飞行中发挥举足轻重的作用，也是航天飞机和 AIP 潜艇等高端精密装备中的重要角色。如今，在更加贴近生活的发电站、移动电源和电动汽车领域，燃料电池也被寄予了厚望。2014 年 12 月，丰田公司的燃料电池轿车 Mirai 开始在日本上市，正式宣布燃料电池车作为商品进入了汽车市场。截至发稿时，Mirai 的订单已超千辆。燃料电池在汽车领域的影响和潜力可见一斑。

燃料电池的能量转化效率为 $60\% \sim 70\%$，当作为可移动电源时，它的比能量也非常高，如以液氢为燃料、液氧为氧化剂的航天燃料电池，其比能量可达 1kWh/kg 以上。应用于汽车上时，燃料电池车也拥有让普通电动汽车难以望其项背的优势：只需 5min 即可灌满燃料，而不是等上几个小时才能充满电。毫不夸张地想象，也许未来的电动汽车就是燃料电池的天下。不过，既然燃料电池具有这样的优势，为何时至今日，燃料电池车才第一次在真正意义上步入？燃料电池的实用化进程已经到了哪一个阶段？燃料电池研发和产业化方面的资深专家、中国工程院院士衣宝廉向本刊进行了详细的介绍。

衣宝廉院士介绍说，燃料电池是依据电化学原理，等温地将存储于燃料（如氢气）与氧化剂（如空气中的氧）中的化学能转化为电能的发电装置。其主要部件包括催化氢氧化反应和氧化还原反应的电极、具有离子传导功能并能防止燃料和氧化剂互串的隔膜，以及为反应气和反应生成物（如水）提供通道并能传导电流的极板。燃料电池单池在使用时输出的电压约为 $0.6 \sim 0.9V$，而航天类应用要求的电压一般约为 28V、汽车约为 $300 \sim 600V$，因此要将多节单池按压滤机方式组合成电堆，以满足不同应用的要求。燃料电池的工作方式与化学电源不同，而与内燃机一致：电堆仅是能量转化的场所，燃料和氧化剂均储存在电池外的储罐中，当燃料电池连续、稳定地工作时，会排出反应产物，如水和废热。因此，从另一种角度来看，燃料电池是一个以电堆为核心的发电系统，包括燃料、氧化剂供给，产物与热的平衡,以及电的调控与输出。

　　衣宝廉院士表示,燃料电池在国内外汽车行业的整体实用化进程仍然缓慢,最重要的原因在于技术还未定型,燃料电池的批量生产线也尚未出现,燃料电池的单件生产不仅难以保障产品一致性,也会导致产品成本升高。"例如,车用燃料电池系统还包括高压储氢瓶、空气泵、各种阀件等,由于燃料电池车还没有完全实现商业化,市场可购的这类产品也是实验品,不仅售价高,而且可靠性也很低。"衣宝廉院士说。同时,多年来的研发投入很大,在试销时也若将这部分研发成本摊入成本,则也会导致示范试销品售价的提升。

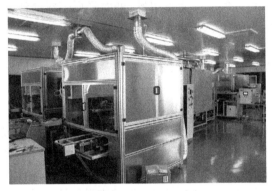

膜电极小批量生产设备

新能源动力生产的燃料电池电堆

　　一直以来,低温燃料电池(如质子交换膜燃料电池)的电极使用的电催化剂以贵金属铂为主。21世纪初,燃料电池电池的铂用量为 $0.8 \sim 1.0 g/kg$,应用于车辆中时,由于一般轿车的燃料电池功率为 $50 \sim 100 kW$,因此就需要使用 $50 \sim 100 g$ 铂。限于铂的开采量,大批量的生产是难以实现的,因此,最好的解决方法就是降低铂的使用量,这一方面要依赖于电催化剂本身,另一方面也要依靠电极制备工艺的改进。

在电催化剂方面,目前可以使用的材料包括碳载铂(铂粒径仅几纳米)、铂合金催化剂(特别是铂与过渡金属合金催化剂)、非贵金属催化剂(特别是碳-氮或以过渡金属为核的碳氮催化剂与铂薄膜催化剂)等。在实际应用当中,由于车用电池要求的工作电流密度很高(可达 $1.5\sim2.0A/cm^2$),目前只能使用含铂或低铂含量的电催化剂。非铂类电催化剂有希望用于民用发电,如固定电站或不间断电源,特别是碱性燃料电池。衣宝廉院士认为,在纳米有序化载体上制备铂薄膜催化层是未来的发展方向,这样可大幅度降低铂用量,进而降低燃料电池的成本。现在,国际上燃料电池的铂用量已降至 $0.3g/kW$,中国也降至 $0.5g/kW$ 左右,能够保证大规模的示范应用和逐步实现商业化。燃料电池行业未来的目标是电催化剂的贵金属用量小于 $0.1g/kW$,使每辆燃料电池车的贵金属用量与燃油车的尾气净化器的贵金属用量相近。

在电极方面,目前燃料电池的电极已形成了三种结构:一是采用丝网印刷技术将催化层制备到扩散层上,催化层厚度 $30\sim50\mu m$;二是采用喷涂技术将催化层制备到质子交换膜上,催化层厚度 $5\mu m$ 左右;三是制备纳米有序化的载体,再在其上制备催化层,即纳米有序化电极,催化层厚度达到纳米级。催化层越薄,贵金属的用量就越少,成本也就越低。目前车用电堆基本采用第二种电极结构,纳米级催化则还在发展当中。

除了电催化剂与电极外,质子交换膜和双极板等关键材料也直接影响着燃料电池的性能和推广。质子交换膜可分为全氟磺酸膜和烃类磺酸膜两类。考虑到膜的稳定性,目前在各种示范应用的电池产品中均采用全氟膜。为了改进膜的尺寸稳定性并增加膜的强度,业内人士研发了采用拉伸聚四氟网和各种纳米管/线(如碳纳米管、二氧化钛纳米管等)的增强膜;为防止各种自由基对膜的破坏,还在膜中加入了自由基淬灭剂,如二氧化铈、维生素 E 等。目前处于示范应用中的燃料电池车,大部分采用 $18\sim20\mu m$ 的聚四氟增强的全氟磺酸膜。在中国,衣宝廉院士带领的新源动力股份有限公司(以下简称新源动力)已可小批量生产带自由基淬灭剂的聚四氟增强薄全氟膜。新源动力由中国科学院大连化学物理研究所(大连化物所)等机构设立,上海汽车工业(集团)总公司(以下简称上汽)等大型企业控股,致力于生产质子交换膜燃料电池。烃类膜中碳氢键的键能小于碳氟键,易受自由基攻击进而发生降解,难以满足电池的寿命要求;发展烃类膜与无机膜的复合膜有可能解决这一难题。

目前的双极板包括碳双极板和金属双极板两类。采用聚合物和碳粉注塑生产的双极板,以及用膨胀石墨压制、用聚合物堵孔的膨胀石墨双极板已实现批量生产,这两种板均可满足质子交换膜燃料电池的要求,并已用于燃料电池车的示范应用当中。但由于双极板的厚度为毫米级,所以体积比功率较小。为提高电池的体积比功率,业内正在发展薄金属双极板,致力于解决薄金属双极板的冲压成型、焊接等技术难题,并进一步优化抗腐蚀的表面改性。目前,采用薄金属双极板组装的电堆,其体积比功率已达到 3kW/L,与内燃机的体积比功率相近。

　　为了解决燃料电池的技术与成本等问题,国内外的专家与学者一直在进行不懈的研究,各大公司和机构也在加紧布局。继燃料电池车 Mirai 上市之后,日本本田和韩国现代宣布在 2015 年或 2016 年初正式销售燃料电池车,欧洲和美国也在加强氢站建设,为燃料电池车的量产作出充分的准备。中国的机构和公司也在加紧布局,例如,新源动力不断解决燃料电池关键材料与部件小批量生产中的各种技术问题,如今可小批量生产铂/碳、铂-钯/碳等电催化剂,聚四氟增强、带自由基淬灭剂的聚四氟增强全氟膜,金属-膨胀石墨复合双极板,薄金属双极板,以及将催化剂涂在扩散层或膜上的两种电极。多年来,中国的燃料电池车也取得了长足的进展。“十五”以来,北京奥运会、上海世博会的百辆级燃料电池车的大规模示范运行都已圆满完成。在此期间,衣宝廉院士带领的新源动力还在中国率先实现了燃料电池实验室科研成果向现实生产力的转化。在衣宝廉院士的带领下,新源动力可以批量提供用于汽车、热电联产、分散电站、应急电源与不间断电源等的不同功率的电堆,其体积比功率达 1～2kW/L;还与相关单位联合开发了高效鼓风机、增湿器与选购减压器和电磁阀等硬件,制定电池系统的控制策略与程序,利用公司电堆组装了各种电池系统,特别是车用电池系统;并有效地将大连化物所关于车用工况对电池寿命的影响研究结果应用到电池系统当中,解决了启动停车、怠速、开路等高电位导致的电池衰减;实施阳极水管理,进一步提升电池可靠性与耐久性。目前,新源动力研制的二代电池已用于上汽的荣威 750 燃料电池车当中;2014 年,该款车型还参加了历时 3 个月、行程 1 万公里的“创新征程——2014 年新能源车万里行”活动,一路经过西藏、上海、北京、大连、深圳、昆明、百色等地,经受住了各种气候和地理环境的考验,是中国燃料电池车商业化之旅中迈出的坚实一步。

装配新源动力二代电池的荣威 750 燃料电池车参加“创新征程——2014 年新能源车万里行”活动

　　谈及如何进一步加快燃料电池的实用化进程，提升竞争力，衣宝廉院士建议从短期、中期和长期3个层面入手。短期目标为大力开展低铂电催化剂和纳米有序化电极的研究，尽快使燃料电池车的铂用量与汽车尾气净化器（≤0.1g/kW）相近；中期目标为深入研究氧电化还原机理，发展非铂电催化剂与电极结构，实现采用非铂电催化剂的低温电池商业化，并深入研究电池的衰减机理与应对措施，大幅度延长电池寿命；长期目标为，在深入研究氧电化还原机理基础上，研发可逆氧电极，推动储能型再生氢氧燃料电池、金属空气电池（如锂－氧电池）等的发展，系统地提高能量效率。

　　尽管如今中国的燃料电池还只能小批量生产，而国际上也才刚刚迈出燃料电池车商用化的第一步，但燃料电池确实正在走近并影响着我们的生活。也许有一天，燃料电池不会再让移动电子设备出现电池电量不足的问题，燃料电池汽车将取代燃油汽车，不过如今的纯电动汽车可要提前做好接招的准备了。

本文第一次发表于《科技纵览》2015年02期

第8篇　衣宝廉：中国燃料电池研究的开拓者

王圣媛　刘红伟

早在20世纪60年代，中国就已经开始开展燃料电池方面的研究，至今在燃料电池关键材料、关键技术的创新方面取得了多项突破。燃料电池技术特别是质子交换膜燃料电池技术的迅速发展，开发出20kW、50kW、60kW、75kW、100kW等多种规格的质子交换膜燃料电池堆，中国的燃料电池技术跨入世界先进国家行列。

中国燃料电池技术的迅猛发展，本文的主人公功不可没。

20世纪70年代，他参加并领导了航天碱性燃料电池系统的研究；

80年代，他将燃料电池技术应用于水溶液电解工业节能和电化学传感器；

90年代，作为科技部"九五"攻关和中国科学院重大项目"燃料电池技术"的负责人，他组织领导了质子交换膜燃料电池、熔融碳酸盐燃料电池和固体氧化物燃料电池的研究，在质子交换膜燃料电池技术方面取得突破性进展并形成自主知识产权；

"十五""十一五"期间，他指导城市客车与轿车用燃料电池系统的研发，研制的燃料电池发动机已成功应用于北京奥运会和上海世博会示范运行的燃料电池客车与轿车；

此外，他还积极推动大连化物所与国内知名企业联合成立了新源动力股份有限公司，开发批量生产技术并开拓市场。

⋯⋯⋯⋯⋯⋯

他就是——衣宝廉，中国工程院院士，中国燃料电池研究的开拓者，燃料电池国家工程中心总工程师，大连新源动力股份有限公司名誉董事长，国家863计划"十五""电动汽车重大专项"、"十一五""节能与新能源汽车"总体专家组成员、燃料电池发动机责任专家。

与催化研究的不解之缘

1938年5月，衣宝廉出生于辽宁省辽阳市。父母是地地道道的农民，靠种菜支撑着整个家庭的生活。父母勤劳、朴实、忠厚、诚实的性格和品质，从小对他未来的学习及成长产生了重要的影响。

1957年，衣宝廉从辽阳市第一高中毕业，以优异的成绩考取了东北人民大学（1958年更名为吉林大学），被该校化学系录取，学习的是物理化学专业。

"大学前两年，我基本上是处于三点一线的生活状态，每天往返于宿舍、自习室、图书馆，除了不断巩固提升本专业知识水平之外，还选修其他人文类课程，广泛涉猎各门类的学科知识。"衣宝廉回忆道。

1961年，一场震惊世界的历史性事件爆发，大大激发了衣宝廉探索未来科学王国的信心与决心。

那年的4月12日，苏联宇航员加加林身负90余公斤重的太空服，乘坐重达4.75t的"东方号"宇宙飞船顺利登入太空，在历时1小时48分钟的飞行之后，于当日上午10时55分在苏联境内安全着陆。从此，加加林成为世界第一位进入宇宙空间并看到地球全貌的人。

这次载人航天的壮举，给衣宝廉带来了一次强烈的心灵震撼。

"物理化学专业本身就与载人航天工程密不可分，我当时就坚信，中国的载人航天工程也一定能够早日实现。"衣宝廉表示。

1962年，衣宝廉大学毕业。这一年，我国著名的物理化学家郭燮贤恰好被调入大连化物所工作，并担任催化基础研究课题组组长。早在20世纪50年代，郭先生就开始从事催化化学领域的研究，取得了多项丰硕成果，为推动我国催化研究向更高水平发展做出了突出贡献。衣宝廉慕名考入大连化物所做研究生，师从郭燮贤院士，深入学习催化化学。

1969年，衣宝廉经历了人生的又一次重大转折。

研究生毕业的他，继续留在了大连化物所，专门从事与催化学科的相关的柴油机尾气净化研究工作。就在那时，美国宇航局正在紧锣密鼓地推进"阿波罗登月计划"，并最终于1969年7月16日成功发射载人登月的阿波罗11号飞船，再次完成了人类历史上的一次航天壮举。

"一直以来，载人航天都是人类的一大梦想。"衣宝廉表示，"要实现这一梦想的关键条件之一，就是除了要有足够的推力将巨大的航天器送入太空外，飞行器上还要有充足的电力，确保各种仪器正常工作和航天员的日常生活。当时，阿波罗航天器上用的是碱性燃料电池。"

燃料电池的研制，一时间成为世界各国的热门科学研究之一。

20世纪60年代中后期，党中央举全国之力启动了伟大的载人航天工程。当时，从全国组织了一大批各个相关领域的科研人员进行技术攻关。衣宝廉所从事的催化化学研究有了用武之地。由于衣宝廉当时主要从事的是碱性燃料电池催化剂的研究，他就被调入了新成立的航天氢氧燃料电池组工作，专门研究如何燃料电池。

1969年，衣宝廉随同大连化物所领导一起前往北京，在京西宾馆参加了载人航天飞船"曙光一号"主电源燃料电池的研究研讨会。在当时参加该工程的科研人员中，衣宝廉是最年轻的研究顾问，这对他来说既是一种机遇，又是一种挑战。

回到大连后,大连化物所专门成立了燃料电池攻关课题组,由朱葆琳和袁权院士负责牵头,在没有资料、缺乏经验和设备的条件下,他们开始了航天氢氧燃料电池系统的科研攻关。

整个 20 世纪 70 年代,科研攻关团队与时间赛跑,克服各种不利条件,辛勤工作,艰苦攻关,开展了一系列航天电池系统的动态环境试验研究。作为该重大课题的主要参与人之一,衣宝廉也常常是废寝忘食,不辞劳苦,每天总是工作到很晚才休息。

功夫不负有心人。1978 年,我国第一台自主研发设计的碱性燃料电池最终通过了国家验收。

"可以说,在燃料电池的研制方面,我国从那时起开始与世界同步前进。在我们科研团队的艰苦努力下,该领域的研制能力和成果令世界同行刮目相看。"衣宝廉如是说。

推动燃料电池技术产业化

"受环境和化石能源储量有限的制约,人类最终将进入以氢为能量载体的氢能时代,燃料电池产业发展的全新时代将要来临。"衣宝廉表示,"在当今全球能源紧张、油价波动的时期,寻找新能源作为化石燃料的替代品是当务之急。氢能的优势明显,清洁、高效,得到各国政府的大力支持,国际社会重新掀起了燃料电池的研发热情,加上能源动力企业对燃料电池的发展信心十足,燃料电池未来市场将有巨大的上升空间。"

针对这一现状,衣宝廉撰写了在我国开展燃料电池研究的可行性报告,并上报给中国科学院与科技部。值得欣喜的是,该报告得到了领导的高度重视,相继推进了中国科学院重大任务和科技部"九五"攻关任务——燃料电池技术项目的启动。该攻关任务将质子交换膜燃料电池(PEMFC)作为科研攻关的主方向。

1996 年,在课题组历时 1 年的艰苦攻关下,我国第一台千瓦级质子交换膜燃料电池正式研制成功,相关产品技术指标达到国际先进水平。

2001 年,课题组迎来了科技部与中国科学院联合组织的专家组的验收,专家组组长由著名电化学家、中国科学院院士查全性教授担任。查院士在验收会上表示,这一技术是"中国质子交换膜燃料电池的里程碑"。

一直以来,衣宝廉对燃料电池的应用前景寄予着厚望。

"燃料电池发电是在一定条件下使 H_2、天然气或煤气与氧化剂(空气中的 O_2)发生化学反应,将化学能直接转换为电能和热能的过程。而质子交换膜燃料电池作为氢能到电能的转化装置,可以为家庭、车辆和工具等提供源源不断的'动力源'。"衣宝廉表示。

据他介绍,这种电池的燃料是氢气和氧气,发电时将氢气和氧气输入电池,氢在负极电催化剂的作用下产生电子与氢离子,氧在正极电催化剂作用下与通过离子膜传导过来的氢离子和电子反应生成水,电子在电池的正负两极之间进行流动,产生电流。这样,燃料中的化学能就转化为了电能并输出,而排放出来的却是对环境毫无污染的水。

与常规电池相比,它只要有燃料和氧化剂供给,就会有持续不断的电流输出。与常规的火力发电不同,它不受卡诺循环(由两个绝热过程和两个等温过程构成的循环过程)的限制,能量转换效率高。

"有朝一日,人们一定会体会到燃料电池带来的环保、便捷、舒适和快乐。"衣宝廉坚定地说。

1999年,衣宝廉连续3次上报科技部,申请燃料电池电动汽车的专项研究课题。同年10月,课题组携质子交换膜燃料电池方面的研究成果,参加了在深圳举行的首届中国高新技术交易博览会,成果一亮相立即引起了国内外知名企业的高度关注。

大会结束后,美国通用、日本丰田以及国内的南孚、春兰、南都、长城电工、新大洲等数十家公司先后赶赴大连,向衣宝廉了解情况,洽谈合作事宜。

2000年,衣宝廉开始萌生一种新的想法——推动中国燃料电池技术的迅速产业化。

那一年,大连化物所成立了公司筹备组,决定成立股份制公司,在与国内专业生产厂商数轮洽谈之后,2001年4月,大连化物所与兰州长城电工、大连盛道、海南新大洲三家上市公司以及杭州南都、安徽天城等共同出资,成立了大连新源动力股份有限公司(简称新源动力),衣宝廉担任该公司董事长。

在衣宝廉的带领下,新源动力的研发、管理团队先后承担并完成了多项国家重点项目、省市重大项目,形成了自主知识产权专利技术,涵盖了质子交换膜燃料电池关键材料、关键部件、电堆和电池系统各个层面,技术水平国内领先,部分关键技术已达到国际一流水平。

"燃料电池及氢源技术国家工程研究中心"的建成,更是为打造我国燃料电池技术创新的源发地、技术转化中心、人才培养中心及国际燃料电池技术交流中心,加快我国燃料电池技术产业化进程,促进燃料电池及相关产业的跨越式发展奠定了坚实的基础。

中心作为振兴东北老工业基地之"创新能力建设项目"于2004年2月获得国家发改委批准立项;2005年,项目方案通过专家评审及风险评估;2006年10月,项目获国家发改委正式授牌。

项目以新源动力作为承建单位,以大连化物所为技术支持单位,依托二者在燃料电池及氢能利用技术方面科研成果和产业化推广的经验,根据产业战略发展的需要和市场需求,针对燃料电池产业发展的寿命、成本、性能等核心共性问题,集中在汽车、小型电站、移动电源等应用目标领域,致力于实现核心产业技术突破,增强我国在燃料电池产业的核心竞争能力。

近年来,新源动力在燃料电池电动车领域取得了多项阶段性成果:一是配合大连化物所与二汽集团所进行的电动汽车装车实验,开创了国内燃料电池动力源电动汽车先例,并自主研制成功中国第一辆氢-空燃料电池混合动力中巴车。二是承担863计划重大科技专项:燃料电池电动轿车发动机技术开发及测试技术平台建设,该专项建设被列入了国家"十一五"发展规划。三是上海汽车工业(集团总公司)(简称上汽)控股新源动力,为上汽研制、生产车用燃料电池发动机,上汽采用新源燃料电池发动机的轿车圆满完成上海世博会的示范任务;组装了荣威750轿车,参加完成了2014年新能源车的"创新征程"。

新源动力通过推行现代化生产管理模式,在国内率先实现了燃料电池实验室科研成果向现实生产力的转化。如今,新源动力是国家燃料电池技术标准制定的副主任委员单位,"燃料电池及氢源技术国家工程研究中心"承建单位,燃料电池中试基地,生产、测试装备齐全,已实现燃料电池关键材料及关键部件、电堆组装的产业化布局和10000kW/年的产能建设。

燃料电池发展任重而道远

"目前国产燃料电池的一些关键材料,例如隔膜、碳纸等产品的很多性能指标已达到甚至优于国际水平,但批量生产线的研发投入不足,希望国家和有实力的企业能关注这方面的投资投入,建立示范生产线,尽快实现燃料电池关键材料的国产化,为燃料电池商业化奠定基础。"

2014年5月15～16日,由中国汽车技术研究中心主办的"2014国际电动汽车及部件测评研讨会"在江苏常州举行,衣宝廉受邀参加并作专题报告时表示。

衣宝廉同时指出,目前国际上燃料电池发动机在功率密度、使用寿命、低温环境适应性等方面已经基本达到传统内燃机水平或者满足商用要求,目前最核心的问题就是建立电堆、电池系统与燃料电池车的自动化生产线,同时降低铂的用量,特别是非铂催化剂的采用。

据他介绍,国际上燃料电池汽车的发展大致可分为三个阶段:

第一阶段是2005～2012年,主要工作内容是功率密度和循环寿命的提升,目前体积比功率已经达到2～3kW/L,达到传统内燃机的(体积)水平,燃料电池寿命达到5000h(大巴车达到10000h),满足美国能源部5000h以上的寿命要求;低温环境适应性同时提高,可适应-30℃,车辆储存与启动达到传统车水平;基于70MPa储氢技术,续驶里程达到传统燃料车水平,加氢时间也仅需几分钟。

第二阶段是2013年以来,以降低成本为研究内容,主要是减少铂金属的用量,特别是采用非铂催化剂。关于铂的用量,目前国际上已经从1.0g/kW降低到

0.3~0.2g/kW,未来可能降到 0.1g/kW,最终如果降到相当于汽车尾气净化器中铂的用量,燃料电池将迎来大规模商业化阶段。

第三阶段是 2015 年,国际燃料电池实现初期商业化。日本丰田、韩国现代已开始销售燃料电池轿车,售价稍高于汽油车和锂电池车。

"我国从'十五'开始燃料电池汽车研发,在科技部部长万钢的指导下,选择了燃料电池加二次电池(超级电容器)的电-电混合技术路线,并有 200 余辆燃料电池汽车投入示范运行考核,累计运行里程超过 10 万公里,目前性能与国际水平接近,但成本和耐久性等亟待改善。"他以新源动力的燃料电池为例,指出我国的燃料电池已经发展到第三代,在前两代着重关注性能和成本的基础上,第三代开始关注提高电堆的可靠性与耐久性,成本的降低,其中关键材料国产化率的提高将是降低成本的关键。

"我国燃料电池汽车整体上跟随国际发展步伐,但在关键材料规模化生产以及电堆的可靠性与耐久性方面还存在一定差距。"衣宝廉建议未来几年,国内燃料电池发动机和整车生产企业应该在以下六个方面加大力度:

(1)加大燃料电池关键材料(膜、碳纸、催化剂、MEA、双极板等)批量生产线的资助力度与研发投入,实现关键材料国产化,为燃料电池商业化奠定基础;

(2)强化电堆可靠性与耐久性的研究,为燃料电池发动机寿命达到 5000~10000h 奠定基础。

(3)促进燃料电池过程研究结果与整车生产单位的融合,把抑制衰减过程的措施落到实处,进一步深入研究阳极水管理过程、低温启动、系统模块化、提高燃料电池可靠性与寿命。

(4)发展燃料电池发动机寿命快速评价方法,推进加氢站建设和燃料电池汽车的示范运行,以示范带动技术链与产业链的发展;

(5)薄金属双极板表面改性,70MPa 氢瓶、空压机、加氢站的建设是燃料电池商业化必须攻克而又很艰巨的任务;

(6)超低铂、非铂催化剂和电极的开发与实用是艰巨而长久的任务。

"从国际范围来看,燃料电池汽车已渡过技术开发阶段,进入商业化导入阶段。限制燃料电池车大规模商业化的问题有两件事情:一个是加氢站的建设,一个是进一步提高燃料电池的可靠性和耐久性,同时降低贵金属铂的用量,进一步降低成本。"

2015 年 7 月 2 日,中国电动汽车百人会"学术沙龙"第一期活动在清华大学举行。本期沙龙以"燃料电池技术在中国的应用与产业化"为主题,衣宝廉以中国电动汽车百人会学术委员会委员的身份,受邀参加沙龙并就我国燃料电池的发展进行了如上分析。

燃料电池汽车什么时候才能商业化? 衣宝廉认为,"现在是进入燃料电池车研发最好时机,但燃料电池车要实现盈利至少要 5 年以后,5 年之内我认为如果没有国家的补助是没办法搞的,5 年以后国家的补助能不能撤销还不好说,但是肯定在 5 年之内燃料电池汽车盈利的空间是很小的。"

"尽管现在燃料电池的市场需求有限,但发展前景值得看好。"衣宝廉最后表示,"预计 2015～2020 年间,随着技术进步与规模经济效益,燃料电池的生产成本与使用成本将下降,竞争力提高,燃料电池潜在的市场将会逐步发展起来。另外,在国家的大力支持下,加强与世界其他国家的合作,在 2020～2025 年我们应该能突破这些关键技术,使燃料电池车能进入 S 型曲线的起始阶段,然而大幅度的产业化推广估计要在 2025～2030 年间。"

本文第一次发表于《科技创新与品牌》2015 年 09 期